大学数学系列教材

离散数学

——翻转课堂适用教材

刘　铎　编著

扫描二维码，免费获取参考答案！

北京交通大学出版社
·北京·

内 容 简 介

离散数学是现代数学的一个重要分支，是计算机和软件科学理论的基础。

本书是针对“碎片化”教学和“翻转课堂”教学模式改革编写的新型教材，共包括4部分内容：基础知识、逻辑、关系与函数、图与树。每部分都包含大量习题，扫描二维码可获取部分习题的参考答案。

本书着重讲解离散数学的基本概念、基本方法及应用，内容精练、语言流畅、习题丰富，可作为高等院校计算机或软件工程专业不同方向、采用“翻转课堂”教学模式的“离散数学”课程师生教学使用，特别适合在学生自学及教学课时偏少（32～48课时）的情况下使用，也可供其他专业学生和科技人员阅读参考。

图书在版编目（CIP）数据

离散数学 / 刘铎编著. —北京：北京交通大学出版社，2020.6
翻转课堂适用教材
ISBN 978-7-5121-4150-6

Ⅰ. ① 离…　Ⅱ. ① 刘…　Ⅲ. ① 离散数学–高等学校–教材　Ⅳ. ① O158

中国版本图书馆 CIP 数据核字（2019）第 301116 号

离散数学——翻转课堂适用教材
LISAN SHUXUE——FANZHUAN KETANG SHIYONG JIAOCAI

责任编辑：严慧明
出版发行：北京交通大学出版社　　电话：010-51686414　　http://www.bjtup.com.cn
地　　址：北京市海淀区高梁桥斜街44号　　邮编：100044
印 刷 者：北京时代华都印刷有限公司
经　　销：全国新华书店
开　　本：185 mm×260 mm　　印张：14.5　　字数：362千字
版 印 次：2020年6月第1版　　2020年6月第1次印刷
定　　价：39.00元

本书如有质量问题，请向北京交通大学出版社质监组反映。对您的意见和批评，我们表示欢迎和感谢。
投诉电话：010-51686043，51686008；传真：010-62225406；E-mail：press@bjtu.edu.cn。

前　言

离散数学是现代数学的一个重要分支，是计算机和软件科学理论的基础。该课程研究不同离散量的各自结构、规律及相互关系，具有研究性、实践性、创新性强的特点，不仅强调对知识的理解和掌握，还强调方法论的学习。学习该课程对于培养、训练和提高学生的问题抽象能力、逻辑推理能力、利用离散数学模型分析和解决实际应用问题的能力都有非常重要的作用，可以为学生进一步学习后续课程及进行或参与创新性的研究和开发工作打下坚实基础。

伴随着时代的发展与进步，教学的方式与方法也要随之不断改革变化，而教学改革的核心就是改变和建立能够充分调动和发挥学生主体性的学习方式。

"翻转课堂"即是一种有效的教学新模式，它翻转了传统课堂的教学结构，将知识传授与知识内化颠倒，使得"学习知识在课外，内化知识在课堂"。它的基本流程如下。

（1）教师先将课件、视频等材料和自测题（以标准化题目为主）作为课后"作业"布置给学生，而学生可以根据个人情况安排时间与进度，通过自主学习和思考，理解基本概念和方法，并进行针对性的练习和训练，以巩固知识点的学习。

（2）之后教师在实体课堂教学中通过组织答疑、提问、课堂练习、课堂讨论等课堂活动实现知识的内化，并布置课后的自主学习任务。

本书即是针对"翻转课堂"教学模式改革所编写的新型教材，共包括 4 部分内容：基础知识、逻辑、关系与函数、图与树。在内容上，本书弱化了理论性过强的部分或将之改作知识扩展。在结构上，本书每部分都对知识点进行了"碎片化"分割，而每一个知识点的内容组织都与"翻转课堂"的各个环节相吻合，包括讲解、示例、学生使用的课前自测题、课堂练习题、课堂讨论题、课外知识扩展等。此外，每部分内容之初都给出了逻辑结构图，旨在解决"碎片化"和"整体性"之间的矛盾和统一，做到既便于自学，又"散而不乱"。

本书内容精练、语言流畅，可作为高等院校计算机或软件工程专业不同方向、采用"翻转课堂"教学模式的"离散数学"课程师生教学使用，特别适合在学生自学及教学课时偏少（32～48 课时）的情况下使用，也可供其他专业学生和科技人员阅读参考。

在本书的编写过程中，编者参考了许多同类书籍，在此对这些参考书籍的作者表示由衷感谢！本书的出版得到了北京交通大学教材出版基金的支持，特此感谢。

由于编者水平所限，书中难免有不妥或错误之处，恳请广大读者批评指正。

编　者

2020 年 2 月

目　录

第 1 章　基础知识……1
1.1　集合……2
1.2　集合的运算及性质……4
1.3　维恩图……8
1.4　有限集合的计数——容斥原理……10
1.5　序列……13
1.6　整数的整除性……14
1.7　布尔矩阵及其运算……15
第 2 章　逻辑……18
2.1　命题及其真值……19
2.2　逻辑运算符……21
2.3　命题公式……23
2.4　命题公式的真值指派……24
2.5　真值表……25
2.6　命题公式的分类……28
2.7　自然语言的形式化……29
2.8　命题逻辑的等值演算……31
2.9　析取范式和合取范式……34
2.10　极小项与极大项……36
2.11　主范式……38
2.12　命题逻辑的推理……42
2.13　附加前提证明法……46
2.14　归谬法……47
2.15　命题逻辑推理的归结法……49
2.16　谓词……51
2.17　量词……52
2.18　谓词公式……53
2.19　辖域……54
2.20　解释……55
2.21　谓词公式的分类……56
2.22　自然语言的形式化……57
2.23　谓词逻辑的等值演算……60
2.24　前束范式……65
2.25　谓词逻辑的推理……67

第 3 章 关系与函数……75
3.1 有序对与笛卡儿积……76
3.2 二元关系……78
3.3 二元关系的表示……79
3.4 二元关系的定义域、值域和像集……82
3.5 关系的基本运算……83
3.6 关系运算的性质……86
3.7 关系的幂和道路……87
3.8 关系的性质……91
3.9 关系性质的判断……96
3.10 关系运算对性质的保持……98
3.11 关系的闭包……100
3.12 沃舍尔算法……102
3.13 集合的划分……105
3.14 等价关系、等价类和商集……107
3.15 由划分构造等价关系……109
3.16 由等价关系得到划分……110
3.17 偏序关系和偏序集……110
3.18 积偏序与字典序……112
3.19 哈塞图……114
3.20 极大元与极小元……117
3.21 最大元与最小元……119
3.22 上界与下界……120
3.23 上确界与下确界……122
3.24 拓扑排序……124
3.25 函数的定义……127
3.26 函数的性质……129
3.27 函数的复合……132
3.28 逆函数……135
3.29 在计算机中使用序列表示集合……136
3.30 地板函数与天花板函数……138
第 4 章 图与树……140
4.1 无向图和有向图……141
4.2 握手定理……145
4.3 特殊的图……146
4.4 图的同构……149
4.5 补图……151
4.6 子图……153
4.7 道路、回路与连通性……154

4.8 欧拉图的定义与刻画 …… 158
4.9 哈密顿图 …… 163
4.10 哈密顿图的刻画 …… 170
4.11 平面图 …… 172
4.12 欧拉公式 …… 174
4.13 欧拉公式的应用 …… 176
4.14 对偶图 …… 177
4.15 图的着色 …… 179
4.16 韦尔奇–鲍威尔算法 …… 182
4.17 无向树的定义 …… 184
4.18 支撑树 …… 187
4.19 最小支撑树 …… 189
4.20 克鲁斯卡尔算法 …… 191
4.21 普里姆算法 …… 193
4.22 破圈法 …… 195
4.23 最短道路 …… 198
4.24 迪杰斯特拉算法 …… 199
4.25 有根树的定义和基本概念 …… 203
4.26 m 叉树 …… 206
4.27 有序树和森林转换为二叉位置树 …… 208
4.28 二叉树的遍历 …… 210
4.29 波兰式与逆波兰式 …… 215
4.30 前缀码 …… 217
4.31 最优二元前缀码 …… 218
4.32 哈夫曼编码 …… 220
参考文献 …… 223

第1章 >>>

基础知识

本章主要介绍集合、序列、整除和布尔矩阵等内容，作为后续各章节的知识准备。

章节结构图

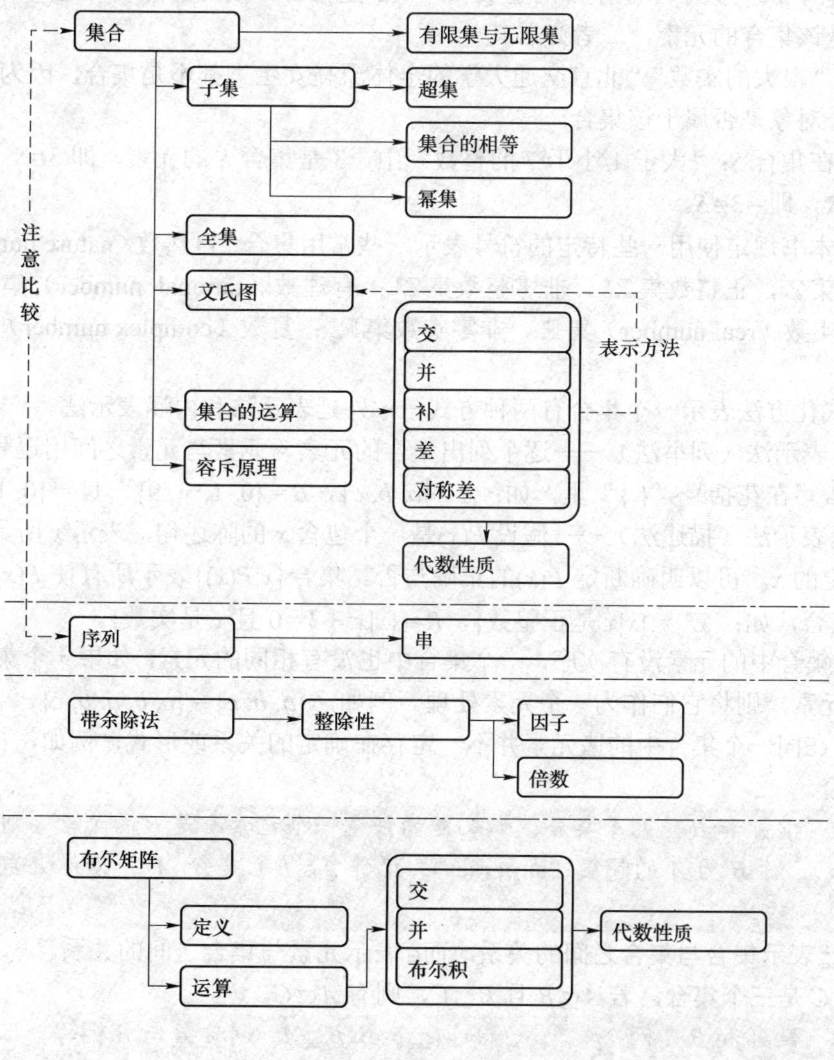

1.1 集合

知识点

集合是数学中最基本的概念，无法给出严格、精确定义。通常将若干个可确定、可分辨的对象构成的无序整体称为**集合**（**set**），常用大写英文字母 A, B, C, X, Y, Z 等表示。

定义 1.1 组成集合的对象称作该集合的**元素**（**element**），常用小写英文字母 a, b, c, x, y, z 等表示。若对象 a 是集合 S 的元素，则记作 $a\in S$，读作 a 属于 S；若对象 a 不是集合 S 的元素，则记作 $a\notin S$，读作 a 不属于 S。

例 1.1 P:“3 阶实数方阵全体”，Q:“北京交通大学的全体 19 级本科生”，R:“方程 $x^2+3=0$ 的所有实数解”，S:“大于 1 小于 7 的整数”——都是集合，因为能够明确地判断任意一个对象是或者不是该集合的元素，二者必居其一。

例 1.2 “很大的实数”“北京交通大学的全体漂亮女生”都不是集合，因为不能明确地判断任意一个对象是否属于该集合。

例 1.3 在集合 S:“大于 1 小于 7 的整数”中，3 是集合 S 的元素，即 $3\in S$；而 -3 不是该集合的元素，即 $-3\notin S$。

例 1.4 本书规定使用一些特定的符号表示一些常用集合：自然数（nature number）集 $\mathbb{N}$；整数(integer)集 $\mathbb{Z}$，正整数集 $\mathbb{Z}^+$，非零整数集 $\mathbb{Z}^*$；有理数（rational number）集 $\mathbb{Q}$，非零有理数集 $\mathbb{Q}^*$；实数（real number）集 $\mathbb{R}$，非零实数集 $\mathbb{R}^*$；复数（complex number）集 $\mathbb{C}$，非零复数集 $\mathbb{C}^*$。

使用形式化方法表示一个集合有两种方式——外延表示法和内涵表示法。

(1) 外延表示法（列举法）——逐个列出集合的元素，元素与元素之间用逗号“,”隔开，并将所有元素写在花括号“{ }”里，如：$A=\{a, b, c\}$，$B=\{0, 1,\cdots, 9\}$，$\mathbb{N}=\{0, 1, 2,\cdots\}$。

(2) 内涵表示法（描述法）——假设 $P(x)$是一个包含 x 的陈述句，表示 x 所具有的性质；对于每个确定的 x，可以明确断定 $P(x)$的正确与否。集合$\{x|P(x)\}$表示所有使 $P(x)$为真的对象 x 所组成的集合，如：$\mathbb{Z}^+=\{x|x$ 是正整数$\}$，$R=\{x|x^2+3=0$ 且 x 是实数$\}$。

例 1.5 集合中的元素没有次序，一个集合中也没有相同的元素，如果一个集合中出现若干个相同的元素，则将它们作为一个元素处理。例如，$\{a, b, c\}=\{c, b, a, b, c\}$。

例 1.6 在同一个集合中的诸元素并不一定存在确定的关系或形式，例如，$\{a, \{1\}, \delta\}$也构成一个集合。

定义 1.2 设 A 和 B 是两个集合，如果 A 的任意一个元素都是 B 的元素，则称 A 为 B 的**子集**（**subset**），称 B 为 A 的**超集**（**superset**），记作 $A\subseteq B$（或 $B\supseteq A$），读作 A 包含于 B 或 B 包含 A。

注意，$\subseteq$表示集合与集合之间的关系，而$\in$表示元素与集合之间的关系。

设 A, B, C 是三个集合，若 $A\subseteq B$ 且 $B\subseteq C$，则有 $A\subseteq C$。

定义 1.3 设 A 和 B 是两个集合，如果 $A\subseteq B$ 且 $B\subseteq A$，则称 A 与 B **相等**，记作 $A=B$；否则称它们不相等，记作 $A\neq B$。两个集合相等，当且仅当它们具有相同的元素。

定义 1.4 设 A 和 B 是两个集合，如果 $A\subseteq B$ 且 $A\neq B$，则称 A 为 B 的**真子集**(**proper subset**)

记作 $A \subset B$（或 $B \supset A$）。

例 1.7 设集合 $A=\{x|x$ 是整数且满足 $1<x<7\}$，$B=\{2, 3, 4, 5, 6\}$，由于 A 和 B 具有相同的元素，因此它们是同一个集合，即 $A=B$。本例也说明很多集合可以用两种方法来表示，但也有些集合不可以用列举法表示——例如实数集 $\mathbb{R}$ 。

例 1.8 如果 A 是 B 的真子集，则集合 A 中的每一个元素都属于 B，但集合 B 中至少有一个元素不属于 A。例如集合 $A=\{a, b, c\}$，$B=\{a, b, c, d, e\}$。由于对于任意 $x \in A$，均有 $x \in B$，故 $A \subseteq B$，且由于 $d \in B$ 而 $d \notin A$，故 $A \subset B$。

定义 1.5 在讨论的具体问题中，所讨论对象全体称作**全集**（**universal set**），记作 U。

定义 1.6 不包含任何元素的集合称作**空集**（**empty set**），记作 $\varnothing$。

定理 1.1 设 A 是任意一个集合，$\varnothing$ 是空集，则有(a) $A \subseteq A$，(b) $\varnothing \subseteq A$。

证明：(a) 对于任意集合 A，它的任一元素都是其自身的元素，因而 $A \subseteq A$。

(b)（反证法）若存在集合 A 使得 $\varnothing$ 不是 A 的子集，则由定义 1.2 可知，存在元素 $x \in \varnothing$ 而且 $x \notin A$；但这与空集的定义相矛盾，因此假设不成立，原结论成立。 □

推论 空集是唯一的。

证明：设 $\varnothing_1$ 和 $\varnothing_2$ 都是空集，则由定理 1.1，$\varnothing_1 \subseteq \varnothing_2$ 且 $\varnothing_2 \subseteq \varnothing_1$，由定义 1.3 有 $\varnothing_1=\varnothing_2$。□

定义 1.7 一个集合 A 所包含的元素数目称为该集合的**基数**或**势**（**cardinality**），记作 $|A|$ 或 $\#A$ 或 $\mathrm{card}(A)$。

定义 1.8 若 $|A|<\infty$，则称 A 为**有限集**或**有穷集**（**finite set**），否则称 A 为**无限集**或**无穷集**（**infinite set**）。

例 1.9 $|\{a, 1, 2, 1, \delta\}|=4$，$\mathrm{card}(\varnothing)=0$，它们都是有限集，而 $\mathbb{N}$，$\mathbb{Z}$，$\mathbb{Q}$，$\mathbb{Q}^*$，$\mathbb{R}$，$\mathbb{C}$ 都是无限集。

定义 1.9 假设 A 是集合，A 的所有子集所组成的集合称作 A 的**幂集**（**power set**），记作 $\mathscr{P}(A)$，即 $\mathscr{P}(A)=\{x|x \subseteq A\}$。

例 1.10 假设集合 $A=\{1, 2, 3\}$，计算 $\mathscr{P}(A)$。

解：A 的 0 元子集：$\varnothing$；

A 的 1 元子集：$\{1\}, \{2\}, \{3\}$；

A 的 2 元子集：$\{1, 2\},\{2, 3\},\{3, 1\}$；

A 的 3 元子集：$\{1, 2, 3\}$；

于是 $\mathscr{P}(A)=\{\varnothing, \{1\}, \{2\}, \{3\}, \{1, 2\}, \{2, 3\}, \{3, 1\}, \{1, 2, 3\}\}$。

例 1.11 $\mathscr{P}(\varnothing)=\{\varnothing\}$。

定理 1.2 设 A 是集合，如果 $|A|=n$，则 $|\mathscr{P}(A)|=2^n$。

课前自测题

习题 1.1 以下哪一个可构成集合？（ ）

A. $\{x|x$ 可能是个实数$\}$ B. $\{x|x$ 是个小帅哥$\}$

C. $\{x|x$ 是有理数$\}$ D. $\{x|x$ 看起来像苹果$\}$

习题 1.2（判断题） $\{a\} \subseteq \{a, \{a\}\}$。

习题 1.3（判断题） $\{a\} \in \{a, \{a\}\}$。

习题 1.4（判断题） 若 $A=\{x \mid x \in \mathbb{R}, x^2+x-2=0\}$，$B=\{y \mid y \in \mathbb{Q}, y^2+y-2=0\}$，则 $B \subset A$。

习题 1.5（多项选择题） 以下哪些陈述正确？（ ）

A. $\varnothing\in\varnothing$　　B. $\varnothing\subseteq\varnothing$

C. $\varnothing\in\{\varnothing\}$　　D. $\varnothing\subseteq\{\varnothing\}$

E. $\varnothing\in\mathscr{P}(\varnothing)$　　F. $\varnothing\subseteq\mathscr{P}(\varnothing)$

习题 1.6 $|\mathscr{P}(\{1,2,3,4\}-\{2,4,6\})|=$________。

习题 1.7 设[0, 1]和(0, 1)分别表示实数集上的闭区间和开区间，判断下述陈述是否成立：

(a) $\{0,1\}\subseteq(0,1)$；

(b) $\{0,1\}\subseteq[0,1]$；

(c) $(0,1)\subseteq[0,1]$。

课堂练习题

习题 1.8 列出下述集合的所有元素：

(a) $\{x|x\in\mathbb{Z}$ 且 $x^2<8\}$；

(b) 绝对值小于π的所有整数；

(c) 一年中有三十一天的月份。

习题 1.9 用描述法表示以下集合：

(a) $\{1,4,9,16,25,36\}$；

(b) 正奇数集合；

(c) 平面直角坐标系中单位圆内（不包括边界）的所有点。

习题 1.10 计算 $\mathscr{P}(\{1,2\})$，$\mathscr{P}(\{\varnothing\})$，$\mathscr{P}(\mathscr{P}(\varnothing))$，$\mathscr{P}(\{\{1\},2\})$。

习题 1.11 证明定理 1.2。

讨论题

习题 1.12 “全集”是唯一的吗？

习题 1.13 你了解“罗素悖论”吗？请查阅文献谈谈你对“罗素悖论”和“公理化集合论”的理解。

1.2 集合的运算及性质

知识点

集合的运算是指由给定的集合，按照确定的规则，产生新的集合的过程。

定义 1.10 设 U 为全集，A，B 为 U 的两个子集，则：

(a) A 与 B 的**交集**（**intersection**）$A\cap B$ 定义为 $A\cap B=\{x|x\in A$ 且 $x\in B\}$；

(b) A 与 B 的**并集**（**union**）$A\cup B$ 定义为 $A\cup B=\{x|x\in A$ 或 $x\in B\}$；

(c) B 关于 A 的**相对补**（**complement of B with respect to A**）或 A 与 B 的**差集**（**difference**）$A\backslash B$ 定义为 $A\backslash B=\{x|x\in A$ 且 $x\notin B\}$，也记作 $A-B$；

(d) A 关于全集 U 的相对补称作 A 的**绝对补**或**补集**（**complement**），记作 $\complement_U A$，即 $\complement_U A=\{x|x\in U$ 且 $x\notin A\}$；

(e) A 与 B 的**对称差（symmetric difference）** $A \oplus B$ 定义为 $A \oplus B=\{x|x\in A$ 或 $x\in B$ 且 x 不同时属于 A 和 $B\}$。

交运算、并运算也可以扩展到多个集合上，如 $A\cap B\cap C=\{x|x\in A$ 且 $x\in B$ 且 $x\in C\}$，$A\cup B\cup C=\{x|x\in A$ 或 $x\in B$ 或 $x\in C\}$，常用记号为 $\bigcap_{i=1}^{n} A_i$ 和 $\bigcup_{i=1}^{n} A_i$。

例 1.12 设全集 $U=\{0, 1,\cdots, 9\}$，集合 $A=\{2, 4, 6, 8\}$，$B=\{1, 2, 3, 4, 5, 6\}$，则 $A\cap B=\{2, 4, 6\}$，$A\cup B=\{1, 2, 3, 4, 5, 6, 8\}$，$A-B=\{8\}$，$B-A=\{1, 3, 5\}$，$\complement_U A=\{0, 1, 3, 5, 7, 9\}$，$\complement_U B=\{0, 7, 8, 9\}$，$A\oplus B=\{1, 3, 5, 8\}$。

定理 1.3（集合运算的代数性质） 设 U 为全集，A, B, C 为 U 的子集，$\varnothing$ 为空集，则有：

(a) 交换律

$A\cup B=B\cup A$，$A\cap B=B\cap A$，$A\oplus B=B\oplus A$；

(b) 结合律

$(A\cup B)\cup C=A\cup(B\cup C)$，$(A\cap B)\cap C=A\cap(B\cap C)$，$(A\oplus B)\oplus C=A\oplus(B\oplus C)$；

(c) 分配律

$A\cup(B\cap C)=(A\cup B)\cap(A\cup C)$，$A\cap(B\cup C)=(A\cap B)\cup(A\cap C)$；

(d) 吸收律

$A\cup(A\cap B)=A$，$A\cap(A\cup B)=A$；

(e) 德摩根律

$\complement_U(A\cup B)=\complement_U A\cap\complement_U B$，$\complement_U(A\cap B)=\complement_U A\cup\complement_U B$ （绝对形式）；

$A-(B\cup C)=(A-B)\cap(A-C)$，$A-(B\cap C)=(A-B)\cup(A-C)$ （相对形式）；

(f) 幂等律

$A\cup A=A$，$A\cap A=A$；

(g) 零律

$A\cup U=U$， $A\cap\varnothing=\varnothing$；

(h) 同一律

$A\cup\varnothing=A$，$A\cap U=A$；

(i) 排中律

$A\cup\complement_U A=U$；

(j) 矛盾律

$A\cap\complement_U A=\varnothing$；

(k) 余补律

$\complement_U\varnothing=U$，$\complement_U U=\varnothing$；

(l) 双重否定律

$\complement_U(\complement_U A)=A$。

下面仅以例题的形式证明其中一部分，其余留给读者完成。

例 1.13 设 A, B, C 为任意集合，证明

$$A\cup(B\cap C)=(A\cup B)\cap(A\cup C)。$$

证明： 证明两个集合 X 和 Y 相等的一般方法是分别证明 $X\subseteq Y$ 和 $Y\subseteq X$。

(1) 先证明 $A\cup(B\cap C)\subseteq(A\cup B)\cap(A\cup C)$。

假设 $x\in A\cup(B\cap C)$，由定义有 $x\in A$ 或 $x\in B\cap C$。

若 $x\in A$ 则有 $x\in A\cup B$ 且 $x\in A\cup C$，于是 $x\in(A\cup B)\cap(A\cup C)$；

若 $x\in B\cap C$ 则有 $x\in B$ 且 $x\in C$，于是 $x\in A\cup B$ 且 $x\in A\cup C$，继而有 $x\in(A\cup B)\cap(A\cup C)$。

总之有 $x\in(A\cup B)\cap(A\cup C)$，因此 $A\cup(B\cap C)\subseteq(A\cup B)\cap(A\cup C)$。

(2) 接着证明 $(A\cup B)\cap(A\cup C)\subseteq A\cup(B\cap C)$。

假设 $x\in(A\cup B)\cap(A\cup C)$，由定义有 $x\in A\cup B$ 且 $x\in A\cup C$。

若 $x\in A$，则有 $x\in A\cup(B\cap C)$。

若 $x\notin A$，则必然有 $x\in B$ 且 $x\in C$，于是 $x\in B\cap C$，继而有 $x\in A\cup(B\cap C)$。

故总之有 $x\in A\cup(B\cap C)$，进而 $(A\cup B)\cap(A\cup C)\subseteq A\cup(B\cap C)$。

综合(1)和(2)，即得 $A\cup(B\cap C)=(A\cup B)\cap(A\cup C)$。 □

课前自测题

习题 1.14 令 $A=\{1,2,3\}$，$B=\{2,3\}$，则 $A\oplus B$ 的幂集是 $\mathscr{P}(A\oplus B)=$（ ）。

A. $\{\varnothing,\{1\}\}$　　B. $\{\varnothing,\{1,2\},\{1\}\}$

C. $\{\varnothing,\{1,2\},\{1\}\}$　　D. $\{\varnothing,\{2\},\{3\}\}$

习题 1.15 设 U 是全集，A, B, C 是 U 的子集，则以下陈述中哪些是正确的？（ ）

A. 若 $A\cup B=A\cup C$，则 $B=C$　　B. 若 $A\cap B=A\cap C$，则 $B=C$

C. 若 $A-B=\varnothing$，则 $A=B$　　D. 若 $A\cup B=A$，则 $B=\varnothing$

E. 若 $\complement_U A\cup B=U$，则 $A\subseteq B$　　F. $A\oplus A=A$

习题 1.16 令 A, B, C 为任意集合，则以下陈述中有（ ）个等价于 $A=B$。

① $A\cup B=A\cap B$

② $A\oplus C=B\oplus C$

③ $A\oplus B=\varnothing$

④ $A\cup C=B\cup C$ 且 $A\cap C=B\cap C$

⑤ $A\cap C=B\cap C$ 且 $A\cap\complement_U C=B\cap\complement_U C$

⑥ $A-B=B-A$

A. 3　　B. 4　　C. 5　　D. 6

习题 1.17 假设 X, Y, Z 为任意集合，且 $X\oplus Y=\{1,2,3\}$，$X\oplus Z=\{2,4\}$，若 $2\in Y$，则一定有_______$\in Z$。

习题 1.18 设 $U=\{1,2,3,4,5\}$，$A=\{1,4,5\}$，$B=\{2,3,4\}$，$C=\{2,3,5\}$，求下列集合：

(a) $A-\complement_U C$；

(b) $(\complement_U A\oplus B)\cap\complement_U C$；

(c) $(A\cup B)\cap(B-C)$。

习题 1.19 设 $U=\{1,2,3,4\}$，$A=\{2,4\}$，$B=\{1,2,3\}$，求下列集合：

(a) $\mathscr{P}(A)\cap\mathscr{P}(B)$；

(b) $\mathscr{P}(A)-\mathscr{P}(B)$。

课堂练习题

习题 1.20 设 A, B, C 为任意集合，证明：

(a) $A-B=A\cap \complement_U B=A-(A\cap B)$;

(b) $A\oplus B=(A-B)\cup(B-A)$;

(c) $A-(B\cap C)=(A-B)\cup(A-C)$;

(d) $A\cup(A\cap B)=A$，$A\cap(A\cup B)=A$;

(e) $(A-B)\cup(A\cap B)=A$，$(A-B)\cap(A\cap B)=\varnothing$;

(f) $(A-B)\cup B=A\cup B$，$(A-B)\cap B=\varnothing$;

(g) $A\oplus(B\oplus C)=(A\oplus B)\oplus C$。

(h) 设 A, B, C, D 是集合，$A\subseteq C$，$B\subseteq D$，证明：$A\cap B\subseteq C\cap D$，$A\cup B\subseteq C\cup D$。

习题 1.21 设 U 是全集，X, Y 是 U 的子集，证明：如果对于一切集合 X 都有 $X\cup Y\subseteq X$，则 $Y=\varnothing$。

习题 1.22 设 A, B 是两个集合，证明以下各表述彼此等价：

(a) $A\subseteq B$;

(b) $A\cap B=A$;

(c) $A\cup B=B$;

(d) $\mathscr{P}(A)\subseteq\mathscr{P}(B)$。

讨论题

习题 1.23 设 A, B, C 为任意集合，以下结论是否成立？如成立，证明你的结论；如不成立，请给出反例。

(a) $A\cap(B\oplus C)=(A\cap B)\oplus(A\cap C)$;

(b) $A\cup(B\oplus C)=(A\cup B)\oplus(A\cup C)$;

(c) $\mathscr{P}(A)\cap\mathscr{P}(B)=\mathscr{P}(A\cap B)$;

(d) $\mathscr{P}(A)\cup\mathscr{P}(B)=\mathscr{P}(A\cup B)$。

习题 1.24 设 A, B, C, D 是集合，$A\subseteq C$，$B\subseteq D$，证明或反驳：$A\oplus B\subseteq C\oplus D$。

习题 1.25 设 A, B, C, D 是集合，$A\subset C$，$B\subset D$，证明或反驳：

(a) $A\cap B\subset C\cap D$;

(b) $A\cup B\subset C\cup D$。

习题 1.26 设 A, B, C 是集合，下述各式在什么条件下成立？证明你的结论。

(a) $A-B=A$;

(b) $A-B=B$;

(c) $A\oplus B=A$;

(d) $A\oplus B=\varnothing$。

习题 1.27 设 U 是全集，A, B, C 是 U 的子集，下述各式在什么条件下成立？证明你的结论。

(a) $(A-B)\cup(A-C)=A$;

(b) $(A-B)\cup(A-C)=\varnothing$;

(c) $(A-B)\cap(A-C)=A$;

(d) $(A-B)\cap(A-C)=\varnothing$；

(e) $(A-B)\oplus(A-C)=A$；

(f) $(A-B)\oplus(A-C)=\varnothing$；

(g) $(A-B)\cup(B-A)=A\cup B$；

(h) $(A-B)\cup(B-A)=A$。

1.3 维恩图

知识点

英国逻辑学家维恩（J.Venn，1834—1923）于 1881 年在《符号逻辑》一书中，首先使用相交区域的图解来说明类与类之间的关系。后来人们以他的名字来命名这种用图形来表示集合间关系和集合运算的方法，称作**维恩图（Venn diagram）**或**文氏图**，其构造方法如下：

（1）用一个大的矩形表示全集的所有元素（有时为简单起见，可将全集省略）；

（2）在矩形内画一些圆（或任何其他形状的闭曲线），用圆的内部的点表示相应集合的元素。不同的圆代表不同的集合。有阴影或斜线的区域表示新组成的集合。

维恩图的优点是形象直观，易于理解；而缺点是理论基础不够严谨。因此维恩图只能用于说明，不能用于证明。

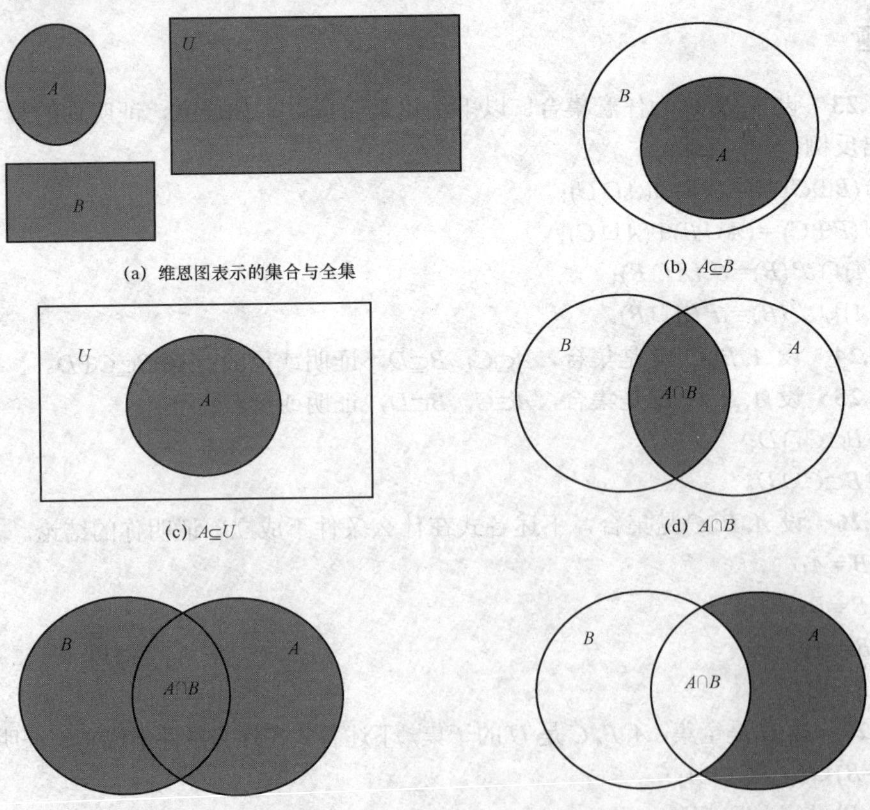

(a) 维恩图表示的集合与全集　(b) $A\subseteq B$　(c) $A\subseteq U$　(d) $A\cap B$　(e) $A\cup B$　(f) $A-B$

图 1-1　维恩图

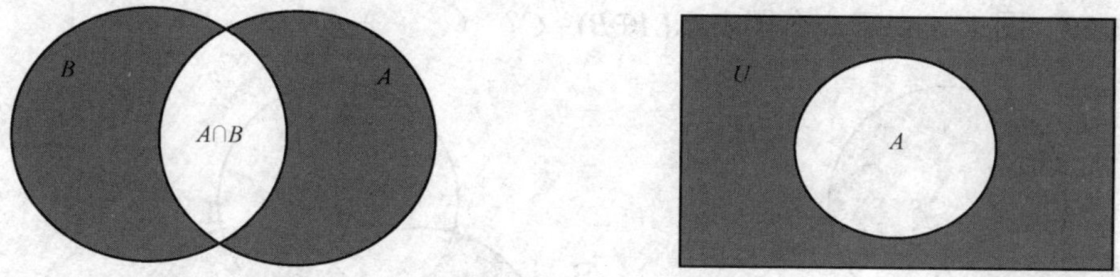

(g) $A \oplus B$　　　　(h) $\complement_U A$

图 1－1　维恩图（续）

例 1.14　设 A, B, C 为集合，则 $(A \cap \complement_U B) \cup (C - B)$ 的维恩图如图 1－2 所示。

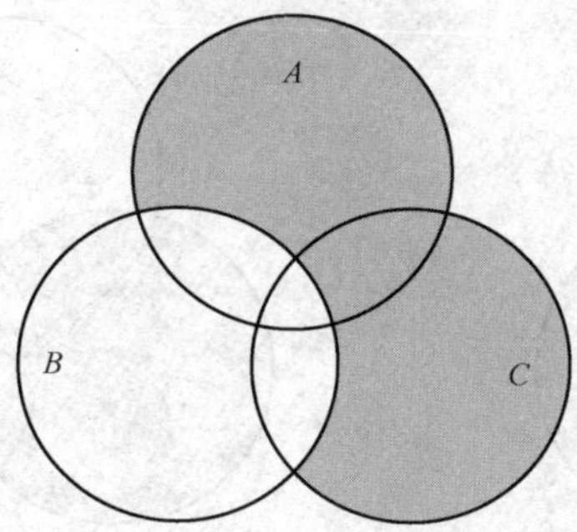

图 1－2　例 1.14 用图

课前自测题

习题 1.28　图 1–3 中哪一个图表示 $(\complement_U A \cap B) \cup C$？（　　）

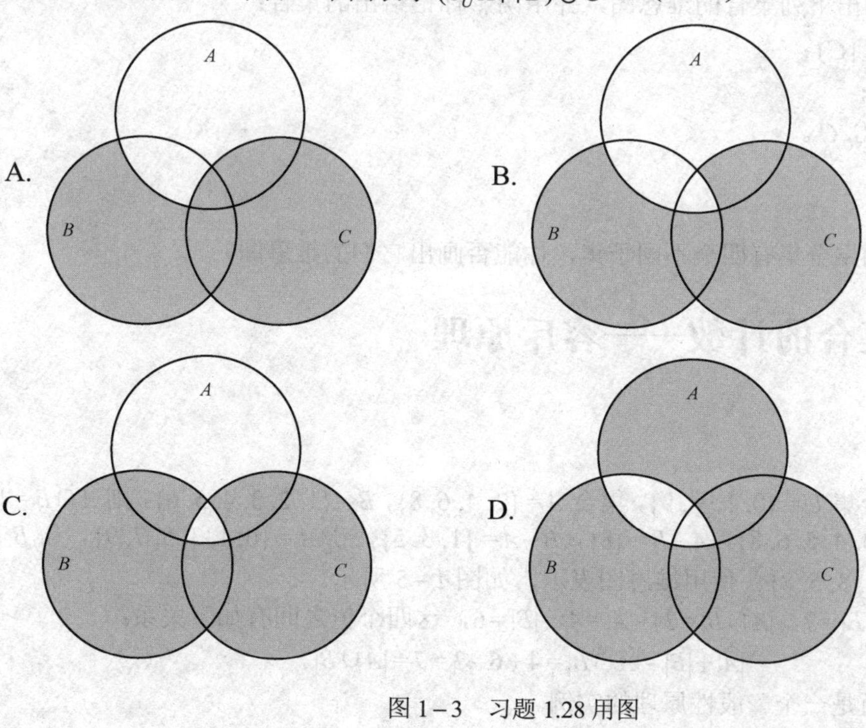

图 1－3　习题 1.28 用图

习题 1.29 图 1–4 中哪一个图表示$(A\oplus B)-C$？（　　）

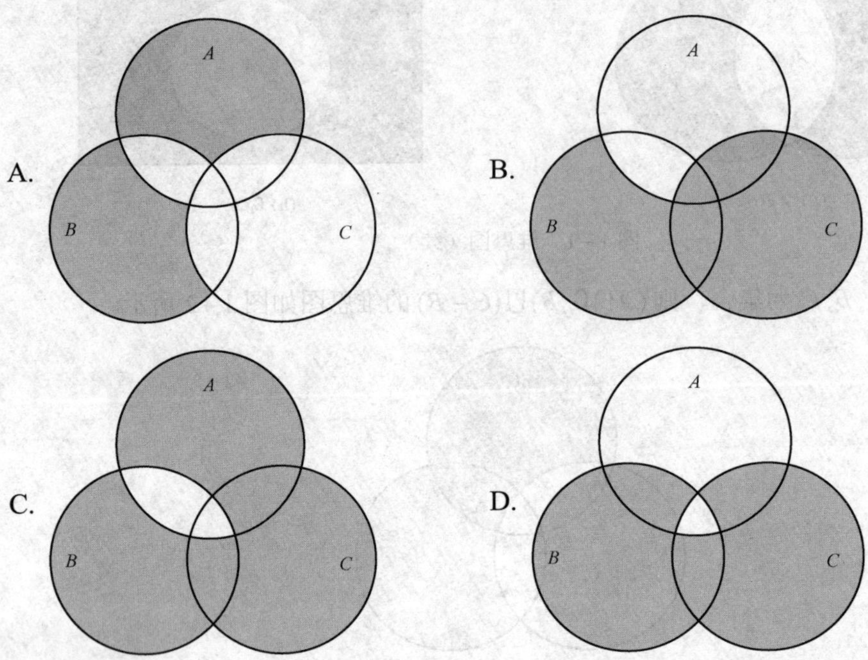

图 1－4　习题 1.29 用图

课堂练习题

习题 1.30 画出下列集合的维恩图，并用阴影标记给出的集合：

(a) $\complement_U A\cup(B\cap C)$；

(b) $(A\oplus B)\cup C$；

(c) $(A-B)\cap\complement_U C$。

讨论题

习题 1.31 如果全集有四个不同子集，你能否画出它们的维恩图？

1.4　有限集合的计数——容斥原理

知识点

例 1.15 设全集 $U=\{0, 1, \cdots, 9\}$，集合 $A=\{2, 4, 6, 8\}$，$B=\{1, 2, 3, 4, 5, 6\}$，则 $A\cap B=\{2, 4, 6\}$，$A\cup B=\{1, 2, 3, 4, 5, 6, 8\}$，$A-B=\{8\}$，$B-A=\{1, 3, 5\}$，$\complement_U A=\{0, 1, 3, 5, 7, 9\}$，$\complement_U B=\{0, 7, 8, 9\}$，$A\oplus B=\{1, 3, 5, 8\}$。使用维恩图表示，如图 1－5 所示。

可以看到$|A\cup B|=7$，$|A\cap B|=3$，$|A|=4$，$|B|=6$，这四个值之间有如下关系：

$$|A|+|B|-|A\cap B|=4+6-3=7=|A\cup B|。$$

这并不是现象，而是一个一般性原理的实例。

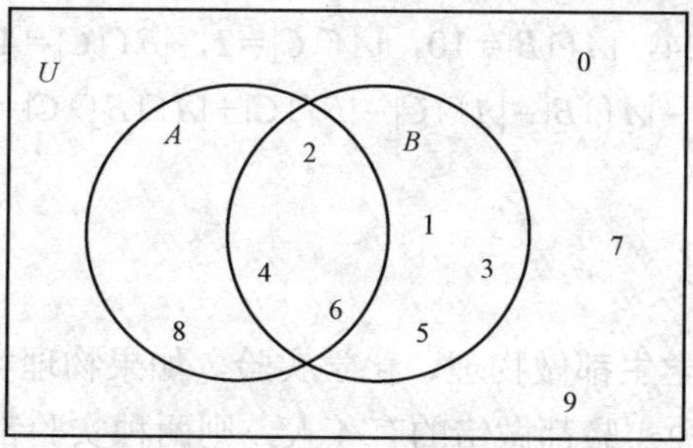

图1－5 例1.15用图

定理1.4 容斥原理（including-excluding principle） 设A, B为两个有限集，则

$$|A\cup B|=|A|+|B|-|A\cap B|。$$

证明：显然，若A和B没有共同的元素，即$A\cap B=\varnothing$，则$|A_1\cup A_2|=|A_1|+|A_2|$。（事实上，这就是加法法则的集合论表示。）

若$A\cap B\neq\varnothing$，由$A\cup B=(A-B)\cup B$且$(A-B)\cap B=\varnothing$，以及$A=(A-B)\cup(A\cap B)$且$(A-B)\cap(A\cap B)=\varnothing$，有$|A\cup B|=|A-B|+|B|$及$|A|=|A-B|+|A\cap B|$，即$|A\cup B|=|A|+|B|-|A\cap B|$。 □

推论 设U为全集且元素数有限，$A\subseteq U$，则$|\complement_U A|=|U|-|A|$。

证明：$|U|=|A\cup\complement_U A|=|A|+|\complement_U A|-|A\cap\complement_U A|=|A|+|\complement_U A|-0$，整理即得。 □

例1.16 某班50名同学中，有25人喜欢羽毛球，20人喜欢乒乓球，10人既喜欢羽毛球又喜欢乒乓球。那么既不喜欢羽毛球又不喜欢乒乓球的同学有多少人？

解：设该班喜欢羽毛球的同学的集合为A，喜欢乒乓球的同学的集合为B，由题有$|A|=25$，$|B|=20$，$|A\cap B|=10$，于是

$$|\complement_U A\cap\complement_U B|=|\complement_U(A\cup B)|=|U|-|A\cup B|=50-(|A|+|B|-|A\cap B|)=50-(25+20-10)=15。$$

故既不喜欢羽毛球又不喜欢乒乓球的同学有15人。

定理1.4可以推广到三个有限集元素的计数问题。

定理1.5 设A, B, C是有限集合，则

$$|A\cup B\cup C|=|A|+|B|+|C|-|A\cap B|-|B\cap C|-|A\cap C|+|A\cap B\cap C|。$$

证明：$|A\cup B\cup C|$

$$\begin{aligned}
&=|A|+|B\cup C|-|A\cap(B\cup C)| &&\text{（结合律、定理1.4）}\\
&=|A|+|B\cup C|-|(A\cap B)\cup(A\cap C)| &&\text{（分配律）}\\
&=|A|+|B|+|C|-|B\cap C|-(|A\cap B|+|A\cap C|-|(A\cap B)\cap(A\cap C)|) &&\text{（定理1.4）}\\
&=|A|+|B|+|C|-|B\cap C|-(|A\cap B|+|A\cap C|-|(A\cap A)\cap(B\cap C)|) &&\text{（交换律、结合律）}\\
&=|A|+|B|+|C|-|A\cap B|-|B\cap C|-|A\cap C|+|A\cap B\cap C| &&\text{（幂等律）}
\end{aligned}$$
□

例1.17 某校学生有诗歌社、民乐团、京剧队这三个兴趣社团可以报名参加。已知三个社团的人员数分别是34, 26, 24；同时参加诗歌社和民乐团的有10人；同时参加民乐团和京剧队的有4人；同时参加京剧队和诗歌社的有2人；同时参加三个兴趣社团的有1人。问有多少人至少参加了一个社团？

解：令A为参加诗歌社的学生集合，B为参加民乐团的学生集合，C为参加京剧队的学生集合，则：

$|A|=34$，$|B|=26$，$|C|=24$，$|A\cap B|=10$，$|A\cap C|=2$，$|B\cap C|=4$，$|A\cap B\cap C|=1$。

$|A\cup B\cup C|=|A|+|B|+|C|-|A\cap B|-|A\cap C|-|B\cap C|+|A\cap B\cap C|=69$，即有 69 名学生至少参加了一个社团。

课前自测题

习题 1.32 现有 50 名学生都做物理、化学实验，如果物理实验做正确的有 40 人，化学实验做正确的有 31 人，两种实验都做错的有 4 人，则两种实验都做对的有（　　）人。

A. 27　　B. 10　　C. 25　　D. 19

习题 1.33 设一个班里有 40 名学生，在第一次考试中有 28 人得到 A，在第二次考试中有 21 人得到 A，如果两次考试中都没有得到 A 的学生是 5 人，那么有________名学生在两次考试中都得到了 A。

习题 1.34 某年级的课外学科小组分为数学、语文、外语三个小组，参加数学小组的有 23 人，参加语文小组的有 27 人，参加外语小组的有 19 人，同时参加数学、语文小组的有 4 人，同时参加数学、外语小组的有 7 人，同时参加语文、外语小组的有 5 人，三个小组都参加的有 2 人，则这个年级参加课外学科小组的共有________人。

习题 1.35 某班有 50 名学生，其中养猫的有 21 人，养鱼的有 22 人，养狗的有 23 人，同时养猫和鱼的有 9 人，同时养猫和狗的有 8 人，同时养鱼和狗的有 7 人，还有 5 人什么宠物也不养，那么同时养三种宠物的人数为________。

课堂练习题

习题 1.36 若$|A|=3$，$|\mathscr{P}(B)|=64$，$|\mathscr{P}(A\cup B)|=256$。求$|A|, |A\cap B|$。

习题 1.37 在 1～10 000 之间（包括 1 和 10 000）既不是某个整数的平方也不是某个整数的立方的数有多少个？是某个整数的平方但不是某个整数的立方的数有多少个？

习题 1.38 在 1～500 之间（包括 1 和 500）不能被 2, 3, 5 整除的数有多少个？

习题 1.39 假设 A, B 为有限集合，证明：

(a) $|A-B|\geqslant|A|-|B|$；

(b) $|A\oplus B|=|A|+|B|-2|A\cap B|$。

讨论题

习题 1.40 请分析总结两个有限集合、三个有限集合的容斥原理的规律，并将容斥原理扩展到四个有限集合上。

习题 1.41 假设$|A|=44$，$|B|=50$，$|C|=51$，$|D|=56$，$|A\cap B|=18$，$|A\cap C|=23$，$|A\cap D|=19$，$|B\cap C|=20$，$|B\cap D|=25$，$|C\cap D|=32$，$|A\cap B\cap C|=8$，$|A\cap B\cap D|=7$，$|A\cap C\cap D|=11$，$|B\cap C\cap D|=10$，$|A\cap B\cap C\cap D|=1$，计算$|A\cup B\cup C\cup D|$。

1.5　序列

知识点

定义 1.11　序列（sequence）是被排成一列的对象，每个对象不是在其他对象之前，就是在其他对象之后，各对象之间的顺序非常重要。序列中的对象也称为**项**（**item**），项的个数（可能是无限的）称为序列的**长度**（**length**）。取出序列中的某些特定的项并保持它们在原来序列中的顺序，所得到的新序列称为原序列的**子序列**（**subsequence**）。

例 1.18　以下诸例都是序列：

(a) 1, 2, 3, 4, 1, 2, 3, 4；

(b) 2, 3, 5, 7, 11, 13,⋯；

(c) 1, 8, 27, 64, 125, 216,⋯；

(d) red, green, blue, red, green, blue,⋯；

(e) {1}, b, {{δ}}；

(f) B, a, t。

序列可能是有限的（如例 1.18 中(a)(e)(f)），也可能是无限的（如例 1.18 中(b)(c)(d)）。有限序列包含**空序列**（**empty sequence**），它没有任何项。

定义 1.12　对于给定的集合 A，定义 A^*为所有由 A 中元素生成的有限长度序列全体，A^*中元素称为 A 上的**词**（**word**）或**串**（**string**）。在不引起混淆时，也可忽略序列各项间的“,”。A^*中的空序列称作**空串**（**empty string**），记作 λ 或 ε。此时 A 也称作**字母表**（**alphabet**）。

例 1.19　假设 A = {a, b, c,⋯, z}为英文字母集合，则 A^*包含所有有限长度的英文“单词”——无论其是否具有意义，如：

(a) bat；

(b) cat；

(c) qwertyuiop；

(d) mnbvcxz。

课前自测题

习题 1.42　设集合 A = {ab, bc, bb}，判断以下各字符串是否属于 A^*：

(a) ababab；

(b) abc；

(c) abba；

(d) abbcbaba；

(e) bcabbab；

(f) bbabbbbc。

1.6 整数的整除性

知识点

这一节主要讨论整数之间的整除性，而带余除法是所讨论内容的基础。

定理 1.6 （带余除法）设 n 和 m 都是整数且 $n\neq 0$，则可以唯一地将 m 写为 $m=q\cdot n+r$，其中 q 和 r 是整数，且 $0\leqslant r<|n|$。q 称作商（**quotient**），r 称作余数（**remainder**），记作 $r=m \bmod n$。

例 1.20 $221=13\times 17+0$；$915=11\times 78+57$；$-19=(-4)\times 5+1$。

定义 1.13 在定理 1.6 的表达式中，若余数 $r=0$，则称 m 能被 n 整除（***m* is dividable by *n***），或 n 整除 m（***n* divides *m***），记作 $n|m$。此时，称 m 是 n 的一个倍数（**multiple**），称 n 是 m 的一个约数或因子（**factor**）。

n 整除 m 当且仅当存在整数 q 使得 $m=q\cdot n$。

例 1.21 $4|16$，$5|(-25)$；18 的所有因子是$\{\pm1, \pm2, \pm3, \pm6, \pm9, \pm18\}$。

定理 1.7 假设 a, b, c 是整数，$a\neq 0$，则：

(a) 若 $a|b$ 且 $a|c$，则对于任意的整数 x, y，有 $a|(xb+yc)$；

(b) 若 $b\neq 0$，$a|b$ 且 $b|c$，则 $a|c$；

(c) 若 $b\neq 0$，$a|b$ 且 $b|a$，则 $a=\pm b$。

证明：(a) 若 $a|b$ 且 $a|c$，则存在整数 k_1 及 k_2 使得 $b=k_1a$ 及 $c=k_2a$，于是 $xb+yc=xk_1a+yk_2a=(xk_1+yk_2)a$，即 $a|(xb+yc)$。

(b) 若 $a|b$ 且 $b|c$，则存在整数 k_1 及 k_2 使得 $b=k_1a$ 及 $c=k_2b$，于是 $c=k_1k_2a$，即 $a|c$。

(c) 若 $a|b$ 且 $b|a$，则存在整数 k_1 及 k_2 使得 $b=k_1a$ 及 $a=k_2b$，于是 $a=k_1k_2a$ 且 $a\neq 0$，$k_1k_2=\pm1$，即 $a=\pm b$。 □

定理 1.8 对于任意正整数 a，有 $a|a$ 及 $1|a$。

证明：由 $a=1\cdot a=a\cdot 1$ 即得。 □

课前自测题

习题 1.43 对下述每一对数做带余除法，第一个数是被除数，第二个数是除数：

$$68, 17;\ -1\,001,\ -11;\ -24,\ 7;\ 123,\ -9。$$

习题 1.44（多项选择题） 下列陈述哪些正确？（　　）

A. $7|13$　　B. $(-5)|(-15)$　　C. $0|2$　　D. $2|0$

习题 1.45 以下陈述正确的是（　　）。

A. $0|2$　　B. $5|(-10)$　　C. $2|1$　　D. $10|5$

习题 1.46 给出 54 的全部因子。

课堂练习题

习题 1.47 假设 a, b, c, d 均为正整数，下述各陈述是否为真？若为真，请给出证明；否则，请给出反例。

(a) 若 $a|c$，$b|c$，则 $ab|c$；

(b) 若 $a|c$，$b|d$，则 $ab|cd$；

(c) 若 $ab|c$，则 $a|c$；

(d) 若 $a|bc$，则 $a|c$ 或 $b|c$。

1.7 布尔矩阵及其运算

知识点

定义 1.14 一个布尔矩阵（**Boolean matrix**）或位矩阵（**bit matrix**）是一个元素为 0 或 1 的矩阵。

定义 1.15 设 $\boldsymbol{A}=[a_{ij}]$ 是一个 $m\times n$ 的布尔矩阵，则定义其补（**complement**）为 $\overline{\boldsymbol{A}}=[\overline{a_{ij}}]=[1-a_{ij}]$。

定义 1.16 设 $\boldsymbol{A}=[a_{ij}]$ 和 $\boldsymbol{B}=[b_{ij}]$ 是两个 $m\times n$ 的布尔矩阵，则定义：

(a) $\boldsymbol{A}$ 和 $\boldsymbol{B}$ 的并（**join**）为 $\boldsymbol{A}\vee\boldsymbol{B}=\boldsymbol{C}=[c_{ij}]$，其中 $c_{ij}=\begin{cases}1, & 若a_{ij}=1或b_{ij}=1\\ 0, & 若a_{ij}=0且b_{ij}=0\end{cases}$；

(b) $\boldsymbol{A}$ 和 $\boldsymbol{B}$ 的交（**meet**）为 $\boldsymbol{A}\wedge\boldsymbol{B}=\boldsymbol{D}=[d_{ij}]$，其中 $d_{ij}=\begin{cases}1, & 若a_{ij}=1且b_{ij}=1\\ 0, & 若a_{ij}=0或b_{ij}=0\end{cases}$。

布尔矩阵的并和交可以扩展到多个布尔矩阵上，而把一个元素看作 1×1 的矩阵时，也可以定义元素间的并和交。

定义 1.17 设 $\boldsymbol{A}=[a_{ij}]$ 是 $m\times n$ 的布尔矩阵，$\boldsymbol{B}=[b_{ij}]$ 是 $n\times r$ 的布尔矩阵，则定义 $\boldsymbol{A}$ 和 $\boldsymbol{B}$ 的布尔积（**Boolean product**）为 $\boldsymbol{A}\odot\boldsymbol{B}=\boldsymbol{C}=[c_{ij}]$，其中

$$c_{ij}=\begin{cases}1, & 若存在k, 1\leqslant k\leqslant n, 使得\ a_{ik}=1, b_{kj}=1\\ 0, & 若所有k, 1\leqslant k\leqslant n, 使得\ a_{ik}\cdot b_{kj}=0\end{cases}。$$

例 1.22 设布尔矩阵 $\boldsymbol{A}=\begin{pmatrix}0&0&1&0\\0&0&0&1\\0&1&1&1\\1&0&0&0\end{pmatrix}$，$\boldsymbol{B}=\begin{pmatrix}0&0&1&0\\0&0&0&0\\1&1&1&0\\1&0&1&0\end{pmatrix}$，则：

$$\boldsymbol{A}\vee\boldsymbol{B}=\begin{pmatrix}0&0&1&0\\0&0&0&1\\1&1&1&1\\1&0&1&0\end{pmatrix}，\boldsymbol{A}\wedge\boldsymbol{B}=\begin{pmatrix}0&0&1&0\\0&0&0&0\\0&1&1&0\\1&0&0&0\end{pmatrix}，\boldsymbol{A}\odot\boldsymbol{B}=\begin{pmatrix}1&1&1&0\\1&0&1&0\\1&1&1&0\\0&0&1&0\end{pmatrix}。$$

定理 1.9 假设布尔矩阵 $\boldsymbol{A}, \boldsymbol{B}, \boldsymbol{C}$ 具有兼容大小（下述诸运算都可进行），则有：

(a) 交换律

$$\boldsymbol{A}\vee\boldsymbol{B}=\boldsymbol{B}\vee\boldsymbol{A}，\boldsymbol{A}\wedge\boldsymbol{B}=\boldsymbol{B}\wedge\boldsymbol{A}；$$

(b) 结合律

$(\boldsymbol{A}\vee\boldsymbol{B})\vee\boldsymbol{C}=\boldsymbol{A}\vee(\boldsymbol{B}\vee\boldsymbol{C})$，$(\boldsymbol{A}\wedge\boldsymbol{B})\wedge\boldsymbol{C}=\boldsymbol{A}\wedge(\boldsymbol{B}\wedge\boldsymbol{C})$，$(\boldsymbol{A}\odot\boldsymbol{B})\odot\boldsymbol{C}=\boldsymbol{A}\odot(\boldsymbol{B}\odot\boldsymbol{C})$；

(c) 分配律

$\boldsymbol{A}\wedge(\boldsymbol{B}\vee\boldsymbol{C})=(\boldsymbol{A}\wedge\boldsymbol{B})\vee(\boldsymbol{A}\wedge\boldsymbol{C})$，$\boldsymbol{A}\vee(\boldsymbol{B}\wedge\boldsymbol{C})=(\boldsymbol{A}\vee\boldsymbol{B})\wedge(\boldsymbol{A}\vee\boldsymbol{C})$。

证明：仅证明“$(\boldsymbol{A}\odot\boldsymbol{B})\odot\boldsymbol{C}=\boldsymbol{A}\odot(\boldsymbol{B}\odot\boldsymbol{C})$”，其余作为习题。

假设 $\boldsymbol{A}\odot\boldsymbol{B}=[d_{ij}]$，$(\boldsymbol{A}\odot\boldsymbol{B})\odot\boldsymbol{C}=[e_{ij}]$，$\boldsymbol{B}\odot\boldsymbol{C}=[f_{ij}]$，$\boldsymbol{A}\odot(\boldsymbol{B}\odot\boldsymbol{C})=[g_{ij}]$。

则 $e_{ij}=1$ 当且仅当存在 k 使得 $d_{ik}=c_{kj}=1$，而 $d_{ik}=1$ 当且仅当存在 l 使得 $a_{il}=b_{lk}=1$，于是 $e_{ij}=1$ 当且仅当存在 k, l 使得 $a_{il}=b_{lk}=c_{kj}=1$。

同样地，$g_{ij}=1$ 当且仅当存在 l 使得 $a_{il}=f_{lj}=1$，而 $f_{lj}=1$ 当且仅当存在 k 使得 $b_{lk}=c_{kj}=1$，于是 $g_{ij}=1$ 当且仅当存在 k, l 使得 $a_{il}=b_{lk}=c_{kj}=1$。

因此$(\boldsymbol{A}\odot\boldsymbol{B})\odot\boldsymbol{C}=\boldsymbol{A}\odot(\boldsymbol{B}\odot\boldsymbol{C})$。 □

将布尔矩阵视作一般矩阵时，其转置操作和布尔运算有如下关系。

定理 1.10 假设布尔矩阵 $\boldsymbol{A}, \boldsymbol{B}, \boldsymbol{C}$ 具有兼容大小（下述诸运算都可进行），则有：

$$(\boldsymbol{A}\vee\boldsymbol{B})^{\mathrm{T}}=\boldsymbol{A}^{\mathrm{T}}\vee\boldsymbol{B}^{\mathrm{T}},\quad (\boldsymbol{A}\wedge\boldsymbol{B})^{\mathrm{T}}=\boldsymbol{A}^{\mathrm{T}}\wedge\boldsymbol{B}^{\mathrm{T}},\quad (\boldsymbol{A}\odot\boldsymbol{B})^{\mathrm{T}}=\boldsymbol{B}^{\mathrm{T}}\odot\boldsymbol{A}^{\mathrm{T}}。$$

课前自测题

习题 1.48（判断题） 若布尔矩阵 $\boldsymbol{A}=\begin{pmatrix}0&0&1\\1&1&0\\1&0&0\end{pmatrix}$，$\boldsymbol{B}=\begin{pmatrix}1&1&1\\0&0&1\\1&0&1\end{pmatrix}$，则 $\boldsymbol{A}\odot\boldsymbol{B}=\begin{pmatrix}1&0&1\\1&1&1\\1&1&0\end{pmatrix}$。

习题 1.49 若布尔矩阵 $\boldsymbol{A}=\begin{pmatrix}0&0&1\\1&1&0\\1&0&0\end{pmatrix}$，$\boldsymbol{B}=\begin{pmatrix}0&1&1\\1&1&0\\1&0&1\end{pmatrix}$，则 $\boldsymbol{A}\odot\boldsymbol{B}=$______。

A. $\begin{pmatrix}1&1&1\\1&1&1\\0&1&1\end{pmatrix}$　　B. $\begin{pmatrix}1&0&1\\1&1&1\\0&1&1\end{pmatrix}$　　C. $\begin{pmatrix}0&1&1\\1&1&1\\1&0&1\end{pmatrix}$　　D. $\begin{pmatrix}0&1&1\\1&1&0\\1&0&1\end{pmatrix}$

课堂练习题

习题 1.50 对于给定的布尔矩阵 $\boldsymbol{A}, \boldsymbol{B}$，计算 $\boldsymbol{A}\vee\boldsymbol{B}$，$\boldsymbol{A}\wedge\boldsymbol{B}$，$\boldsymbol{A}\odot\boldsymbol{B}$。

(a) $\boldsymbol{A}=\begin{pmatrix}1&0\\0&1\end{pmatrix},\boldsymbol{B}=\begin{pmatrix}1&1\\0&1\end{pmatrix}$；

(b) $\boldsymbol{A}=\begin{pmatrix}1&0&0\\0&1&1\\1&0&0\end{pmatrix},\boldsymbol{B}=\begin{pmatrix}1&1&1\\0&0&1\\1&0&1\end{pmatrix}$；

(c) $\boldsymbol{A}=\begin{pmatrix}1&0&0\\0&0&1\\1&0&1\end{pmatrix},\boldsymbol{B}=\begin{pmatrix}1&1&1\\1&1&1\\1&0&0\end{pmatrix}$。

习题 1.51 完成定理 1.9 其他部分的证明。

习题 1.52　证明定理 1.10。

讨论题

习题 1.53　如果将布尔矩阵的元素看作是普通的数值，则元素之间可以进行普通的数值运算，矩阵也可以进行通常的加法、乘法运算。通常的加法、乘法运算的结果和布尔运算的结果之间有什么关系？

<<< 第2章

逻 辑

逻辑是关于思维形式的科学，数理逻辑是用数学的方法研究思维的形式结构和规律的学科，与计算机科学有着非常密切的联系。本章主要介绍数理逻辑中最基础的内容——命题逻辑与谓词逻辑，包括命题、逻辑连接符、命题公式、谓词、量词、谓词公式、等值演算、范式、推理演算等内容。

章节结构图

命题逻辑部分

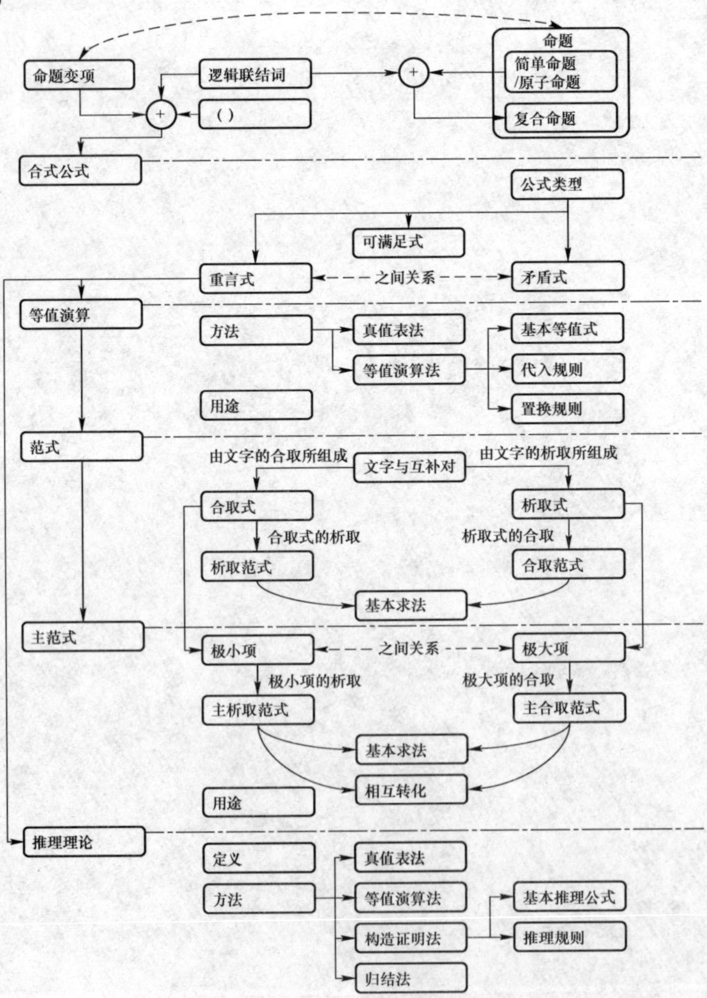

由命题逻辑扩展到谓词逻辑

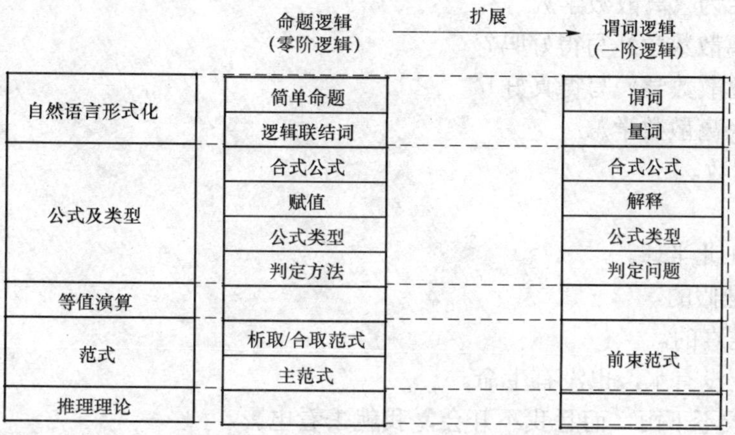

谓词逻辑部分

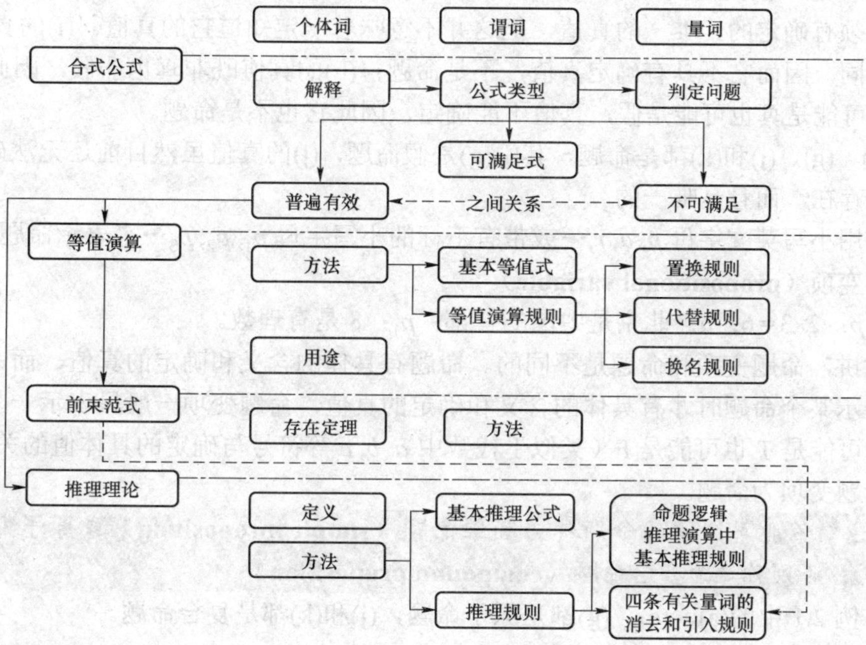

2.1 命题及其真值

知识点

命题是研究思维的形式结构和规律的最基本单位。

定义 2.1 非真即假的陈述句称为命题（**proposition**）。一个命题如果是对的或正确的，则称之为真命题，其真值为“真”（true），常用 T 或 1 表示；一个命题如果是错的或不正确的，则称之为假命题，其真值为“假”（false），常用 F 或 0 表示。

例 2.1 判断下列句子哪些是命题，哪些不是命题。

(a) 这本书名为《离散数学》。

(b) 这本《离散数学》写得好吗？

(c) 这本《离散数学》写得真好！

(d) 请购买《离散数学》。

(e) 8 是有理数。

(f) $x+1=6$。

(g) 阿根廷在北半球。

(h) 本命题是假的。

(i) 本命题是真的。

(j) 天狼星上没有水，也没有生命。

(k) 如果明天不下雨，而且我不开会，我就去看电影。

解：命题必须是陈述句，祈使句、疑问句、感叹句等都不是命题。因此以上句子中，(b)、(c)、(d)不是命题，因为它们都不是陈述句。

命题必须有确定的、唯一的真值，但这并不意味着一定知道它的真值。(f)的真值随 x 值的变化而不同，因而它不具有确定真值，不是命题；(h)的真值既非真也非假，因此它不是命题；而(i)既可能是真也可能是假，真值不能确定，因此它也不是命题。

(a)、(e)、(g)、(j)和(k)都是命题，其中(g)是假命题，(j)的真值虽然目前还无法确定，但它的真值客观存在，而且是唯一的。

通常使用小写英文字母 $p, q, r, \cdots$ 或带有下标的小写字母 $p_1, p_2, p_3 \cdots$ 来表示命题，称为**命题变元或命题变项（propositional variable）**。

例如：p：$2\times3=6$；q：北京是中国的首都；p_1：8 是有理数。

严格地讲，命题变项和命题是不同的。命题有具体的含义和确定的真值，而命题变项只有在明确表示某个命题时才有具体的含义和确定的真值，命题变项一般只表示一个抽象的命题，其真值可能是 T 也可能是 F（类似于代数中 a, b, c 等符号与确定的具体值的关系）。但通常也简称命题变项为命题。

定义 2.2 不能再分解的命题称为**简单命题（simple proposition）**或**原子命题（atom proposition）**；否则称之为**复合命题（compound proposition）**。

例如，例 2.1 中的(a)、(e)、(g)都是原子命题，(j)和(k)都是复合命题。

课前自测题

习题 2.1 判断下列语句是否为命题，若是命题，请指出是简单命题还是复合命题。

(a) 8 能被 2 整除。

(b) 全体起立！

(c) 北京的秋天真美啊！

(d) 下周一开会吗？

(e) 4 是奇数。

(f) $x+y=5$。

(g) 红色和黄色可以调成绿色。

(h) 只要没有生病，就得努力学习。

(i) 如果今天下雪，那么苗苗就不去跑步了。

(j) 2112 年 12 月 21 日北京有雪。

(k) 他一边听音乐，一边写作业。

2.2 逻辑运算符

知识点

将简单命题联结起来形成复合命题的方式叫作**命题联结词**（**proposition connective**）或**命题运算符**（**proposition operator**），主要有以下几种。

定义 2.3 设 p 为命题，**否定词**（**negation**）"$\neg$"是一元联结词，$\neg p$ 读作"非 p"或"p 的否定"。若 p 的真值为真，则 $\neg p$ 的真值为假；反之，若 p 为假，则 $\neg p$ 为真。

否定词的含义相当于自然语言中的"不""没有""无""否定""并非"等。

例 2.2 若用 p 表示命题"苗苗在画画"，则 $\neg p$ 即为命题"苗苗没有在画画"。

定义 2.4 设 p, q 为命题，**合取词**（**conjunction**）"$\wedge$"是二元联结词，$p \wedge q$ 读作"p 与 q"或"p, q 的合取"。当且仅当 p, q 的真值均为真时，$p \wedge q$ 的真值为真。

合取词的含义相当于自然语言中的"p 和 q""p 与 q""p 且 q""p，同时 q""p 及 q""既 p，又 q""不但 p，而且 q""尽管 p，依然 q""虽然 p，但是 q"等。

例 2.3 若用 p 表示命题"苗苗在唱歌"，q 表示命题"苗苗在跳舞"，则"苗苗边唱边跳"可以表示为 $p \wedge q$。

定义 2.5 设 p, q 为命题，**析取词**（**disjunction**）"$\vee$"是二元联结词，$p \vee q$ 读作"p 或 q"或"p, q 的析取"。当且仅当 p, q 的真值均为假时，$p \vee q$ 的真值为假。

析取词的含义相当于自然语言中的"p 或者 q""不是 p，就是 q"等。

例 2.4 析取词 $\vee$ 与自然语言中的"或者"类似但又有所不同。例如：

(a) 苗苗在画画或者在唱歌；

(b) 苗苗本周一上午九时在清华大学或者在北京大学。

这两个命题都含有联结词"或者"，但这两个"或者"的逻辑含义是不同的。对于(a)，苗苗可以既在画画又在唱歌；而对于(b)，苗苗不可能在同一时间出现在不同地点。

通常我们称命题(a)中的"或者"为"可兼或"，命题(b)中的"或者"为"不可兼或"。自然语言中的"可兼或"与析取词 $\vee$ 相对应，而"不可兼或"与下面介绍的异或词相对应。

定义 2.6 设 p, q 为命题，**异或词**（**exclusive or**）"$\oplus$"是二元联结词，$p \oplus q$ 读作"p 异或 q"。当且仅当 p, q 的真值相同时，$p \oplus q$ 的真值为假。"异或"也称"**不可兼或**"。

定义 2.7 设 p, q 为命题，**蕴涵词**（**implication**）"$\Rightarrow$"是二元联结词，$p \Rightarrow q$ 读作"若 p 则 q"。当且仅当 p 的真值为真、q 的真值为假时，$p \Rightarrow q$ 的真值为假。p 称作**前提**（**premise**），q 称作**结论**（**conclusion**）。

蕴涵词的含义相当于自然语言中的"如果 p，则 q""只要 p，就 q""只有 q，才 p""仅当 q，则 p""p 是 q 的充分条件""q 是 p 的必要条件"等。

例 2.5 若用 p 表示命题“今天晴”，q 表示命题“苗苗出外写生”，则“如果今天是个晴天，苗苗就会出外写生”可以表示为 $p \Rightarrow q$。

例 2.6 若用 p 表示命题“$2+2=3$”，q 表示命题“地球是太阳的行星”，则 $p \Rightarrow q$ 表示“若 $2+2=3$，则地球是太阳的行星”。

对于自然语言中的“如果 p，则 q”，p 与 q 之间常有语义上的因果关系，而条件复合命题 $p \Rightarrow q$ 的 p 与 q 之间不一定有这种关系。但在例 2.6 中，p, q 没有任何语义上的关系，然而命题 $p \Rightarrow q$ 却是真命题。这是因为在逻辑语言中，联结词仅仅代表命题之间的形式关系，而不考虑命题内容的实际含义或日常自然用语中是否有此说法。

例 2.7 “如果本周三外星人入侵地球，那么在本周三的课上进行测验”。用 p 表示“本周三外星人入侵地球”，q 表示“在本周三的课上进行测验”，则命题可符号化为 $p \Rightarrow q$。从语义上讲，如果本周三外星人入侵地球了，那么本周三的课上一定会进行测验；但是如果本周三没有外星人入侵地球的话，是否进行测验都是合理的。

例 2.8 每周的周一和周四上离散数学课。用 p 表示“今天是周一”，q 表示“今天要去上离散数学课”，则命题“如果今天是周一，那么要去上离散数学课”可符号化为 $p \Rightarrow q$。从语义上讲，如果今天的确是周一，那么当然应该去上离散数学课；但是如果今天不是周一，那么是否去上离散数学课都是可能的。

这两个例子表明：对于条件复合命题 $p \Rightarrow q$，当 p 为假时，q 不论为真为假，蕴涵式的真值均为真。

对于命题 $p \Rightarrow q$，称命题“$q \Rightarrow p$”为其**逆命题**，命题“$\neg p \Rightarrow \neg q$”为其**否命题**，命题“$\neg q \Rightarrow \neg p$”为其**逆否命题**。

定义 2.8 设 p, q 为命题，**等价词（equivalence）**“$\Leftrightarrow$”是二元联结词，$p \Leftrightarrow q$ 读作“p 当且仅当 q”或“p, q 等价”。当且仅当 p, q 的真值相同时，$p \Leftrightarrow q$ 的真值为真。“等价”也称作“**双条件**”（**biconditional**）。

等价词的含义相当于自然语言中的“p，当且仅当 q”“p 是 q 的充分必要条件”“p, q 含义相同”等。

例 2.9 用 p 表示“雪是黑色的”，q 表示“$2+3=6$”，则命题“雪是黑色的当且仅当 $2+3=6$”可符号化为 $p \Leftrightarrow q$，它是真命题。

同命题 $p \Rightarrow q$ 一样，复合命题 $p \Leftrightarrow q$ 的 p 和 q 之间在语义上也可以没有任何关系，而 $p \Leftrightarrow q$ 的真值仅与 p, q 的真值相关。

课前自测题

习题 2.2 判断下述命题的真值。

(a) $1+1=2$，而且太阳从西方升起。

(b) 7 是 14 或 28 的因子。

(c) 如果 $1+1=2$，那么太阳从东方升起。

(d) 如果 $1+1=2$，那么太阳从西方升起。

(e) 如果 $1+1=3$，那么太阳从东方升起。

(f) 如果 $1+1=3$，那么太阳从西方升起。

(g) $1+1=3$ 当且仅当犀牛会飞。

习题 2.3 若命题 p 和 r 为真，而命题 q 和 s 为假，则命题$(\neg p)\Rightarrow(r\Rightarrow(r\Rightarrow(q\vee s)))$的真值为________。

课堂练习题

习题 2.4 设 p：发生了堵车，q：他起晚了，r：他上班迟到了，则将下列命题用自然语言描述：

(a) $p\Rightarrow(q\wedge\neg r)$；

(b) $\neg(p\vee q)\wedge r$；

(c) $\neg(q\Rightarrow p)\wedge p$；

(d) $p\vee q\Rightarrow\neg r$；

(e) $q\Leftrightarrow r$。

习题 2.5 若命题 p 和 q 为真，而命题 r 为假，试确定下述各命题的真值：

(a) $p\Rightarrow(q\wedge\neg r)$；

(b) $\neg(p\vee q)\wedge r$；

(c) $\neg(q\Rightarrow p)\wedge p$；

(d) $p\vee q\Rightarrow\neg r$；

(e) $q\Leftrightarrow r$。

2.3 命题公式

知识点

复合命题是由命题变项、逻辑联结词和括号等符号组成的符号串；但反过来，由这些符号组成的符号串并不一定都是命题。

定义 2.9 命题逻辑中的**命题公式**（**well formed formula，wff**）递归地定义为：

(1) 单个命题变项 $p, q, r,\cdots$是命题公式；

(2) 如果 A 是命题公式，则$\neg A$ 也是命题公式；

(3) 如果 A 和 B 是命题公式，则由逻辑联结词联结 A 和 B 的符号串也是命题公式，如：$(A\wedge B), (A\vee B), (A\Rightarrow B), (A\Leftrightarrow B)$等；

(4) 有限次应用(1)～(3)构成的符号串才是命题公式。

换言之，只有用命题公式表示的符号串才是命题。命题公式也称为**合式公式**，简称**公式**。

例 2.10 $(\neg p)$，$(p\vee(\neg q))$，$(p\Rightarrow((\neg q)\Leftrightarrow r))$都是命题公式；而$(p\vee(\wedge q))$，$(p\Rightarrow(r\neg q))$都不是命题公式。

为简化公式的形式，做如下规定：

(1) 各逻辑联结词中，$\neg$的优先级最高，其次为$\wedge$和$\vee$（二者优先级相同），$\Rightarrow$和$\Leftrightarrow$的优先级最低（二者优先级相同）；

(2) 公式$(\neg p)$的括号可以省略，写成$\neg p$；

(3) 整个公式最外层的括号可以省略。

例 2.11 命题公式$(((q\vee r)\Rightarrow p)\Rightarrow((\neg p)\wedge q))$的最后一个联结符是$\Rightarrow$。省去最外层括号，可

以将其简化为$((q\vee r)\Rightarrow p)\Rightarrow((\neg p)\wedge q)$。考虑命题联结词的优先级，可以将其简化为$(q\vee r\Rightarrow p)\Rightarrow\neg p\wedge q$。

定义 2.10 设A为命题公式，B为A中的一个连续的符号串，且B为命题公式，则称B为A的**子公式（sub formula）**。

例 2.12 $q\vee r$, $(q\vee r)\Rightarrow p$, $(\neg p)\wedge q$ 都是公式$(((q\vee r)\Rightarrow p)\Rightarrow((\neg p)\wedge q))$的子公式，而$\Rightarrow((\neg p)\wedge q)$, $\vee r)\Rightarrow p$都不是该公式的子公式，因为它们本身不是公式。

命题公式不是命题，只有当公式中的每一个命题变项都被赋以确定的真值时，公式的真值才被确定，从而成为一个命题。

课前自测题

习题 2.6 （　　）构成一个命题公式。

A. $\neg q\Rightarrow r$　　B. $\vee p\Rightarrow r$　　C. $p\Leftrightarrow q\neg$　　D. $p\wedge(q\vee)$

习题 2.7 （　　）是$((p\wedge q)\Rightarrow r)\wedge(q\Rightarrow(r\vee s))$的一个子公式。

A. $(p\wedge q)\Rightarrow$　　B. $q\Rightarrow r$　　C. $r\wedge q$　　D. $q\Rightarrow(r\vee s)$

2.4 命题公式的真值指派

知识点

命题公式不是命题，只有当公式中的每一个命题变项都被赋以确定的真值时，公式的真值才被确定，从而成为一个命题。

定义 2.11 如果一个命题公式A含有n个命题变项$p_1, p_2,\cdots, p_n$，则该公式称为**n元命题公式**。在一个n元命题公式中，对变项组$(p_1, p_2,\cdots, p_n)$指定的一组确定真值称为该公式的一个**真值指派或赋值（assignment）**。若指定的一组值使A的真值为真，则称这组值为A的**成真指派或成真赋值**，若使A的真值为假，则称这组值为A的**成假指派或成假赋值**。

n（$n\geqslant 1$）元命题公式共有2^n个不同的真值指派。在命题变项$p_1, p_2,\cdots, p_n$次序确定的情况下，$(p_1, p_2,\cdots, p_n)$的一个真值指派可以表示为一个由0和1组成的n位符号串。例如一个含命题变项p_1, p_2, p_3的命题公式A的一个真值指派表示为011，其含义是p_1真值为F，p_2真值为T，p_3真值为T。

例 2.13 对于命题公式$(\neg p\wedge q)\Rightarrow(\neg q\vee p)$而言，成真指派为11, 10, 00，成假指派为01。

课前自测题

习题 2.8 以下哪一个是$(r\Leftrightarrow q)\Rightarrow(\neg p\wedge p)$的成真指派？（　　）

A. 010　　B. 000　　C. 011　　D. 111

习题 2.9 以下哪一个是$(\neg\neg p\Rightarrow\neg q)\wedge(q\vee(\neg r\wedge p))$ 的成假指派？（　　）

A. 010　　B. 011　　C. 100　　D. 111

习题 2.10 命题公式$p\vee(q\wedge\neg r)$有________个不同的成真指派。

习题 2.11 命题公式$p\Rightarrow(p\vee q)$有________个不同的成假指派。

课堂练习题

习题 2.12 给出以下公式的成真指派和成假指派：

(a) $\neg(q\Rightarrow p)\wedge p$；

(b) $\neg((p\Rightarrow q)\Rightarrow r)\Leftrightarrow(q\vee r)$；

(c) $\neg(p\Rightarrow q)\wedge((q\Leftrightarrow r)\vee p)$；

(d) $(\neg\neg p\wedge q)\Rightarrow((q\Rightarrow r)\Leftrightarrow\neg p)$。

2.5 真值表

知识点

一个命题公式在每种真值指派（每种命题变项取值的组合）上的值可以直观地用**真值表**（**truth table**）来计算和表示：对于一个 n 元命题公式 A，其真值表的输入端（最左 n 列）的 2^n 行对应于它的 2^n 个真值指派；输出端（最右一列）对应于命题公式在它的 2^n 个真值指派下的真值。

为方便构造真值表，特约定如下：

(1) 命题变项按字典序排列；

(2) 对每个真值指派，以二进制数从小到大或从大到小顺序列出；

(3) 若公式较复杂，可先列出各子公式的真值(若有括号，则应从里层向外层展开)，最后列出所求公式的真值。

各个命题联结词的真值表见表 2-1。

表 2-1 各个命题联结词的真值表

p	q	$\neg p$	$p\wedge q$	$p\vee q$	$p\oplus q$	$p\Rightarrow q$	$p\Leftrightarrow q$
T	T	F	T	T	F	T	T
T	F	F	F	T	T	F	F
F	T	T	F	T	T	T	F
F	F	T	F	F	F	T	T

例 2.14 $(p\wedge q)\Rightarrow(p\vee\neg r)$的真值表见表 2-2。

表 2-2 例 2.14 的真值表

真值指派			子公式真值			命题公式真值
p	q	r	$p\wedge q$	$\neg r$	$p\vee\neg r$	$(p\wedge q)\Rightarrow(p\vee\neg r)$
T	T	T	T	F	T	T
T	T	F	T	T	T	T
T	F	T	F	F	T	T
T	F	F	F	T	T	T

续表

真值指派			子公式真值			命题公式真值
p	q	r	$p\wedge q$	$\neg r$	$p\vee\neg r$	$(p\wedge q)\Rightarrow(p\vee\neg r)$
F	T	T	F	F	F	T
F	T	F	F	T	T	T
F	F	T	F	F	F	T
F	F	F	F	T	T	T

成真指派为 111（TTT), 110（TTF), 101（TFT), 100（TFF), 011（FTT), 010（FTF), 001（FFT), 000（FFF)，不存在成假指派。

例 2.15　$\neg(p\Rightarrow q)\wedge(q\wedge r)$的真值表见表 2–3。

表 2–3　例 2.15 的真值表

真值指派			子公式真值			命题公式真值
p	q	r	$p\Rightarrow q$	$\neg(p\Rightarrow q)$	$q\wedge r$	$\neg(p\Rightarrow q)\wedge(q\wedge r)$
T	T	T	T	F	T	F
T	T	F	T	F	F	F
T	F	T	F	T	F	F
T	F	F	F	T	F	F
F	T	T	T	F	T	F
F	T	F	T	F	F	F
F	F	T	T	F	F	F
F	F	F	T	F	F	F

不存在成真指派，成假指派为 111（TTT), 110（TTF), 101（TFT), 100（TFF), 011（FTT), 010（FTF), 001（FFT)), 000（FFF)。

例 2.16　$p\vee(q\wedge\neg r)$的真值表见表 2–4。

表 2–4　例 2.16 的真值表

真值指派			子公式真值	命题公式真值
p	q	r	$q\wedge\neg r$	$p\vee(q\wedge\neg r)$
T	T	T	F	T
T	T	F	T	T
T	F	T	F	T
T	F	F	F	T
F	T	T	F	F
F	T	F	T	T
F	F	T	F	F
F	F	F	F	F

成真指派为 111（TTT), 110（TTF), 101（TFT), 100（TFF), 010（FTF)，成假指派为 011（FTT), 001（FFT), 000（FFF)。

课前自测题

习题 2.13 以下真值表表示的是逻辑公式（ ）。

Input			Output
p	q	r	
T	T	T	T
T	T	F	F
T	F	T	T
T	F	F	T
F	T	T	T
F	T	F	F
F	F	T	T
F	F	F	F

A. $r\Leftrightarrow(p\wedge q)$ B. $(p\vee q)\Leftrightarrow r$ C. $(p\Rightarrow q)\Rightarrow r$ D. $(p\Rightarrow r)\Rightarrow q$

习题 2.14 以下真值表表示的是逻辑公式（ ）。

Input			Output
p	q	r	
T	T	T	T
T	T	F	F
T	F	T	T
T	F	F	T
F	T	T	T
F	T	F	T
F	F	T	T
F	F	F	T

A. $(q\Rightarrow r)\Rightarrow (p\wedge q)$ B. $(q\Rightarrow r)\Rightarrow (p\vee q)$
C. $(p\vee q)\Rightarrow (q\Rightarrow r)$ D. $(p\wedge q)\Rightarrow (q\Rightarrow r)$

习题 2.15 以下真值表表示的是逻辑公式（ ）。

Input			Output
p	q	r	
T	T	T	T
T	T	F	F
T	F	T	F
T	F	F	T

续表

Input			Output
p	q	r	
F	T	T	F
F	T	F	T
F	F	T	F
F	F	F	T

A. $(p\Rightarrow q)\Rightarrow r$　　B. $(p\Rightarrow r)\Rightarrow q$　　C. $r\Leftrightarrow(p\wedge q)$　　D. $(p\vee q)\Leftrightarrow r$

课堂练习题

习题 2.16　列出下列公式的真值表。

(a) $(p\vee(p\wedge q))\Rightarrow(\neg p\Rightarrow q)$;

(b) $\neg(\neg p\vee q)\wedge(q\wedge q)$;

(c) $(\neg p\wedge q)\Rightarrow(\neg q\vee p)$;

(d) $\neg r\vee\neg p\Rightarrow(p\Leftrightarrow\neg q)$;

(e) $(p\Rightarrow(q\Rightarrow r))\Rightarrow((p\Rightarrow q)\Rightarrow(p\Rightarrow r))$;

(f) $(p\vee q)\wedge(q\vee r)\wedge(r\vee p)\Leftrightarrow(p\wedge q)\vee(q\wedge r)\vee(r\wedge p)$。

2.6　命题公式的分类

知识点

可以根据命题公式在每种真值指派（每种命题变项取值的组合）上的值对命题公式进行分类。

定义 2.12　假设 A 为一个 n 元命题公式，若其所有 2^n 个真值指派都是成真指派，则称 A 为**永真式**或**重言式**（**tautology**）；若其所有 2^n 个真值指派都是成假指派，则称 A 为**永假式**或**矛盾式**(**contradiction**)；若其至少存在一个成真指派，则称 A 为**可满足式**(**satisfiable formula**)；若 A 至少存在一个成真指派及成假指派，则称 A 为**非重言的可满足式**。

重言式一定是可满足式，但反之不真。

例 2.17　$(p\wedge q)\Rightarrow(p\vee\neg r)$的成真指派为 111（TTT), 110（TTF), 101（TFT), 100（TFF), 011（FTT), 010（FTF), 001（FFT), 000（FFF)，不存在成假指派，它是重言式。

例 2.18　$\neg(p\Rightarrow q)\wedge(q\wedge r)$不存在成真指派，成假指派为 111（TTT), 110（TTF), 101（TFT), 100（TFF), 011（FTT), 010（FTF), 001（FFT), 000（FFF)，它是矛盾式。

例 2.19　$p\vee(q\wedge\neg r)$的成真指派为 111（TTT), 110（TTF), 101（TFT), 100（TFF), 010（FTF)，成假指派为 011（FTT), 001（FFT), 000（FFF)，它是非重言式的可满足式。

定理 2.1　任意两个重言式的析取或合取仍然是重言式，任意两个矛盾式的析取或合取仍然是矛盾式。

课前自测题

习题 2.17 以下命题公式中，（ ）是矛盾式。

A. $\neg(p\Rightarrow q)\wedge q$　　B. $r\Rightarrow((p\Rightarrow q)\vee\neg q)$

C. $p\wedge(q\vee r)$　　D. $p\wedge(q\Rightarrow r)$

习题 2.18 以下命题公式中，（ ）是重言式。

A. $p\Rightarrow p\wedge q$　　B. $p\Rightarrow p\vee q$　　C. $p\Rightarrow\neg(p\wedge q)$　　D. $\neg(q\vee(q\Rightarrow p))$

习题 2.19 以下命题公式中，（ ）不是重言式。

A. $\neg p\Rightarrow(p\Rightarrow q)$　　B. $(p\Rightarrow q)\Rightarrow(p\vee q)$

C. $(p\vee(p\wedge r))\Rightarrow(p\vee q)$　　D. $(\neg(p\Rightarrow q)\wedge q)\Rightarrow r$

课堂练习题

习题 2.20 判断以下公式的类型：

(a) $(p\vee(p\wedge q))\Rightarrow(\neg p\Rightarrow q)$；

(b) $\neg(\neg p\vee q)\wedge(q\wedge q)$；

(c) $(\neg p\wedge q)\Rightarrow(\neg q\vee p)$；

(d) $\neg r\vee\neg p\Rightarrow(p\Leftrightarrow\neg q)$；

(e) $(p\Rightarrow(q\Rightarrow r))\Rightarrow((p\Rightarrow q)\Rightarrow(p\Rightarrow r))$；

(f) $(p\vee q)\wedge(q\vee r)\wedge(r\vee p)\Leftrightarrow(p\wedge q)\vee(q\wedge r)\vee(r\wedge p)$。

讨论题

习题 2.21 真值表是命题逻辑中的重要工具，请讨论如何由真值表给出公式的成真指派和成假指派，并判断公式的类型。

2.7 自然语言的形式化

知识点

把一个用自然语言表述的命题表示为由命题变项、联结词和圆括号表示的复合命题的形式，称为**命题的符号化**，这是进行推理演算的首要步骤。命题的符号化一般须经过如下三个步骤：

（1）找出命题中各原子命题，将原子命题符号化；
（2）找出命题中各联结词，将联结词符号化；
（3）最后将原子命题和联结词组成一个复合命题。

例 2.20 把下列自然语言命题符号化：

(a) 离散数学并非是枯燥无味的；

(b) 天狼星上有水，也有生命；

(c) 俞伯牙和钟子期是好朋友；

(d) 6 是 2 的倍数或是 3 的倍数；

(e) 4 是偶数或是奇数；

(f) 只有在星期一，我才会去上离散数学课；

(g) 只要是星期一，我就会去上离散数学课；

(h) 今天是星期一当且仅当明天是星期二；

(i) 如果明天不下雨，而且我不开会，我就去看电影；

(j) 天若有情天亦老，人间正道是沧桑。

解：(a) 设 p 表示“离散数学是枯燥无味的”，则命题符号化为 $\neg p$。

(b) 设 p 表示“天狼星上有水”，q 表示“天狼星上有生命”，则命题符号化为 $p \wedge q$。

(c) 这里出现的“和”并不表示合取关系，它并不是一个复合命题，而仍然是原子命题，因而只能形式化为 p，p 表示“俞伯牙和钟子期是好朋友”。

(d) 设 p 表示“6 是 2 的倍数”，q 表示“6 是 3 的倍数”，它们是可兼或，命题符号化为 $p \vee q$。

(e) 设 p 表示“4 是偶数”，q 表示“4 是奇数”，它们是不可兼或，命题符号化为 $p \oplus q$。

(f) 设 p 表示“星期一”，q 表示“我去上离散数学课”，则命题符号化为 $q \Rightarrow p$；或者理解为“如果不是星期一我就一定不去上离散数学课”，这时命题符号化为 $\neg p \Rightarrow \neg q$。这两者都是正确的。

(g) 设 p 表示“星期一”，q 表示“我去上离散数学课”，则命题符号化为 $p \Rightarrow q$。

(h) 设 p 表示“今天是星期一”，q 表示“明天是星期二”，则命题符号化为 $p \Leftrightarrow q$。

(i) 设 p 表示“明天下雨”，q 表示“明天我开会”，r 表示“明天我去看电影”，则命题符号化为 $(\neg p \wedge \neg q) \Rightarrow r$。

(j) 设 p 表示“天有情”，q 表示“天会老”，r 表示“人间正道是沧桑”，则命题符号化为 $(p \Rightarrow q) \wedge r$，各分句之间的关系是合取关系。

课前自测题

习题 2.22（判断题） 设 p 表示“我努力学习”，q 表示“我会取得好成绩”，则“只有我努力学习，我才会取得好成绩”命题符号化为 $p \Rightarrow q$。

习题 2.23 设 p：发生了堵车，q：他起晚了，r：他上班迟到了，则用逻辑符号表示以下命题：

(a) 只要发生了堵车，他就会上班迟到；

(b) 只有堵车，他上班才会迟到；

(c) 今天虽然他起晚了，但是没有堵车，所以他上班没有迟到；

(d) 如果他上班迟到了，那么一定是发生了堵车或者他起晚了；

(e) 他上班迟到当且仅当发生了堵车。

课堂练习题

习题 2.24 将下列命题符号化：

(a) 说这本书写得不好是不正确的；

(b) 虽然天气很冷，但苗苗还是坚持跑步；

(c) 他一边听音乐，一边写作业；

(d) 红色和黄色可以调成绿色；

(e) 只有没有生病，才要努力学习；
(f) 只要没有生病，就得努力学习；
(g) 如果今天下雪，那么苗苗就不去跑步了；
(h) 不经一事，不长一智；
(i) 平行四边形 $ABCD$ 是正方形当且仅当它既是矩形又是菱形。

2.8 命题逻辑的等值演算

知识点

如例 2.20(f)所示，不同的命题公式其含义可能是相同的，这时称 A 与 B 是等值的。

定义 2.13 设 A,B 为两个命题公式，若 $A\Leftrightarrow B$ 为一个重言式，则称 A 与 B **等值**（**equivalent**）或**逻辑等价**（**logically equivalent**），记作 $A\equiv B$，称 $A\equiv B$ 为**等值式**（**equivalence**）。

注意，"≡"并不是一个逻辑联结符，$A\equiv B$ 表示 A, B 有等值关系，而并非命题。

设 $p_1, p_2,\cdots, p_n$ 是公式 A 和公式 B 中出现的全部命题变项。由定义，A, B 等值当且仅当对于命题变项 $p_1, p_2,\cdots, p_n$ 的任意一组真值指派，A 和 B 的取值均相同。

判断两个命题公式是否等值主要有两种方法：真值表法和等值演算法。

例 2.21 使用真值表法证明蕴涵等值式 $p\Rightarrow q\equiv p\vee q$。

解： 公式$(p\Rightarrow q)\Leftrightarrow(\neg p\vee q)$的真值表见表 2-5。

表 2-5 例 2.21 用表

真值指派		子公式真值		命题公式真值
p	q	$p\Rightarrow q$	$\neg p\vee q$	$(p\Rightarrow q)\Leftrightarrow(\neg p\vee q)$
T	T	T	T	T
T	F	F	F	T
F	T	T	T	T
F	F	T	T	T

从中可以看出，公式$(p\Rightarrow q)\Leftrightarrow(\neg p\vee q)$是重言式，因此 $p\Rightarrow q\equiv\neg p\vee q$。

当命题变项较多时，真值表法的工作量很大；而等值演算法则以基本等值式为基础，应用代入规则、置换规则，逐步推演，由已知的等值式推演出新的等值式。

定理 2.2（基本等值式） 假设 p, q, r 为任意命题，则有：

(a) 双重否定律 $p\equiv\neg(\neg p)$；

(b) 幂等律 $p\vee p\equiv p$，$p\wedge p\equiv p$；

(c) 交换律 $p\vee q\equiv q\vee p$，$p\wedge q\equiv q\wedge p$；

(d) 结合律 $(p\vee q)\vee r\equiv p\vee(q\vee r)$，$(p\wedge q)\wedge r\equiv p\wedge(q\wedge r)$；

(e) 分配律 $p\vee(q\wedge r)\equiv(p\vee q)\wedge(p\vee r)$ （$\vee$对$\wedge$的分配律），
$p\wedge(q\vee r)\equiv(p\wedge q)\vee(p\wedge r)$ （$\wedge$对$\vee$的分配律）；

(f) 德摩根律 $\neg(p\vee q)\equiv\neg p\wedge\neg q$，$\neg(p\wedge q)\equiv\neg p\vee\neg q$；

(g) 吸收律 $p\vee(p\wedge q)\equiv p$，$p\wedge(p\vee q)\equiv p$；

(h) 零律 $p\vee \mathrm{T}\equiv \mathrm{T}$，$p\wedge \mathrm{F}\equiv \mathrm{F}$；

(i) 同一律 $p\vee \mathrm{F}\equiv p$，$p\wedge \mathrm{T}\equiv p$；

(j) 排中律（非真即假） $p\vee\neg p\equiv \mathrm{T}$；

(k) 矛盾律（不能既真又假） $p\wedge\neg p\equiv \mathrm{F}$；

(l) 蕴涵等值式 $p\Rightarrow q\equiv \neg p\vee q$；

(m) 等价等值式 $p\Leftrightarrow q\equiv(p\Rightarrow q)\wedge(q\Rightarrow p)$；

(n) 假言易位 $p\Rightarrow q\equiv \neg q\Rightarrow\neg p$；

(o) 等价否定等值式 $p\Leftrightarrow q\equiv\neg p\Leftrightarrow\neg q$。

因为重言式的真值与命题变项的真值无关，对任何指派，它的真值总为真，即重言式的值不依赖于命题变项值的变化。因此，对命题变项以任何公式替换后，得到的仍是重言式。由此得到下面一个重要结果。

定理 2.3（代入规则） 假设 A 是一个重言式，对其中所有相同的命题变项都用同一命题公式进行代换，所得到的结果仍为一重言式。

例 2.22 用$(r\Leftrightarrow s)$来代换公式$(p\Rightarrow q)\Leftrightarrow(\neg q\Rightarrow\neg p)$中的 p，得到$((r\Leftrightarrow s)\Rightarrow q)\Leftrightarrow(\neg q\Rightarrow\neg(r\Leftrightarrow s))$。

例 2.23 使用代入规则证明$(q\vee\neg r)\vee\neg(q\vee\neg r)$是重言式。

解：$p\vee\neg p$ 为重言式，用$(q\vee\neg r)$来代换公式中的 p。依据代入规则，知$(q\vee\neg r)\vee\neg(q\vee\neg r)$是重言式。

定理 2.4（置换规则） 设$\Phi(A)$是含命题公式 A 的命题公式，$\Phi(B)$是用命题公式 B 置换了$\Phi(A)$中的 A 之后得到的命题公式（不一定是每一处）。如果 $A\equiv B$，则$\Phi(A)\equiv\Phi(B)$。

证明：设 $p_1, p_2,\cdots, p_n$ 是公式$\Phi(A)$和公式$\Phi(B)$中出现的全部命题变项。因为 A 和 B 分别是$\Phi(A)$和$\Phi(B)$的子公式，所以 A 和 B 中所出现的命题变项都包含在 $p_1, p_2,\cdots, p_n$ 之中。由于 $A\equiv B$，因此对于命题变项 $p_1, p_2,\cdots, p_n$ 的任意一组真值指派，A 和 B 的取值均相同，于是$\Phi(A)$和$\Phi(B)$的取值也必然相同，即$\Phi(A)\equiv\Phi(B)$。 □

例 2.24 $((p\wedge\neg q)\vee p)\wedge(p\vee\neg r)$

$\equiv p\wedge(p\vee\neg r)$ （用 p 置换$(p\wedge\neg q)\vee p$）

$\equiv p$ （用 p 置换 $p\wedge(p\vee\neg r)$）

使用这两个规则和基本等值式，可以推导出其他一些更复杂的等值公式。

例 2.25 证明$(p\Rightarrow q)\wedge(p\Rightarrow\neg q)\wedge r\equiv r\wedge\neg p$。

证明：

$(p\Rightarrow q)\wedge(p\Rightarrow\neg q)\wedge r$

$\equiv(\neg p\vee q)\wedge(\neg p\vee\neg q)\wedge r$ （蕴涵等值式）

$\equiv(\neg p\vee(q\wedge\neg q))\wedge r$ （分配律）

$\equiv(\neg p\vee \mathrm{F})\wedge r$ （矛盾律）

$\equiv\neg p\wedge r$ （同一律）

等值演算除了可以验证两个公式等值外，还可以用来判别命题公式的类型，化简语句，解决逻辑问题等。

例 2.26 用等值演算法判断下列公式的类型：

(a) $\neg(q\vee\neg((\neg p\vee q)\wedge p))$；

(b) $(p\Rightarrow q\wedge r)\vee(\neg r\Rightarrow(p\Rightarrow q))$。

解：

(a) $\neg(q\vee\neg((\neg p\vee q)\wedge p))\equiv\neg q\wedge((\neg p\vee q)\wedge p)\equiv(\neg q\wedge p)\wedge(\neg p\vee q)\equiv\neg(\neg p\vee q)\wedge(\neg p\vee q)\equiv \mathrm{F}$，该式为矛盾式。

(b) $(p\Rightarrow q\wedge r)\vee(\neg r\Rightarrow(p\Rightarrow q))\equiv\neg p\vee q\vee r$，该式为非重言式的可满足式。

例 2.27 化简语句“情况并非如此：如果他不来，那么我也不去”。

解： 假设 p 表示命题“他来”，q 表示“我去”，则原语句可形式化为 $\neg(\neg p\Rightarrow\neg q)$。

由 $\neg(\neg p\Rightarrow\neg q)\equiv\neg(\neg\neg p\vee\neg q)\equiv\neg(p\vee\neg q)\equiv\neg p\wedge q$ 可将其化简为:“我去了，而他没来”。

这个例子的结果或许多少有些出人意料，这是因为逻辑联结词是从自然语句中提炼抽象出来的，它仅保留了逻辑内容，而把自然语句所表达的主观因素、心理因素及文艺修辞方面的因素全部撇开，从而命题联结词只表达了自然语句的一种客观性质。

例 2.28 如果小张和小王去看电影，那么小李就不会去看电影；小赵不去看电影或者小张看电影；小王和小赵去看电影了。请问都有谁去看电影了？

解： 假设命题 p：小张去看电影了；q：小王去看电影了；r：小李去看电影了；s：小赵去看电影了。

则题目形式化为 $(p\wedge q\Rightarrow\neg r)\wedge(\neg s\vee p)\wedge(q\wedge s)$。

$$\begin{aligned}
&(p\wedge q\Rightarrow\neg r)\wedge(\neg s\vee p)\wedge(q\wedge s)\\
\equiv&(\neg(p\wedge q)\vee\neg r)\wedge q\wedge((\neg s\vee p)\wedge s)\\
\equiv&((\neg p\vee\neg q\vee\neg r)\wedge q)\wedge(p\wedge s)\\
\equiv&(\neg p\vee\neg r)\wedge q\wedge(p\wedge s)\\
\equiv&((\neg p\vee\neg r)\wedge p)\wedge q\wedge s\\
\equiv&(\neg r\wedge p)\wedge q\wedge s\\
\equiv&p\wedge q\wedge\neg r\wedge s
\end{aligned}$$

可得结论：小张、小王和小赵去看电影了，而小李没有去。

但要注意，等值演算不能直接证明两个公式不等值。证明两个公式不等值的基本思想是找到一个真值指派使一个成真，另一个成假。

课前自测题

习题 2.25 假设 A, B, C 为任意命题公式，判断下述结论是否成立？

(a) 若 $A\vee C\equiv B\vee C$，则 $A\equiv B$；

(b) 若 $A\wedge C\equiv B\wedge C$，则 $A\equiv B$；

(c) 若 $\neg A\equiv\neg B$，则 $A\equiv B$。

习题 2.26（判断题） $(p\vee q)\Rightarrow r\equiv(p\Rightarrow r)\wedge(q\Rightarrow r)$。

习题 2.27 以下逻辑公式中，（ ）与 $(p\vee\neg q)\Rightarrow r$ 等值。

A. $r\Rightarrow(p\vee\neg q)$ B. $\neg r\Rightarrow\neg(p\vee\neg q)$ C. $r\Rightarrow\neg(p\vee\neg q)$ D. $\neg r\Rightarrow(p\vee\neg q)$

习题 2.28 用等值演算法证明等值式 $(p\wedge q)\vee(p\wedge\neg q)\equiv p$。

课堂练习题

习题 2.29 用等值演算法证明下列等值式：

(a) $p\Rightarrow(q\Rightarrow r)\equiv q\Rightarrow(p\Rightarrow r)$；

(b) $(p\Rightarrow q)\wedge(p\Rightarrow r)\equiv p\Rightarrow q\wedge r$；

(c) $p\Leftrightarrow q\equiv(\neg p\vee q)\wedge(\neg q\vee p)\equiv(p\wedge q)\vee(\neg q\wedge\neg p)$；

(d) $((p\wedge q)\Rightarrow r)\wedge(q\Rightarrow(r\vee s))\equiv(q\wedge(s\Rightarrow p)\Rightarrow r)$。

习题 2.30 用等值演算法判定命题形式类型：

(a) $\neg(\neg p\vee q)\wedge(q\wedge q)$；

(b) $(\neg p\Rightarrow q)\Rightarrow(q\Rightarrow\neg p)$；

(c) $(p\Rightarrow q)\wedge(q\Rightarrow r)\Rightarrow(p\Rightarrow r)$；

(d) $(p\Rightarrow q\wedge r)\wedge(\neg p\Rightarrow\neg q\wedge\neg r)$。

习题 2.31 将下面语句化简。

(a) 我没有去接你是不对的，但是你也不应该不等我。

(b) 如果不是在办公室没有人的情况下，接通电源，自动监视系统就不工作。

讨论题

习题 2.32 使用命题逻辑的知识解答逻辑问题：小张或小李是三八红旗手；如果小张是三八红旗手，会告知大家的；如果小李是三八红旗手，那么小赵也是；大家并没有被告知小张是三八红旗手。请问：谁是三八红旗手？

习题 2.33 请对代入规则和置换规则进行比较，并补全表 2–6。

表 2–6 代入规则和置换规则的比较

	代入规则	置换规则
使用对象		
代换对象		
被代换物		
代换方式		
代换结果		

2.9 析取范式和合取范式

知识点

与一个给定的命题公式等值而形式不同的命题公式可以有无穷多个。于是，首要的问题就是能否将所有与命题公式 A 等值的公式化为某一个统一的规范形式。通过这种规范形式，可以判断任意两个形式上不同的公式是否等值，以及任一公式是否为重言式或矛盾式等。

本节将介绍命题逻辑中的两种规范形式。

定义 2.14 命题变项 p 及其否定式 $\neg p$ 统称**文字(literal)**，且 p 与 $\neg p$ 称为**互补对**。

定义 2.15 由有限个文字的析取所组成的公式称为**析取式**（**fundamental disjunction**）；由有限个文字的合取所组成的公式称为**合取式**（**fundamental conjunction**）。

例 2.29 p，$\neg p$，$p\vee q$，$p\vee q\vee\neg q$ 都是析取式；p，$\neg p$，$p\wedge q$，$p\wedge q\wedge\neg p$ 都是合取式。

容易看出，一个析取式是重言式当且仅当其中出现互补对，一个合取式是矛盾式当且仅当其中出现互补对。

在此基础上，可以定义析取范式和合取范式。

定义 2.16 形如 $A_1\vee A_2\vee\cdots\vee A_n$ 的公式称为**析取范式**（**disjunctive normal form**），其中 $A_i\,(i=1,\cdots,n)$为合取式。给定命题公式 A，与 A 等值的析取范式称作 A **的析取范式**。

定义 2.17 形如 $A_1\wedge A_2\wedge\cdots\wedge A_n$ 的公式称为**合取范式**（**conjunctive normal form**），其中 $A_i\,(i=1,\cdots,n)$为析取式。给定命题公式 A，与 A 等值的合取范式称作 A **的合取范式**。

例 2.30 $(p\wedge\neg q\wedge r)\vee(p\wedge\neg q\wedge\neg r)\vee(p\wedge q\wedge r)\vee(\neg p\wedge q\wedge r)$, $(p\wedge\neg q)\vee(q\wedge r)$, $(q\wedge\neg r)\vee p$ 都是析取范式；$(p\vee q\vee r)\wedge(p\vee q\vee\neg r)\wedge(p\vee\neg q\vee r)\wedge(\neg p\vee\neg q\vee r)$，$(p\vee q)\wedge(\neg r\vee p)$，$(p\vee q)\wedge(p\vee r)\wedge(\neg q\vee r)$都是合取范式；而 $p\vee q$，$\neg p\wedge\neg q$，r，$\neg p$ 既是析取范式又是合取范式。

定理 2.5 (a) 一个析取范式是矛盾式，当且仅当它的每个合取式都是矛盾式，即每个合取式至少包含一个互补对；

(b) 一个合取范式是重言式，当且仅当它的每个析取式都是重言式，即每个析取式至少包含一个互补对。

求范式的步骤如下。

（1）利用等值式模式将其他联结词转化成$\neg$, $\wedge$, $\vee$：

$p\Rightarrow q\equiv\neg p\vee q$，$p\Leftrightarrow q\equiv(\neg p\vee q)\wedge(\neg q\vee p)\equiv(p\wedge q)\vee(\neg q\wedge\neg p)$；

（2）简化双重否定号，并将所有$\neg$写到文字里，使之只作用于命题变项：

$\neg(\neg p)\equiv p$，$\neg(p\vee q)\equiv\neg p\wedge\neg q$，$\neg(p\wedge q)\equiv\neg p\vee\neg q$；

（3）利用分配律，将其最终变成合取范式或析取范式：

$p\vee(q\wedge r)\equiv(p\vee q)\wedge(p\vee r)$，$p\wedge(q\vee r)\equiv(p\wedge q)\vee(p\wedge r)$。

例 2.31 求$(p\Rightarrow q)\Rightarrow(q\wedge r)$的析取范式和合取范式。

解：$(p\Rightarrow q)\Rightarrow(q\wedge r)$

$\equiv(\neg p\vee q)\Rightarrow(q\wedge r)$ （消去第一个 $\Rightarrow$）

$\equiv\neg(\neg p\vee q)\vee(q\wedge r)$ （消去第二个 $\Rightarrow$）

$\equiv(\neg\neg p\wedge\neg q)\vee(q\wedge r)$ （$\neg$ 内移）

$\equiv(p\wedge\neg q)\vee(q\wedge r)$ （$\neg$ 消去，已构成析取范式）

$\equiv(p\vee q)\wedge(p\vee r)\wedge(\neg q\vee q)\wedge(\neg q\vee r)$ （分配率，已构成合取范式）

$\equiv(p\vee q)\wedge(p\vee r)\wedge\mathrm{T}\wedge(\neg q\vee r)$ （排中律）

$\equiv(p\vee q)\wedge(p\vee r)\wedge(\neg q\vee r)$ （同一律，另一种合取范式形式）

从范式的计算方法和上面的例子，可以得到如下定理。

定理 2.6（范式存在定理） 任一命题公式都存在与之等值的析取范式和合取范式，但析取范式和合取范式可能不是唯一的。

课前自测题

习题 2.34 以下逻辑公式中，（　　）是析取范式形式。

A. $p\Leftrightarrow q$　　B. $p\vee q$　　C. $p\wedge(q\vee r)$　　D. $p\wedge(q\Rightarrow r)$

习题 2.35 以下逻辑公式中，(　　) 是析取范式形式。

A. $p\wedge\neg q$ B. $(p\vee q)\wedge(\neg p\vee\neg q)$

C. $(\neg p\vee q)\wedge\neg r$ D. $p\wedge(\neg q\vee\neg q)$

习题 2.36 以下逻辑公式中，(　　) 是合取范式形式。

A. $p\vee\neg q$ B. $(p\wedge q)\vee(\neg p\wedge\neg q)$

C. $(\neg p\wedge q)\vee\neg r$ D. $(p\wedge p)\vee(\neg q\wedge\neg q)$

习题 2.37 以下逻辑公式中，有（　　）者是析取范式形式。

① $p\wedge\neg q$ ② $\neg p\vee q$ ③ r ④ $p\wedge(\neg q\vee\neg q)$

A. 1 B. 2 C. 3 D. 4

习题 2.38 以下逻辑公式中，有（　　）者不是合取范式形式。

① $p\wedge\neg q$ ② $\neg p\vee q$ ③ r ④ $p\vee(\neg q\wedge\neg q)$

A. 4 B. 3 C. 2 D. 1

习题 2.39 求命题公式 $((p\vee q)\Rightarrow r)\Rightarrow p$ 的析取范式和合取范式。

课堂练习题

习题 2.40 求下述各命题公式的析取范式和合取范式。

(a) $(\neg p\Rightarrow q)\Rightarrow(p\vee\neg q)$

(b) $(p\Rightarrow q)\Rightarrow r$

(c) $(p\vee(q\wedge r))\Rightarrow(p\wedge q\wedge r)$

(d) $(p\Rightarrow q)\vee((q\wedge p)\Leftrightarrow(q\Leftrightarrow\neg r))$

2.10 极小项与极大项

知识点

范式的不唯一性给判别两公式是否等值带来了不便，不同形式的析取范式或合取范式可能等值，因此需要引入更“标准”的主范式这一概念。

先要引入“极小项”与“极大项”的概念。

定义 2.18 若 n 个命题变项 $p_1,p_2,\cdots,p_n$ 组成的合取式 $q_1\wedge q_2\wedge\cdots\wedge q_n$ 满足：

(1) $q_i=p_i$ 或 $\neg p_i$，即每个命题变项与它的否定式不同时出现，但二者之一必定出现且仅出现一次；

(2) 第 i 个命题变项或其否定出现在从左起的第 i 位上，则称合取式 $q_1\wedge q_2\wedge\cdots\wedge q_n$ 为极小项（**minterm**）。

类似地，可以定义极大项。

定义 2.19 若 n 个命题变项 $p_1,p_2,\cdots,p_n$ 组成的析取式 $q_1\vee q_2\vee\cdots\vee q_n$ 满足：

(1) $q_i=p_i$ 或 $\neg p_i$，即每个命题变项与它的否定式不同时出现，但二者之一必定出现且仅出现一次；

(2) 第 i 个命题变项或其否定出现在从左起的第 i 位上，则称析取式 $q_1\vee q_2\vee\cdots\vee q_n$ 为极大项（**maxterm**）。

n 个命题变项可产生 2^n 个极小项，将命题变项看成 1，命题变项的否定看成 0，于是每个极小项对应一个二进制数。将其转换为十进制数 i，作为下脚标，则该极小项可以表示为 m_i。一般情况下，n 个命题变项共产生 2^n 个极小项，分别记为 m_0，m_1，…，m_{2^n-1}。

例 2.32 3 个命题变项，8 个极小项对应情况如下：

$\neg p \wedge \neg q \wedge \neg r$ —— 000 —— 0，记作 m_0；
$\neg p \wedge \neg q \wedge r$ —— 001 —— 1，记作 m_1；
$\neg p \wedge q \wedge \neg r$ —— 010 —— 2，记作 m_2；
$\neg p \wedge q \wedge r$ —— 011 —— 3，记作 m_3；
$p \wedge \neg q \wedge \neg r$ —— 100 —— 4，记作 m_4；
$p \wedge \neg q \wedge r$ —— 101 —— 5，记作 m_5；
$p \wedge q \wedge \neg r$ —— 110 —— 6，记作 m_6；
$p \wedge q \wedge r$ —— 111 —— 7，记作 m_7。

同极小项情况类似，n 个命题变项可产生 2^n 个极大项，如果将命题变项看成 0，将其否定看成 1，则每一个极大项对应于一个二进制数。此二进制数对应的十进制数 i 作为下脚标，则该极大项可以表示为 M_i。一般情况下，n 个命题变项共产生 2^n 个极大项，分别记为 M_0，M_1，…，M_{2^n-1}。

例 2.33 3 个命题变项，8 个极大项对应情况如下：

$p \vee q \vee r$ —— 000 ——0，记作 M_0；
$p \vee q \vee \neg r$ —— 001 ——1，记作 M_1；
$p \vee \neg q \vee r$ —— 010 ——2，记作 M_2；
$p \vee \neg q \vee \neg r$ —— 011 ——3，记作 M_3；
$\neg p \vee q \vee r$ —— 100 ——4，记作 M_4；
$\neg p \vee q \vee \neg r$ —— 101 ——5，记作 M_5；
$\neg p \vee \neg q \vee r$ —— 110 ——6，记作 M_6；
$\neg p \vee \neg q \vee \neg r$ —— 111 ——7，记作 M_7。

例 2.34 3 个命题变项，8 个极小项、8 个极大项的真值表见表 2-7。

表 2-7 极小项与极大项真值表

p	q	r	m_7	m_6	m_5	m_4	m_3	m_2	m_1	m_0	M_7	M_6	M_5	M_4	M_3	M_2	M_1	M_0
T	T	T	T	F	F	F	F	F	F	F	F	T	T	T	T	T	T	T
T	T	F	F	T	F	F	F	F	F	F	T	F	T	T	T	T	T	T
T	F	T	F	F	T	F	F	F	F	F	T	T	F	T	T	T	T	T
T	F	F	F	F	F	T	F	F	F	F	T	T	T	F	T	T	T	T
F	T	T	F	F	F	F	T	F	F	F	T	T	T	T	F	T	T	T
F	T	F	F	F	F	F	F	T	F	F	T	T	T	T	T	F	T	T
F	F	T	F	F	F	F	F	F	T	F	T	T	T	T	T	T	F	T
F	F	F	F	F	F	F	F	F	F	T	T	T	T	T	T	T	T	F

定理 2.7 极小项和极大项具有如下性质：

(a) 任一含有 n 个命题变项的公式，所有可能的极小项个数、极大项个数和该公式的真值指派个数相同，都是 2^n；

(b) 每个极小项都有且仅有一个成真指派，即它对应的二进制数表示的真值指派；每个极大项都有且仅有一个成假指派，即它对应的二进制数表示的真值指派；

(c) 极小项两两不等值，并且 $m_i \wedge m_j \equiv \mathrm{F}\ (i \neq j)$，因为其中至少包含一对互补对；极大项两两不等值，并且 $M_i \vee M_j \equiv \mathrm{T}\ (i \neq j)$，因为其中至少包含一对互补对；

(d) 设 m_i 和 M_i 是由命题变项 $p_1, p_2, \cdots, p_n$ 形成的极小项和极大项，则 $m_i \equiv \neg M_i$ 。

课前自测题

习题 2.41 假设命题 A 仅包含 p, q, r, s 四个命题变项，那么 m_{11} 表示的可能是（　　）。

A. $p \wedge \neg q \wedge \neg r \wedge \neg s$　　B. $p \wedge \neg q \wedge r \wedge s$

C. $p \wedge q \wedge \neg r \wedge \neg s$　　D. $p \wedge \neg q \wedge \neg r \wedge s$

习题 2.42 假设命题 A 仅包含 p, q, r, s 四个命题变项，那么 M_{13} 表示的可能是（　　）。

A. $p \vee q \vee \neg r \vee s$　　B. $\neg p \vee \neg q \vee r \vee s$

C. $\neg p \vee \neg q \vee \neg r \vee \neg s$　　D. $\neg p \vee \neg q \vee r \vee \neg s$

课堂练习题

习题 2.43 证明定理 2.7。

2.11 主范式

知识点

定义 2.20 若由 n 个命题变项构成的析取范式中所有的合取式都是极小项，则称其为**主析取范式（full disjunctive normal form）**，用 Σ 表示。给定命题公式 A，与 A 等值的主析取范式称作 A **的主析取范式**。

即仅由有限个极小项构成的析取范式称为主析取范式。

类似地，可以定义主合取范式：

定义 2.21 设由 n 个命题变项构成的合取范式中所有的析取式都是极大项，则称其为**主合取范式（full conjunctive normal form）**，用 Π 表示。给定命题公式 A，与 A 等值的主合取范式称作 A **的主合取范式**。

即仅由有限个极大项构成的合取范式称为主合取范式。

例 2.35 在由三个命题变项构成的命题公式中，$(p \wedge \neg q \wedge r) \vee (p \wedge \neg q \wedge \neg r) \vee (p \wedge q \wedge r)$，$(p \wedge \neg q \wedge \neg r) \vee (\neg p \wedge q \wedge r)$ 都是主析取范式，而 $(p \wedge \neg q) \vee (\neg q \wedge r)$ 不是主析取范式。

求给定命题公式 A 的主析取范式的步骤是：

（1）求出 A 的一个析取范式 A'；

（2）若 A' 的某合取式 B 中不含命题变项 p_i 或其否定 $\neg p_i$，则将 B 展成如下形式：

$$B \equiv B \wedge (p_i \vee \neg p_i) \equiv (B \wedge p_i) \vee (B \wedge \neg p_i);$$

（3）将重复出现的命题变项、矛盾式及重复出现的极小项都"消去"，如 $p \wedge p$ 用 p 代替，$p \wedge \neg p$ 用 F 代替，$m_i \vee m_i$ 用 m_i 代替；

（4）将极小项按由小到大的顺序排列，并用Σ表示之，如$m_1 \vee m_2 \vee m_5$用$\Sigma(1, 2, 5)$表示。

例 2.36 求$(p \Rightarrow q) \Rightarrow (q \wedge r)$的主析取范式。

解：原公式的析取范式为$(p \wedge \neg q) \vee (q \wedge r)$，用$(p \wedge \neg q) \wedge (r \vee \neg r)$取代$(p \wedge \neg q)$，用$(p \vee \neg p) \wedge (q \wedge r)$取代$(q \wedge r)$，然后展开得极小项：

$$
\begin{aligned}
&(p \Rightarrow q) \Rightarrow (q \wedge r) \\
&\equiv (p \wedge \neg q) \vee (q \wedge r) \quad \text{（析取范式）} \\
&\equiv ((p \wedge \neg q) \wedge (r \vee \neg r)) \vee ((p \vee \neg p) \wedge (q \wedge r)) \\
&\equiv (p \wedge \neg q \wedge r) \vee (p \wedge \neg q \wedge \neg r) \vee (p \wedge q \wedge r) \vee (\neg p \wedge q \wedge r) \\
&\equiv m_5 \vee m_4 \vee m_7 \vee m_3 \\
&\equiv \Sigma(3, 4, 5, 7)
\end{aligned}
$$

而求给定命题公式A的主合取范式的步骤是：

（1）先求出A的一个合取范式A'；

（2）若A'的某简单析取式B中不含命题变项p_i，或其否定$\neg p_i$，则将B展成如下形式：

$$B \equiv B \vee (p_i \wedge \neg p_i) \equiv (B \vee p_i) \wedge (B \vee \neg p_i);$$

（3）将重复出现的命题变项、重言式及重复出现的极大项都“消去”；

（4）将极大项按由小到大的顺序排列，并用Π表示之，如$M_1 \wedge M_2 \wedge M_5$用$\Pi(1, 2, 5)$表示。

例 2.37 求$(p \Rightarrow q) \Rightarrow (q \wedge r)$的主合取范式。

解：

$$
\begin{aligned}
&(p \Rightarrow q) \Rightarrow (q \wedge r) \\
&\equiv (p \vee q) \wedge (p \vee r) \wedge (\neg q \vee r) \quad \text{（合取范式）} \\
&\equiv (p \vee q \vee (r \wedge \neg r)) \wedge (p \vee (q \wedge \neg q) \vee r) \wedge ((p \wedge \neg p) \vee \neg q \vee r) \\
&\equiv (p \vee q \vee r) \wedge (p \vee q \vee \neg r) \wedge (p \vee q \vee r) \wedge (p \vee \neg q \vee r) \wedge (p \vee \neg q \vee r) \wedge (\neg p \vee \neg q \vee r) \\
&\equiv M_0 \wedge M_1 \wedge M_0 \wedge M_2 \wedge M_2 \wedge M_6 \\
&\equiv M_0 \wedge M_1 \wedge M_2 \wedge M_6 \\
&\equiv \Pi(0, 1, 2, 6)
\end{aligned}
$$

例 2.36 和例 2.37 计算的是同一个命题公式的主析取范式和主合取范式。事实上，当计算出其中之一时，可以很容易地得到另一个。

设命题公式A中含n个命题变项，且设A的主析取范式中含k个极小项$m_{i_1}, m_{i_2}, \cdots, m_{i_k}$，则$\neg A$的主析取范式中必含$2^n-k$个极小项，设为$m_{j_1}$，$m_{j_2}$，$\cdots$，$m_{j_{2^n-k}}$，即$\neg A \equiv m_{j_1} \vee m_{j_2} \vee \cdots \vee m_{j_{2^n-k}}$，

于是

$$
\begin{aligned}
A &\equiv \neg\neg A \\
&\equiv \neg(m_{j_1} \vee m_{j_2} \vee \cdots \vee m_{j_{2^n-k}}) \\
&\equiv \neg m_{j_1} \wedge \neg m_{j_2} \wedge \cdots \wedge \neg m_{j_{2^n-k}} \\
&\equiv M_{j_1} \wedge M_{j_2} \wedge \ldots \wedge M_{j_{2^n-k}}
\end{aligned}
$$

由此可以给出由A的主析取范式求主合取范式的步骤：

（1）求出A的主析取范式中没包含的极小项m_{j_1}，m_{j_2}，$\cdots$，$m_{j_{2^n-k}}$；

（2）求出与步骤 1 中极小项下角标相同的极大项M_{j_1}，M_{j_2}，$\cdots$，$M_{j_{2^n-k}}$；

（3）由以上极大项构成的合取式为A的主合取范式。

例 2.38 $(p \Rightarrow q) \Rightarrow (q \wedge r)$

$$\equiv m_3 \vee m_4 \vee m_5 \vee m_7$$
$$\equiv \Sigma(3, 4, 5, 7)$$
$$\equiv M_0 \wedge M_1 \wedge M_2 \wedge M_6$$
$$\equiv \Pi(0, 1, 2, 6)$$

此外，也可以通过真值表来计算 A 的主析取范式和主合取范式：

（1）列出公式 A 的真值表；

（2）找出所有的成真指派和成假指派；

（3）求出每个成真指派对应的极小项的编码，按下角标从小到大析取得到主析取范式；

（4）求出每个成假指派对应的极小项的编码，按下角标从小到大合取得到主合取范式。

例 2.39 试由真值表求$(p\Rightarrow q)\Rightarrow(q\wedge r)$的主范式。

解：由$(p\Rightarrow q)\Rightarrow(q\wedge r)$的真值表，如表 2－8 所示。

表 2－8 例 2.39 用表

极小项标号	真值指派			命题公式真值
m	p	q	r	$((p\vee q)\Rightarrow r)\Rightarrow p$
7	T	T	T	T
6	T	T	F	F
5	T	F	T	T
4	T	F	F	T
3	F	T	T	T
2	F	T	F	F
1	F	F	T	F
0	F	F	F	F

得到$((p\vee q)\Rightarrow r)\Rightarrow p$ 的主析取范式为$\Sigma(3, 4, 5, 7)$，主合取范式为$\Pi(0, 1, 2, 6)$。

关于主范式的存在唯一性，有如下定理。

定理 2.8（主析取范式定理） 任一含有 n 个命题变项的公式，都存在唯一的与之等值的且恰仅含这 n 个命题变项的主析取范式。

证明：存在性由构造方法可得，下面只证明唯一性。假设某一命题公式 A 存在两个与之等值的主析取范式 B 和 C，即 $A\equiv B$ 且 $A\equiv C$，则 $B\equiv C$。由于 B 和 C 是不同的主析取范式，不妨设极小项 m_i 只出现在 B 中而不出现在 C 中，于是，角标 i 的二进制表示为 B 的成真指派及 C 的成假指派，这与 $B\equiv C$ 矛盾，因而 B 与 C 必相同。 □

定理 2.9（主合取范式定理） 任一含有 n 个命题变项的公式，都存在唯一的与之等值的且恰仅含这 n 个命题变项的主合取范式。

证明：与定理 2.8 的证明类似。 □

主析取范式具有如下用途。

(a) 判断两命题公式是否等值：由于任何命题公式的主析取范式都是唯一的，因而若 $A\equiv B$，说明 A 与 B 有相同的主析取范式；反之，若 A, B 有相同的主析取范式，必有 $A\equiv B$。

(b) 判断命题公式的类型：设 A 是含 n 个命题变项的命题公式，则

(b.1) A 为重言式，当且仅当 A 的主析取范式中含全部 2^n 个极小项；当且仅当 A 的主合取范式中不含任意极大项，即为空公式。

(b.2) A 为矛盾式，当且仅当 A 的主析取范式中不含任何极小项，即为空公式；当且仅当 A 的主合取范式中含全部 2^n 个极大项。

(b.3) 若 A 的主析取范式中至少含一个极小项，则 A 是可满足式。

(c) 求命题公式的成真指派和成假指派。

例 2.40 判断下列命题公式的类型：

(a) $(p\wedge q)\Rightarrow q$；

(b) $(\neg p\wedge q)\Rightarrow(\neg q\vee p)$。

解：

(a) $(p\wedge q)\Rightarrow q\equiv\neg(p\wedge q)\vee q\equiv\neg p\vee\neg q\vee q\equiv(\neg p\wedge(q\vee\neg q))\vee((p\vee\neg p)\wedge\neg q)\vee((p\vee\neg p)\wedge q)$

$\equiv\Sigma(0,1,2,3)$

由以上推演可知，(a)为重言式。

(b) $(\neg p\wedge q)\Rightarrow(\neg q\vee p)\equiv\neg(\neg p\wedge q)\vee(\neg q\vee p)\equiv p\vee\neg q\vee(\neg q\vee p)\equiv p\vee\neg q$

$\equiv(p\wedge(q\vee\neg q))\vee((p\vee\neg p)\wedge\neg q)\equiv\Sigma(0,2,3)$

由以上推演可知，(b)为非重言的可满足式，成真指派为 TT、TF 和 FF，成假指派为 FT。

课前自测题

习题 2.44 以下逻辑公式中，（ ）是$(\neg p\vee\neg q)\Rightarrow(p\Leftrightarrow\neg q)$的主合取范式。

A. $(p\wedge q)\vee(p\wedge\neg q)\vee(\neg p\wedge q)$　　B. $p\vee q$

C. $(p\wedge q)\vee(p\wedge\neg q)$　　D. $(p\wedge\neg q)\vee(\neg p\wedge q)$

习题 2.45 以下逻辑公式中，（ ）是$(\neg p\vee\neg q)\Rightarrow(p\Leftrightarrow\neg q)$的主析取范式。

A. $(p\wedge q)\vee(p\wedge\neg q)\vee(\neg p\wedge q)$　　B. $p\vee q$

C. $(p\wedge q)\vee(p\wedge\neg q)$　　D. $(p\wedge\neg q)\vee(\neg p\wedge q)$

习题 2.46（判断题） 假设命题 A 仅包含 p, q, r 三个命题变项，如果 A 的主析取范式是 $\Sigma(1,2,4,5,7)$，那么它的主合取范式是$\Pi(3,6,8)$。

习题 2.47 由真值表（见表 2-9）写出公式 A,B,C 的合取主范式和析取主范式（用 m_i 和 M_i 表示）。

表 2-9 习题 2.47 用表

p	q	A	B	C
T	T	T	T	F
T	F	T	F	F
F	T	F	F	T
F	F	T	T	T

课堂练习题

习题 2.48 求下列命题公式的主析取范式和主合取范式：

(a) $(\neg p\Rightarrow q)\Rightarrow(p\vee\neg q)$；

(b) $(p\Rightarrow q)\Rightarrow r$；

(c) $((p\vee q)\Rightarrow r)\Rightarrow p$；

(d) $(p\vee(q\wedge r))\Rightarrow(p\wedge q\wedge r)$；

(e) $(p\Rightarrow q)\vee((q\wedge p)\Leftrightarrow(q\Leftrightarrow\neg r))$。

习题 2.49 使用将公式化为主范式的方法判断下列各组公式是否等值：

(a) $p\Rightarrow(q\Rightarrow r)$，$(p\Rightarrow q)\Rightarrow r$ 与 $(p\wedge q)\Rightarrow r$；

(b) $(p\vee q)\wedge(q\vee r)\wedge(r\vee p)$ 与 $(p\wedge q)\vee(q\wedge r)\vee(r\wedge p)$。

习题 2.50 利用主范式判断下列命题公式的类型：

(a) $\neg(\neg p\vee q)\wedge(q\wedge q)$；

(b) $(\neg p\Rightarrow q)\Rightarrow(q\Rightarrow\neg p)$；

(c) $(p\Rightarrow q)\wedge(q\Rightarrow r)\Rightarrow(p\Rightarrow r)$；

(d) $(p\Rightarrow q\wedge r)\wedge(\neg p\Rightarrow\neg q\wedge\neg r)$。

习题 2.51 利用主范式求下列命题公式的成真指派和成假指派：

(a) $\neg(q\Rightarrow p)\wedge p$；

(b) $(p\Leftrightarrow q)\Rightarrow\neg(p\vee q)$；

(c) $(p\Rightarrow q)\wedge(\neg p\wedge r)$；

(d) $(\neg p\wedge\neg q\wedge\neg r)\vee(p\wedge q)$。

讨论题

习题 2.52 某单位须从甲、乙、丙三人中遴选若干人出国考察，由于工作情况，人选受到如下限制：

(1) 若甲去，则丙必须去；

(2) 若乙去，则丙不能去；

(3) 甲和乙必须去一人且只能去一人。

请问：可以选派哪些人出差，有多少种遴选方式？使用将公式化为主范式的方法求解该问题。

习题 2.53 一个排队线路，输入为 A，B，C，输出分别为 F_A，F_B，F_C。当同一时间内只有一个信号通过时，得到该信号对应的输出。如果同时有两个或两个以上信号通过，则按 A，B，C 的顺序输出。例如，当 A，B，C 同时输入时，只能 F_A 有输出。写出 F_A，F_B，F_C 的逻辑表达式。

2.12 命题逻辑的推理

知识点

逻辑是研究思维结构和规则的科学，推理是逻辑的最终目标。所以首先需要明确什么样的推理是有效的或正确的。

定义 2.22 推理（**inference**）是从前提推出结论的思维过程，前提（**premise**），或称假设（**hypothesis**），是指已知的命题公式 $A_1, A_2, \cdots, A_n$，结论（**conclusion**）是从前提出发应用

推理规则推出的命题公式 B，**正确的推理**或**有效的推理**即是指 $A_1 \wedge A_2 \wedge \cdots \wedge A_n \Rightarrow B$ 是重言式，此时称 B 是 $A_1, A_2, \cdots, A_n$ 的**逻辑推论**或**有效结论**。

解推理问题的基本方法是：

（1）将命题符号化；

（2）写出前提、结论和推理的形式结构；

（3）对推理形式的正确性进行判断（这里考虑的是推理形式结构的有效性，而不是结论的正确性）。

判断一个推理形式是否正确，从定义上讲就是判断一个蕴涵式是否是重言式，因此前面介绍过的判定公式类型的方法都可以用来判断推理形式的正确与否，具体地讲，包括真值表法、等值演算法和主析取范式法。

例 2.41 判断下面的推理是否正确：如果今天是星期一，则我要去上离散数学课。我去上离散数学课了，所以今天是星期一。

解：假设命题 p：今天是星期一，q：我去上离散数学课，则推理的形式结构为 $(p \Rightarrow q) \wedge q \Rightarrow p$。下面使用等值演算法判断推理的正确性：

$(p \Rightarrow q) \wedge q \Rightarrow p \equiv \neg((\neg p \vee q) \wedge q) \vee p \equiv \neg q \vee p$ 不是重言式，所以推理不正确。

例 2.42 判断下面的推理是否正确：如果今天是星期一，则我要去上离散数学课。今天是星期一，所以我去上离散数学课。

解：假设命题 p：今天是星期一，q：我去上离散数学课，则推理的形式结构为 $(p \Rightarrow q) \wedge p \Rightarrow q$。下面用主析取范式法判断推理的正确性：

$(p \Rightarrow q) \wedge p \Rightarrow q \equiv \neg((\neg p \vee q) \wedge p) \vee q \equiv m_0 \vee m_1 \vee m_2 \vee m_3$ 是重言式，所以推理正确。

例 2.43 判断下面的推理是否正确：

如果三角形的两角相等，则其所对的边相等；一个三角形的两角不相等，所以其所对边不相等。

解：如表 2－10 所示，假设命题 p：三角形的两角相等，q：三角形的两角所对的边相等，则推理的形式结构为 $(p \Rightarrow q) \wedge \neg p \Rightarrow \neg q$。下面用真值表法判断推理的正确性。

表 2－10 例 2.43 用表

p	q	$(p \Rightarrow q) \wedge \neg p \Rightarrow \neg q$
T	T	T
T	F	T
F	T	F
F	F	T

该蕴涵式不是重言式，表明推理不正确，或论证并非有效。

根据欧几里得几何，此例中的结论确实成立，但是这个结论的正确性实际并不是由此例中的两个前提推得的！这也说明本节考虑的是推理形式结构的有效性，而不是结论的正确性。

采用判定公式类型的方法来判断推理形式的正确与否具有一般性、广泛性的优点，但这种方法的不足也很明显：不能直观看出由前提 A 到结论 B 的推演过程，而且也难以推广到谓词逻辑中使用。

因此，建立了推理演算的证明方法，亦称**演绎法**（**deduction methd**），该方法从前提 $A_1, A_2, \cdots, A_n$ 出发，配合使用基本推理公式和几条推理规则，逐步推演出结论 B。这种方法还能给出推理的过程，使用起来方便，推演层次清晰，更近于数学的推理，而且也容易推广到谓词逻辑。

推理演算的理论依据是：

$$(A \Rightarrow B) \wedge ((B \wedge C) \Rightarrow R) \Rightarrow ((A \wedge C) \Rightarrow R) \text{是重言式。}$$

即，要从前提 A，C 出发推演出结论 R，可以先由前提 A 推演出结论 B，而后再由前提 B，C 出发，推演出结论 R。

先给出命题逻辑中的基本推理式，其正确性可以用真值表等方法验证。

定理 2.10（常用的基本推理公式） 以下蕴涵式皆为重言式：

(a) 附加律 $A \Rightarrow (A \vee B)$；

(b) 化简律 $(A \wedge B) \Rightarrow A$；

(c) 假言推理/分离式 $(A \Rightarrow B) \wedge A \Rightarrow B$；

(d) 拒取式 $(A \Rightarrow B) \wedge \neg B \Rightarrow \neg A$；

(e) 析取三段论 $(A \vee B) \wedge \neg B \Rightarrow A$；

(f) 假言三段论 $(A \Rightarrow B) \wedge (B \Rightarrow C) \Rightarrow (A \Rightarrow C)$；

(g) 等价三段论 $(A \Leftrightarrow B) \wedge (B \Leftrightarrow C) \Rightarrow (A \Leftrightarrow C)$。

而主要的推理规则有以下六条：

(a) **前提引入规则**：在证明的任何步骤上，都可引入前提；

(b) **结论引入规则**：在证明的任何步骤上，所证明的结论都可以作为后续证明的前提；

(c) **代入规则**：与命题逻辑等值演算中的代入规则相同；

(d) **置换规则**：在证明的任何步骤上，命题公式中的任何子命题公式都可以用与之等值的命题公式置换，例如 $p \Rightarrow q$ 可以用 $\neg p \vee q$ 置换等；

(e) **分离规则**：由 A 及 $A \Rightarrow B$ 成立，可将 B 分离出来；

(f) **条件证明规则**：$A_1 \wedge A_2 \Rightarrow B$ 与 $A_1 \Rightarrow (A_2 \Rightarrow B)$ 等值。

例 2.44 构造下列推理的论证。

前提：$p \vee q, q \Rightarrow r, p \Rightarrow s, \neg s$

结论：$(p \vee q) \wedge r$

解：

(1) $\neg s$ （前提引入）

(2) $p \Rightarrow s$ （前提引入）

(3) $\neg p$ （(1)(2)拒取式）

(4) $p \vee q$ （前提引入）

(5) q （(4)(5)析取三段论）

(6) $q \Rightarrow r$ （前提引入）

(7) r （(5)(6)分离）

(8) $(p \vee q) \wedge r$ （(4)(7)合取）

表明推理正确。

例 2.45 构造下列推理的论证。

前提：$p \vee q, p \Rightarrow r, \neg q \vee s$

结论：$s\vee r$

解：

(1) $p\vee q$ （前提引入）

(2) $\neg q\Rightarrow p$ （(1)置换）

(3) $p\Rightarrow r$ （前提引入）

(4) $\neg q\Rightarrow r$ （(2)(3)假言三段论）

(5) $\neg q\vee s$ （前提引入）

(6) $\neg s\Rightarrow\neg q$ （(5)置换）

(7) $\neg s\Rightarrow r$ （(4)(6)假言三段论）

(8) $s\vee r$ （(7)置换）

表明推理正确。

这个例子说明在证明过程中将析取式写为等值的蕴涵式更便于推理。

课前自测题

习题 2.54 对下面的每个前提给出两个结论，要求一个是有效的，而另一个不是有效的。

(a) 只有天气热，我才去游泳。我正在游泳，所以________。

(b) 只要天气热，我就去游泳。我没去游泳，所以________。

习题 2.55 （ ）不是正确的推理形式。

A. $(A\Rightarrow B)\Rightarrow((A\vee C)\Rightarrow(B\vee C))$　　B. $(A\Rightarrow B)\Rightarrow((A\wedge C)\Rightarrow(B\wedge C))$

C. $(A\Rightarrow B)\Rightarrow((C\Rightarrow A)\Rightarrow(C\Rightarrow B))$　　D. $(A\Rightarrow B)\Rightarrow((A\Rightarrow C)\Rightarrow(B\Rightarrow C))$

习题 2.56 （ ）不是正确的推理形式。

A. 前提： $\neg p\wedge q, p\vee\neg r, r\vee s, s\Rightarrow u$
   结论： u

B. 前提： $(p\wedge q)\Rightarrow r, \neg r\vee s, \neg s, p$
   结论： $\neg q$

C. 前提： $p\Rightarrow(q\Rightarrow r), \neg s\vee p, q$
   结论： $r\Rightarrow s$

D. 前提： $p\vee q, p\Leftrightarrow r, \neg q\vee s$
   结论： $s\vee r$

E. 前提： $p\Rightarrow(q\Rightarrow r)$
   结论： $(p\Rightarrow q)\Rightarrow(p\Rightarrow r)$

习题 2.57 利用真值表判断蕴涵式$(p\Rightarrow q)\Rightarrow(p\Rightarrow(p\wedge q))$是否是重言式。

习题 2.58 利用推理规则构造下面推理的证明。

前提：$(p\wedge q)\Rightarrow r, \neg r\vee s, \neg s$

结论：$\neg p\vee\neg q$

习题 2.59 判断下述推理是否正确：或者是晴天，或者会下雪。如果是晴天，我就会去公园；如果我去公园，那么我就不写作业。所以，如果天在下雪，那么我就在写作业。

课堂练习题

习题 2.60 利用推理规则构造下面推理的证明。

(a) 前提：$q \Rightarrow p, q \Leftrightarrow s, s \Leftrightarrow t, t \wedge r$

结论：$p \wedge q \wedge s \wedge r$

(b) 前提：$p \Rightarrow (q \Rightarrow r), \neg s \vee p, q$

结论：$s \Rightarrow r$

习题 2.61 证明下面的推理关系：

(a) 如果他是理科学生，他必学好数学。如果他不是文科学生，他必是理科学生。他没学好数学，所以他是文科学生。

(b) 如果 $1+1=2$，则 7 能被 2 整除。7 不能被 2 整除或者 7 是正数。但是 7 不是正数，所以 $1+1 \neq 2$。

(c) 如果我学习，那么我离散数学不会不及格。如果我不是沉迷于网络游戏，那么我将会学习。但是我离散数学考试不及格，因此我曾沉迷于网络游戏。

讨论题

习题 2.62 刘老师的桌子上多了一盆鲜花，已知如下事实：

(1) 花是乐乐或者玲玲送给刘老师的；

(2) 如果是玲玲送来的，那么一定不是早晨送来的；

(3) 如果玲玲说了真话，那么刘老师的办公室窗户是关上的；

(4) 如果玲玲说了假话，那么花一定是早晨送来的；

(5) 刘老师办公室的窗户是开着的。

刘老师推测出花是乐乐送来的，他的推断是否正确呢？

习题 2.63（Raymond Smullyan） 假定在一个岛上住着三类人：骑士、流氓、普通人。骑士总说真话，流氓总说假话，普通人有时说真话，有时说假话。侦探为了找出罪犯，询问了岛上的三个人 Amy、Brenda、Claire。侦探知道三个人中有一人犯罪了，但不知是哪个人。他也知道罪犯是一个骑士，另两个人不是骑士（可能是流氓也可能是普通人）。此外，侦探还记录了如下供述。Amy 说：“我是清白的。” Brenda 说：“Amy 说的是真的。” Claire 说：“Brenda 不是普通人。”经过分析，侦探找到了罪犯。他是谁？

2.13 附加前提证明法

知识点

当要证明的结论是蕴涵式 $C \Rightarrow B$ 时，可以应用推理规则(f)“条件证明规则：$A_1 \wedge A_2 \Rightarrow B$ 与 $A_1 \Rightarrow (A_2 \Rightarrow B)$等值”将蕴涵式的前提 C 作为附加前提使用，只需证明蕴涵式的结论 B 即可，这种方法称作**附加前提证明法**。

即假设要证明的推理形式结构是：

前提：$A_1, A_2, \cdots, A_n$

结论：$C \Rightarrow B$

可以等价地证明推理形式结构：

前提：$A_1, A_2, \cdots, A_n, C$

结论：B

其理论依据是：$A \Rightarrow (C \Rightarrow B) \equiv \neg A \vee (\neg C \vee B) \equiv \neg (A \wedge C) \vee B \equiv A \wedge C \Rightarrow B$。

例 2.46 构造下面推理的证明。

前提：$p \vee q, p \Rightarrow r, \neg q \vee s$

结论：$\neg s \Rightarrow r$

解：

(1) $\neg s$	（附加前提引入）
(2) $\neg q \vee s$	（前提引入）
(3) $\neg q$	((1)(2)析取三段论）
(4) $p \vee q$	（前提引入）
(5) p	((3)(4)析取三段论）
(6) $p \Rightarrow r$	（前提引入）
(7) r	((5)(6)分离）

推理正确，$\neg s \Rightarrow r$ 是有效结论。

课前自测题

习题 2.64 使用附加前提证明法证明下述推理形式。

前提：$p \Rightarrow q$

结论：$p \Rightarrow (p \wedge q)$

课堂练习题

习题 2.65 使用附加前提证明法证明下述推理形式。

(a) 前提：$p \Rightarrow (q \Rightarrow r), \neg s \vee p, q$

结论：$s \Rightarrow r$

(b) 前提：$\neg p \vee q, \neg q \vee r, r \Rightarrow s$

结论：$p \Rightarrow s$

2.14 归谬法

知识点

还有一种间接证明方法——**归谬法（反证法）**，即欲证明：

前提：$A_1, A_2, \cdots, A_n$

结论：B

可以等价地证明：

前提：$A_1, A_2, \cdots, A_n, \neg B$

结论：矛盾

其理论依据如下所述。

定义 2.23 若 $A_1 \wedge A_2 \wedge \cdots \wedge A_n$ 是可满足式，则称 $A_1, A_2, \cdots, A_n$ 是**相容的**，若 $A_1 \wedge A_2 \wedge \cdots$

$\wedge A_n$是矛盾式，则称$A_1, A_2, \cdots, A_n$是**不相容的**。

定理 2.11 $A_1 \wedge A_2 \wedge \cdots \wedge A_n \Rightarrow B$为重言式当且仅当$A_1 \wedge \cdots \wedge A_n \wedge \neg B$为矛盾式。即如果$A_1, A_2, \cdots, A_n, \neg B$不相容，则说明$B$是$A_1, A_2, \cdots, A_n$的逻辑结论。

例 2.47 使用归谬法构造下面推理的证明。

前提：$p \vee q, p \Rightarrow r, \neg q \vee s$

结论：$s \vee r$

解:

(1) $\neg(s \vee r)$ （否定结论引入）

(2) $\neg s \wedge \neg r$ （(1)置换）

(3) $\neg s$ （(2)化简）

(4) $\neg q \vee s$ （前提引入）

(5) $\neg q$ （(3)(4)析取三段论）

(6) $p \vee q$ （前提引入）

(7) p （(5)(6)析取三段论）

(8) $p \Rightarrow r$ （前提引入）

(9) r （(7)(8)分离）

(10) $\neg r$ （(2)化简）

(11) $r \wedge \neg r$ （(9)(10)合取）

由(11)得出矛盾，说明推理正确。

例 2.48 证明下面的推理关系：如果小李好好听课了而且课下用功了，那么她就能掌握基本知识点。而她或者未掌握基本知识点，或者已经能够完成作业了。事实上小李课下用功了但并没有完成作业，因此她没有好好听课。

解：先对前提和结论进行符号化，假设命题：

p：小李好好听课了；

q：小李课下用功了；

r：小李能掌握基本知识点；

s：小李能够完成作业。

得到如下推理形式：

前提：$(p \wedge q) \Rightarrow r, \neg r \vee s, q \wedge \neg s$

结论：$\neg p$

之后进行命题逻辑推理：

(1) p （引入结论否定）

(2) $q \wedge \neg s$ （前提引入）

(3) q （(2)化简）

(4) $p \wedge q$ （(1)(3)合取）

(5) $(p \wedge q) \Rightarrow r$ （前提引入）

(6) r （(4)(5)分离）

(7) $\neg r \vee s$ （前提引入）

(8) s （(6)(7)析取三段论）

(9) $\neg s$ ((2)化简)

(10) $s\wedge\neg s$ ((8)(9)合取)

得到矛盾，表明推理形式结构正确。

课前自测题

习题 2.66 判断下列命题是否相容。

(a) $p\Leftrightarrow q, q\Rightarrow r, \neg p\vee s, \neg p\Rightarrow s, \neg s$；

(b) $p\vee q, \neg r\vee s, \neg q, \neg s$。

习题 2.67 如果合同是有效的，那么张三应受罚。如果张三应受罚，他将破产。如果银行给张三贷款，他就不会破产。事实上，合同有效并且银行给张三贷款了。验证这些前提是否相容。

习题 2.68 使用归谬法证明：

前提：$(p\wedge q)\Rightarrow r, \neg r\vee s, \neg s$

结论：$\neg p\vee\neg q$

课堂练习题

习题 2.69 使用归谬法证明：

(a) 前提：$q\Rightarrow p, q\Leftrightarrow s, s\Leftrightarrow t, t\wedge r$

结论：$p\wedge q\wedge s\wedge r$

(b) 前提：$\neg p\vee q, \neg q\vee r, r\Rightarrow s$

结论：$p\Rightarrow s$

2.15 命题逻辑推理的归结法

知识点

推理演算方法有其优势，但也有其缺点：规则与公式较多，技巧较高，不便于机器证明与程序实现。**归结法**即可克服这一劣势，它仅需要建立一条推理规则。其理论依据依然是定理 2.11——欲证明 $A\Rightarrow B$ 是重言式，等价于证明 $A\wedge\neg B$ 是矛盾式。

归结法的步骤是：

（1）将 $A\wedge\neg B$ 化成合取范式：

$$C_1\wedge C_2\wedge\cdots\wedge C_n$$

其中 C_i 为析取式，由诸 C_i 构成子句集 $S=\{C_1, C_2,\cdots, C_n\}$；

（2）对 S 中的子句作归结（消互补对），归结结果仍放入 S 中，重复此步；

（3）直至归结出空子句□（矛盾式）。

第（2）步中的“归结”推理规则是：假设子句 1 为 $C_1=L\vee C_1'$，子句 2 为 $C_2=\neg L\vee C_2'$，其中 L 和 $\neg L$ 为互补对，则新子句为 $R(C_1, C_2)=C_1'\vee C_2'$（注意消去相同的文字）。其理论依据是：$C_1\wedge C_2\Rightarrow C_1'\vee C_2'$ 是重言式。

例 2.49 使用归结法证明 $(\neg r\vee s)\wedge(s\Rightarrow q)\wedge(\neg q)\Rightarrow(q\Leftrightarrow r)$。

解：

（1）先将$(\neg r \vee s) \wedge (s \Rightarrow q) \wedge (\neg q) \wedge \neg (q \Leftrightarrow r)$化成合取范式$(\neg r \vee s) \wedge (\neg s \vee q) \wedge (\neg q) \wedge (\neg q \vee \neg r) \wedge (q \vee r)$；

（2）建立子句集$S=\{\neg r \vee s, \neg s \vee q, \neg q, \neg q \vee \neg r, q \vee r\}$；

（3）归结过程：

① $\neg r \vee s$　　（前提引入）

② $\neg s \vee q$　　（前提引入）

③ $\neg r \vee q$　　（(1)(2)归结）

④ $\neg q \vee \neg r$　　（前提引入）

⑤ $\neg r$　　（(3)(4)归结并消去相同的文字）

⑥ $q \vee r$　　（前提引入）

⑦ q　　（(5)(6)归结）

⑧ $\neg q$　　（前提引入）

⑨ □　　（(7)(8)归结）

归结出空子句□（矛盾式），证明结束。

例 2.50　如果小李好好听课了而且课下用功了，那么她就能掌握基本知识点。她或者未掌握基本知识点，或者已经能够完成作业了。而事实上小李课下用功了但并没有完成作业，因此她没有好好听课。

解：先将原子命题符号化。

p：小李好好听课了；

q：小李课下用功了；

r：小李掌握基本知识点了；

s：小李能够完成作业。

得到如下推理形式：

前提：$(p \wedge q) \Rightarrow r \equiv \neg p \vee \neg q \vee r$，$\neg r \vee s$，$\neg s$，$q$

结论：$\neg p$

由前提和结论的否定可以得到子句集$S=\{\neg p \vee \neg q \vee r, \neg r \vee s, \neg s, q, p\}$；

之后进行命题逻辑推理：

(1) p　　（前提引入）

(2) $\neg r \vee s$　　（前提引入）

(3) $\neg s$　　（前提引入）

(4) $\neg r$　　（(2)(3)归结）

(5) $\neg p \vee \neg q \vee r$　　（前提引入）

(6) $\neg p \vee \neg q$　　（(4)(5)归结）

(7) q　　（前提引入）

(8) $\neg p$　　（(6)(7)归结）

(9) □　　（(1)(8)归结）

归结出空子句□，所以推理正确。

课前自测题

习题 2.70（判断题） $p\vee q$ 与$\neg q\vee r$ 归结的结果是$\neg p\vee r$。

习题 2.71 使用归结法证明$(p\Rightarrow q)\wedge\neg q\Rightarrow\neg p$ 是重言式。

课堂练习题

习题 2.72 使用归结法证明：

(a) 前提：$p\Rightarrow q$

结论：$p\Rightarrow(p\wedge q)$

(b) 前提：$q\Rightarrow p, q\Leftrightarrow s, s\Leftrightarrow t, t\wedge r$

结论：$p\wedge q\wedge s\wedge r$

(c) 前提：$(p\wedge q)\Rightarrow r, \neg r\vee s, \neg s$

结论：$\neg p\vee\neg q$

2.16 谓词

知识点

著名的苏格拉底三段论：

凡是人都是要死的；

苏格拉底是人；

所以苏格拉底是要死的。

显然这是正确的推理。但是当用 p, q, r 分别表示上面三个命题时，由于 $p\wedge q\Rightarrow r$ 不是永真式，因此它不是正确的推理。这是因为在命题逻辑的范畴中，它们是三个独立的原子命题，彼此之间没有任何关系。但是，命题“人都是要死的”和“苏格拉底是要死的”之间有着类似的结构和内在的联系，它们都具有相同的谓语“是要死的”，不同的只是主语，它们都描述了“要死的”这样一个共同的特性；而使用原子命题表示时并没有将这一共性刻画出来。

为了克服命题逻辑的局限性，引入了谓词和量词，对原子命题和命题间的相互关系做了进一步的剖析，从而产生了谓词逻辑。

在谓词逻辑中，一般将原子命题分解为个体词和谓词两个部分。

定义 2.24 个体词是一个命题里表示思维对象的词，表示独立存在的具体或抽象的客体。简单地讲，个体词就表示各种事物，相当于汉语中的名词。具体的、确定的个体词称为**个体常项**，一般用 a, b, c 表示；抽象的、不确定的个体词称为**个体变项**，一般用 x, y, z 表示。个体变项的取值范围称作**个体域**或**论域**（**domain**），宇宙间一切事物组成的个体域称作**全总个体域**（**universal domain of individuals**）。

本书在提及论域时，如未特别说明，指的都是全总个体域。

定义 2.25 在命题中，表示个体词性质或相互之间关系的词称作**谓词**（**predicate**）。

可以这样来理解谓词。

如果命题里只有一个个体词，这时表示该个体词性质或属性的词便称为谓词。这是一元

（目）谓词，以 $P(x)$, $Q(x)$,…表示。

如果在命题里的个体词多于一个，那么表示这几个个体词间的关系的词称作谓词。这是多元（目）谓词，有 n 个个体的谓词 $P(x_1,\cdots,x_n)$称 **n 元（目）谓词**，以 $P(x, y)$, $Q(x, y)$, $R(x, y, z)$,…表示。

准确地讲，谓词 $P(x)$, $Q(x, y)$,…是命题形式而不是命题。因为既没有指定谓词符号 P, Q 的含义，而且个体词 x, y 也是个体变项而不代表某个具体的事物，从而无法确定 $P(x)$, $Q(x, y)$ 的真值。仅当赋予谓词确定含义，并且个体词取定为个体常项时，命题形式才可化为命题。如 $P(x)$表示“x 是奇数”，那么 $P(5)$是命题，真值为 T；$Q(x, y)$表示“x 等于 y”，那么 $Q(2, 3)$ 是命题，取值为 F。

课前自测题

习题 2.73 设一元谓词 $P(x)$为“x 是整数”，二元谓词 $G(x, y)$为“x 大于 y”，将下列命题用谓词表示：

(a) 9 是整数；

(b) 如果 3 大于 4，则 2 大于 6；

(c) 4 和 6 都是整数。

课堂练习题

习题 2.74 将下列命题用谓词表示：

(a) 小明不是医生，而是工程师；

(b) 俞伯牙和钟子期是好朋友；

(c) 乐乐既喜欢唱歌，又喜欢跳舞；

(d) 鱼我所欲，熊掌亦我所欲。

2.17 量词

知识点

用来表示个体数量的词是量词（**quantifier**），给谓词加上量词称作谓词的**量化**，可看作是对个体词加以限制、约束的词，但不是对数量一个、两个、三个……的具体描述，而是讨论两个最通用的数量限制词。

定义 2.26 符号“∀”称作**全称量词**（**universal quantifier**），读作“所有的 x”“任意 x”“一切 x”，其含义相当于自然语言中的“任意的”“所有的”“一切的”“每一个”“凡”等。$(\forall x)P(x)$ 意指对论域 D 中的所有个体都具有性质 P。命题$(\forall x)P(x)$当且仅当对论域中的所有 x 来说，$P(x)$ 均为真时方为真。

定义 2.27 符号“∃”称作**存在量词**（**existential quantifier**），读作“存在 x”，其含义相当于自然语言中的“某个”“存在”“有的”“至少有一个”“有些”等。$(\exists x)P(x)$意指论域 D 中至少有一个个体具有性质 P。

例 2.51 假设个体 x 的论域是全总个体域，“一切事物都是运动的”可以形式描述为：$(\forall x)$(x 是运动的)。若以 $P(x)$表示 x 是运动的，则可写作$(\forall x)(P(x))$，或简写成$(\forall x)P(x)$或$\forall xP(x)$。

例 2.52 假设个体 x 的论域是全总个体域，“有的事物是橘子”可以形式描述为：$(\exists x)$(x 是橘子)。若以 $Q(x)$表示 x 是橘子，那么这句话就可写成$(\exists x)Q(x)$，或简写成$(\exists x)Q(x)$或$\exists xQ(x)$。

课前自测题

习题 2.75 假设论域为实数集合，令谓词 $P(x)$表示“x 是有理数”，$Q(x)$表示“x 是无理数”，$G(x, y)$表示“$x>y$”。判断以下各式的真值：

(a) $Q(6)$；

(b) $G(3, \pi)$；

(c) $(\forall x)(P(x)\vee Q(x))$；

(d) $(\forall x)P(x)\vee(\forall x)Q(x)$；

(e) $(\exists x)P(x)\wedge(\exists x)Q(x)$；

(f) $(\exists x)(P(x)\wedge Q(x))$；

(g) $(\forall x)(\exists y)(P(x)\wedge Q(y)\wedge G(y, x))$；

(h) $(\exists y)(\forall x)(P(x)\wedge Q(y)\wedge G(y, x))$。

2.18 谓词公式

知识点

与命题逻辑类似，我们先给出谓词逻辑公式的定义。

定义 2.28 谓词逻辑中的谓词公式（**well formed formula**，简记为 **wff**）[①]可递归地定义为：

(1) 命题常项、命题变项和原子谓词公式（不含联结词的谓词）是谓词公式；

(2) 如果 A 是谓词公式，则$\neg A$ 也是谓词公式；

(3) 如果 A 和 B 是谓词公式，则由逻辑联结词联结 A 和 B 的符号串也是谓词公式，如$(A\wedge B)$，$(A\vee B)$，$(A\Rightarrow B)$，$(A\Leftrightarrow B)$等；

(4) 若 A 是谓词公式，且 A 中无$\forall x, \exists x$ 出现，则$(\forall x)A(x)$, $(\exists x)A(x)$也是谓词公式；

(5) 只有有限次地应用由(1)～(4)构成的符号串才是谓词公式。

谓词公式也称为**合式公式**，简称**公式**。

例 2.53 p, $P(x)\vee\neg Q(x, y)$, $(\forall x)(P(x)\Rightarrow Q(x))$, $(\forall x)(P(x)\Rightarrow(\exists y)R(x, y))$都是谓词公式；而$(\forall x)(\exists x)P(x)$不是谓词公式。

定义 2.29 设 A 为谓词公式，B 为 A 中的一个连续的符号串，且 B 为谓词公式，则称 B 为 A 的子公式（**sub formula**）。

课前自测题

习题 2.76 以下符号串中（ ）不构成谓词公式。

A. $(\forall x)F(x)\vee p$　　B. $\neg P(x)\wedge(\forall x)F(x)\Rightarrow G(x)$

C. $A(x)\Leftrightarrow B(x, y)$　　D. $(\forall x)\neg(\exists x)(P(x)\wedge Q(x))$

---

① 命题公式和谓词公式都可简称为 wff，二者可视语境区分。

习题 2.77 以下符号串中（ ）不是$(\forall x)(P(x)\wedge Q(x, a))\Rightarrow(\forall y)(P(y)\wedge R(y, x)\wedge Q(y, a))$的子公式。

A. $(\forall x)(P(x)\wedge Q(x, a))$　　B. $(\forall y)(P(y)\wedge R(y, x)\wedge Q(y, a))$

C. $P(y)\wedge R(y, x)$　　D. $(\forall y)(P(y))$

2.19 辖域

知识点

定义 2.30 设 A 为一个谓词公式，$(\forall x)P(x)$或$(\exists x)P(x)$为公式 A 的子公式，此时紧跟在$\forall$，$\exists$之后的 x 称为量词的**指导变项**或**作用变项**，$P(x)$称为相应量词的**作用域**或**辖域**（**scope**），即为量词所约束的范围。在辖域中 x 的一切出现均称为**约束出现**，受指导变项所约束。所有约束出现的变项称为**约束变项**（**bound variable**）；在 A 中除了约束变项外出现的变项均称为**自由变项**（**free variable**），不受指导变项的约束。

若公式中无自由变项，公式即为命题。

例 2.54 (a) $(\exists x)P(x, y, z)$中，$P(x, y, z)$是$(\exists x)$的辖域，x 是约束变项，y 和 z 是自由变项。

(b) $(\exists x)P(x, y, z)\Rightarrow Q(x, y, z)$中，$P(x, y, z)$是$(\exists x)$的辖域，$P(x, y, z)$中的 x 是约束变项，$Q(x, y, z)$中的 x 是自由变项，y 和 z 是自由变项。

(c) $(\exists x)(P(x, y, z)\Rightarrow(\forall y)Q(x, y, z))$中，$(P(x, y, z)\Rightarrow(\forall y)Q(x, y, z))$是$(\exists x)$的辖域，$Q(x, y, z)$是$(\forall y)$的辖域，$P(x, y, z)$和 $Q(x, y, z)$中的 x 都受$(\exists x)$约束，$P(x, y, z)$中的 y 是自由变项，$Q(x, y, z)$中的 y 是约束变项，z 是自由变项。

(d) $(\exists x)P(x, y, z)\Rightarrow(\forall x)Q(x, y, z)$中，$(\exists x)$的辖域是 $P(x, y, z)$，$(\forall x)$的辖域是 $Q(x, y, z)$，$P(x, y, z)$中的 x 受$(\exists x)$约束，$Q(x, y, z)$中的 x 受$(\forall x)$约束，这两者是不同的，y 和 z 是自由变项。

课前自测题

习题 2.78 在谓词公式$(\forall x)(P(x)\Rightarrow (\exists y)Q(y))\wedge R(x)$中，$(\forall x)$的辖域是（ ）。

A. $(\forall x)(P(x)\Rightarrow (\exists y)Q(y))\wedge R(x)$　　B. $P(x)\Rightarrow(\exists y)Q(y)$

C. $(P(x)\Rightarrow(\exists y)Q(y))\wedge R(x)$　　D. $(P(x)\Rightarrow (\exists y)Q(y))$和 $R(x)$

习题 2.79 在谓词公式$(\forall x)(F(x)\Rightarrow G(y))\Rightarrow(\exists y)(H(x)\wedge L(x, y, z))$中，$(\forall x)$的辖域是（ ）。

A. $F(x)\Rightarrow G(y)$　　B. $F(x)$

C. $(F(x)\Rightarrow G(y))\Rightarrow(\exists y)(H(x)\wedge L(x, y, z))$　　D. $(\forall x)(F(x)$

课堂练习题

习题 2.80 指出下述公式的指导变项、辖域、自由变项和约束变项。

(a) $(\forall x)R(x, y)$；

(b) $(\forall x)P(x)\vee Q(x, y)$；

(c) $(\exists x)((\forall y)P(x, y))$；

(d) $(\forall x)((\exists y)L(x, y)\Rightarrow(\forall y)H(x, y))$；

(e) $(\forall x)P(x, y, z)\vee((\exists u)Q(x, u)\Rightarrow(\exists w)Q(y, w))$。

2.20 解释

知识点

类似于命题逻辑中对命题公式进行的真值指派，可以对谓词逻辑公式赋予不同的解释。

定义 2.31 谓词公式的一个解释（**interpretation**）由下面四部分组成：

(1) 非空的论域 D；

(2) D 中一部分特定元素；

(3) D 中一些特定的函数；

(4) D 中一些特定的谓词。

解释规定了相应的个体常项、个体变项、函数符号及谓词符号的具体意义，以及个体变项的取值范围，如果两个解释的四个组成部分中至少有一部分不同，则这两个解释是不同的。

例 2.55 一个公式可以用不同的解释给定含义，一个解释可以对多个不同的公式。例如谓词公式$(\forall x)P(f(x), 2)$的解释 1 为：论域 D 是正整数集合，2 是一个特定的整数，函数 $f(x)=4x$，谓词 $P(x, y)$表示 $x>y$，那么在解释 1 下该命题是真命题。解释 2 为：论域 D 为实数集合，2 是一个特定的实数，函数 $f(x)=-x^2$，谓词 $P(x, y)$表示 $x=y$，那么在解释 2 下该命题是假命题。

课前自测题

习题 2.81（判断题） 给定解释 I 为：给定论域 $D=\{$整数$\}$，$f(x, y)=x+y$，谓词 $F(x, y)$表示 $x=y$，$a=2$，则公式$(\forall x)(\forall y)(F(f(x, a), y)\Rightarrow F(f(y, a), x))$的真值为假。

习题 2.82（判断题） 给定解释 I 为：给定论域 $D=\{$整数$\}$，$f(x, y)=x+y$，谓词 $F(x, y)$表示 $x=y$，则公式$(\exists x)(\forall y)(\forall z)(F(f(y, z), x))$的真值为真。

习题 2.83 讨论公式$(\exists x)(\forall y)P(x, y)$在以下不同解释下的真值：

(a) $D=\{$所有实数$\}$，谓词 $P(x, y)$表示 $x\cdot y=0$；

(b) $D=\{$所有实数$\}$，谓词 $P(x, y)$表示 $x\cdot y=1$；

(c) $D=\{$所有正实数$\}$，谓词 $P(x, y)$表示 $x\cdot y=0$；

(d) $D=\{$所有正实数$\}$，谓词 $P(x, y)$表示 $x\cdot y=1$。

习题 2.84 讨论公式$(\forall x)(\exists y)P(x, y)$在以下不同解释下的真值：

(a) $D=\{$所有正实数$\}$，谓词 $P(x, y)$表示 $x\cdot y=0$；

(b) $D=\{$所有正实数$\}$，谓词 $P(x, y)$表示 $x\cdot y=1$。

课堂练习题

习题 2.85 试给出解释 I 使得在解释 I 下$(\forall x)(P(x)\Rightarrow Q(x))$和$(\forall x)(P(x)\wedge Q(x))$具有不同的真值。

习题 2.86 试给出解释 I 使得在解释 I 下$(\exists x)(Q(x)\wedge P(x))$和$(\exists x)(Q(x)\Rightarrow P(x))$具有不同的真值。

2.21 谓词公式的分类

知识点

类似于命题逻辑，也可以对谓词逻辑公式进行分类。

定义 2.32 设 A 为一个谓词公式，若 A 在任何解释下的真值均为真，则称 A 为**普遍有效的公式**或**逻辑有效式（logically valid formula）**。若 A 在任何解释下的真值均为假，则称 A 为**不可满足的（unsatisfiable）**公式或**矛盾式**；若至少存在一个解释使 A 为真，则称 A 为**可满足的（satisfiable）**公式。

注意，逻辑有效式一定是可满足式；反之不然。

“谓词逻辑的判定问题”指的是要求给出一个可行的方法，使得对任一谓词公式都能判定其是否是普遍有效的。

在命题逻辑中，一个公式是否是重言式是很容易验证的——至少可以使用真值表列出公式在所有真值指派下的真值。但是对于谓词逻辑的判定问题，情况大相径庭，对此有如下重要结论。

定理 2.12 （丘奇 – 图灵（Church-Turing）定理）谓词逻辑是**不可判定的 (undecidability of first-order logic)**，即：对任一谓词公式而言，没有一个可行的方法判明它是否是普遍有效的。

但是谓词逻辑的某些子类是可判定的，下面主要介绍这些可判定的子类。

定义 2.33 设命题公式 A_0 含命题变项 $p_1, p_2, \cdots, p_n$，用 n 个谓词公式 $A_1, A_2, \cdots, A_n$ 分别代换 $p_1, p_2, \cdots, p_n$，所得公式 A 称为 A_0 的**代换实例**。

例 2.56 $P(x) \Rightarrow (\sim Q(y))$，$(\exists x)P(x) \Rightarrow (\forall x)Q(x)$ 都是命题公式 $p \Rightarrow q$ 的代换实例。

定理 2.13 命题公式中的重言式的代换实例都是逻辑有效式，在谓词公式中仍可称为重言式；命题公式中的矛盾式的代换实例都是矛盾式。

证明：设命题公式 A_0 含命题变项 $p_1, p_2, \cdots, p_n$，若 A_0 为重言式，则不论 $p_1, p_2, \cdots, p_n$ 的真值如何，A_0 的真值总为 T。而对于谓词公式 $A_1, A_2, \cdots, A_n$，无论在何种解释下，它们的真值也都是或者为 T 或者为 F，故用 $A_1, A_2, \cdots, A_n$ 分别代换 $p_1, p_2, \cdots, p_n$ 后，所得的代换实例的真值也总为 T。

同理可证明，矛盾式的代换实例仍为矛盾式。 □

例 2.57 判断以下公式类型：

(a) $(\forall x)P(x) \Rightarrow (\exists x)P(x)$；

(b) $(\forall x)(P(x) \vee \neg P(x))$；

(c) $(\exists x)(P(x) \wedge \neg P(x))$；

(d) $(\forall x)P(x) \wedge (\exists y)\neg P(y)$；

(e) $(\exists y)P(x, y) \Rightarrow ((\exists y)P(x, y) \vee (\forall x)Q(x))$；

(f) $(P(x) \wedge (\forall y)Q(x, y)) \Rightarrow \neg (\forall y)Q(x, y)$；

(g) $(\forall x)(\exists y)Q(x,y) \Rightarrow (\exists x)(\forall y)Q(x,y)$。

解:

(a) 是逻辑有效式，意指如果论域 D 中所有个体都具有性质 P，则一定至少有一个个体具有性质 P。

(b) 是逻辑有效式，意指论域 D 中所有个体或者具有性质 P，或者不具有性质 P。

(c) 是不可满足式，意指论域 D 中存在某个个体既具有性质 P，又不具有性质 P。

(d) 是不可满足式，意指论域 D 中所有个体都具有性质 P，同时又有某个体不具有性质 P。

(e) 是逻辑有效式，是命题逻辑中重言式 $p\Rightarrow(p\vee q)$的代换实例。

(f) 是不可满足式，是命题逻辑中矛盾式$(p\wedge q)\Rightarrow\neg q$ 的代换实例。

(g) 不是逻辑有效式，也不是不可满足式，是可满足式：假设论域是正整数集合，当谓词 $Q(x, y)$表示“$x=y$”时，$(\forall x)(\exists y)Q(x, y)$为真，$(\exists x)(\forall y)Q(x, y)$为假，蕴涵式为假；当谓词 $Q(x, y)$表示“$x\leqslant y$”时，$(\forall x)(\exists y)Q(x, y)$为真，$(\exists x)(\forall y)Q(x, y)$为真，蕴涵式为真。

课前自测题

习题 2.87 以下谓词公式中，（ ）不是逻辑有效式。

A. $\forall x\, P(x) \Rightarrow (\forall x\, P(x)\vee\exists y\, G(y))$ A. $\forall x\, Q(x) \Rightarrow (\exists x\, Q(x)\vee\forall y\, S(y))$

C. $\exists x\forall y\, P(x, y) \Rightarrow \forall y\exists x\, P(x, y)$ D. $\forall x\exists y\, P(x, y) \Rightarrow \exists y\forall x\, P(x, y)$

课堂练习题

习题 2.88 判断谓词公式$(\forall x)P(x)\Rightarrow((\forall x)(\exists y)Q(x, y)\Rightarrow(\forall x)P(x))$的类型。

习题 2.89 证明以下两个公式都不是逻辑有效式。

(a) $(\forall x)(P(x)\vee Q(x))\Rightarrow(\forall x)P(x)\vee(\forall x)Q(x)$；

(b) $(\exists x)P(x)\wedge(\exists x)Q(x)\Rightarrow(\exists x)(P(x)\wedge Q(x))$。

2.22 自然语言的形式化

知识点

命题逻辑表达问题的能力仅限于联结词的使用，而谓词逻辑由于变项、谓词、量词的引入具有强得多的表达问题的能力。

类似命题逻辑，将一个用自然语言描述的命题表示成谓词公式的形式，称为谓词逻辑中的自然语言形式化。

基本方法是：

（1）先将问题分解成一些原子命题和逻辑联结符；

（2）之后分解出各个原子命题的个体词、谓词和量词；

（3）按照谓词公式的表示规则翻译出自然语句。

例 2.58 将下述语句翻译为谓词公式，使用全总个体域。

(a) 所有的有理数都是实数；

(b) 有的实数是无理数；

(c) 并非所有实数都是有理数；

(d) 没有有理数是无理数；

(e) 所有的实数或者是有理数，或者是无理数；

(f) 存在一个无理数，比所有有理数都大；

(g) 存在唯一的有理数。

解：令谓词 $P(x)$表示"x 是实数"；$Q(x)$表示"x 是有理数"；$R(x)$表示"x 是无理数"；$E(x, y)$表示"$x=y$"；$G(x, y)$表示"$x>y$"。

(a) 这句话可以形式化为$(\forall x)(Q(x)\Rightarrow P(x))$。

须注意的是这句话不能形式化为$(\forall x)(Q(x)\wedge P(x))$——此公式的意思是说，对宇宙间所有的事物 x 而言，x 既是有理数又是实数。

一般地讲，"所有的 A 是 B""是 A 的都是 B""一切 A 都是 B 的"这类语句的形式描述只能使用"⇒"而不能使用"∧"。

(b) 这句话的形式描述应为$(\exists x)(P(x)\wedge R(x))$。

须注意的是不能使用$(\exists x)(P(x)\Rightarrow R(x))$，一般地，"有的 A 是 B"这类语句的形式描述只能使用"∧"而不能使用"⇒"。

(c) 这句话可以形式化为$\neg(\forall x)(P(x)\Rightarrow Q(x))$。也可以把这句话理解为"有的实数不是有理数"，这时应形式化为$(\exists x)(P(x)\wedge\neg Q(x))$。它们都是正确的，其理由将在"谓词逻辑的等值演算"一节中阐述。

(d) 这句话可以形式化为$\neg(\exists x)(Q(x)\wedge R(x))$。也可以把这句话理解为"所有的有理数都不是无理数"或者"所有的无理数都不是有理数"，这时应形式化为$(\forall x)(Q(x)\Rightarrow\neg R(x))$或者$(\forall x)(R(x)\Rightarrow\neg Q(x))$，它们都是正确的。

(e) 这句话可以形式化为$(\forall x)(P(x)\Rightarrow(Q(x)\vee R(x)))$。

(f) 这句话的含义是"存在一个个体 x，它是无理数；而且，对于任意个体 y，如果它是有理数，那么一定有 $x>y$"，因此可以形式化为$(\exists x)(R(x)\wedge(\forall y)(Q(y)\Rightarrow G(x, y)))$。

(g) 这句话的含义是"存在一个个体 x，它是有理数；而且，如果还有个体 y 也是有理数，那么一定有 $x=y$"，因此可以形式化为$(\exists x)(Q(x)\wedge(\forall y)(Q(y)\Rightarrow E(x, y)))$。

例 2.59 假设论域是实数集，将下述语句翻译为谓词公式，并判断其真值。

(a) 至少存在一个有理数，且至少存在一个无理数。

(b) 至少有一个实数既是有理数又是无理数。

(c) 对于任一个实数而言，它或者是有理数，或者是无理数。

(d) 所有实数都是有理数或者所有实数都是无理数。

(e) 对于任一个实数而言，都存在比它小的实数。

(f) 存在一个实数，满足任何实数都大于它。

解：令谓词 $P(x)$表示"x 是有理数"；$Q(x)$表示"x 是无理数"；$G(x, y)$表示"$x>y$"。

(a) 这句话可以形式化为$(\exists x)P(x)\wedge(\exists x)Q(x)$，是真命题。

(b) 这句话可以形式化为$(\exists x)(P(x)\wedge Q(x))$，是假命题。

(c) 这句话可以形式化为$(\forall x)(P(x)\vee Q(x))$，是真命题。

(d) 这句话可以形式化为$(\forall x)P(x)\vee(\forall x)Q(x)$，是假命题。

(e) 这句话可以形式化为$(\forall x)(\exists y)G(x, y)$，是真命题。

(f) 这句话可以形式化为$(\exists y)(\forall x)G(x, y)$，是假命题。

上述例子说明$(\exists x)P(x)\wedge(\exists x)Q(x)$和$(\exists x)(P(x)\wedge Q(x))$、$(\forall x)(P(x)\vee Q(x))$和$(\forall x)P(x)\vee(\forall x)Q(x)$、$(\forall x)(\exists y)G(x, y)$和$(\exists y)(\forall x)G(x, y)$含义不同。这些都是容易混淆的，须注意加以区别。

例 2.60 假设论域是全总个体域，将下述语句翻译为谓词公式。

(a) 没有不透风的墙。

(b) 并非所有兔子都比乌龟跑得快。

(c) 有些人喜欢所有的花。

(d) 凡对顶角都相等，但是相等的两个角未必都是对顶角。

(e) 所有的大学生都会说英语，有一些大学生会说日语。

解：(a) 设$P(x)$表示"x是墙"，$Q(x)$表示"x会透风"。原语句可表示成$\neg(\exists x)(P(x)\wedge\neg Q(x))$。

(b) 设$H(x)$表示"x是兔子"，$T(x)$表示"x是乌龟"，$F(x, y)$表示"x跑得比y快"。原语句可表示成$\neg(\forall x)(\forall y)(H(x)\wedge T(y)\Rightarrow F(x, y))$，或者$(\exists x)(\exists y)(H(x)\wedge T(y)\wedge\neg F(x, y))$，即存在一只兔子$x$和一只乌龟$y$，但$x$不比$y$跑得快，这两句话的含义是相同的。

(c) 设$P(x)$表示"x是人"，$Q(x)$表示"x是花"，$R(x, y)$表示"x喜欢y"，原语句可表示成$(\exists x)(\forall y)(P(x)\wedge Q(y)\Rightarrow R(x, y))$。

(d) 设$P(x)$表示"x是角"，$Q(x, y)$表示"x和y是对顶角"，$R(x, y)$表示"x与y相等"，原语句可表示成$(\forall x)(\forall y)(P(x)\wedge P(y)\wedge Q(x, y)\Rightarrow R(x, y))\wedge\neg(\forall x)(\forall y)(P(x)\wedge P(y)\wedge R(x, y)\Rightarrow Q(x, y))$。

(e) 设$S(x)$表示"x是大学生"，$E(x)$表示"x会说英语"，$F(x)$表示"x会说日语"，原语句可表示成$(\forall x)(S(x)\Rightarrow E(x))\wedge(\exists x)(S(x)\wedge F(x))$。

如果引入二元谓词$C(x, y)$表示"x可以说y这种语言"，那么原句子也可以表示为$(\forall x)(S(x)\Rightarrow C(x,\text{英语}))\wedge(\exists x)(S(x)\wedge C(x,\text{日语}))$。

课前自测题

习题 2.90（判断题） 使用下述谓词：$P(x)$: x高兴，$Q(x)$: x是学生，$R(x)$: x努力学习，以及量词表示自然语句"如果所有学生都努力学习，那么刘老师就会高兴"为"$(\forall x)(Q(x)\wedge R(x))\Rightarrow P(\text{刘老师})$"。

习题 2.91 王杰的专辑《英雄泪》中的歌曲《希望》中有一句歌词"希望世间能有永远/希望真情不会改变/世上没有伤心人/岁岁年年到永远"。如果令$P(x)$表示"x是世间的伤心人"，那么"世上没有伤心人"应该表示为（　　）。

A. $\neg P(x)$　　B. $\neg(\forall x)P(x)$

C. $(\exists x)\neg P(x)$　　D. $\neg(\exists x)P(x)$

习题 2.92 使用下述谓词：$P(x)$: x是熊猫，$Q(x)$: x是飞鸟，$R(x)$: x是绿色的，以及量词表示自然语句"没有熊猫是绿色的话，就至少有一只飞鸟存在"为（　　）。

A. $\neg(\exists x)(P(x)\wedge R(x))\Rightarrow(\exists x)Q(x)$　　B. $\neg(\exists x)(P(x)\Rightarrow R(x))\Rightarrow(\exists x)Q(x)$

C. $\neg(\exists x)(P(x)\wedge R(x))\wedge(\exists x)Q(x)$　　D. $\neg(\exists x)(P(x)\Rightarrow R(x))\wedge(\exists x)Q(x)$

习题 2.93 使用下述谓词：$P(x)$: x是人，$F(x, y)$: x是y的兄弟，以及量词表示自然语句"并非所有人都有兄弟"为________________。

课堂练习题

习题 2.94 令谓词 $P(x)$表示“x 是实数”；$Q(x)$表示“x 是有理数”；$R(x)$表示“x 是无理数”；$E(x, y)$表示“$x=y$”；$G(x, y)$表示“$x>y$”。利用谓词公式翻译下列命题。

(a) 有不是有理数的实数。

(b) 对于任意的有理数 x, y，存在有理数 z 使得 $x+z=y$。

(c) 没有最大的无理数。

(d) 存在介于 2 和 6 之间的有理数。

习题 2.95 使用全总个体域将下列命题用谓词表示出来。

(a) 不存在又不好好学习又能拿到好成绩的学生。

(b) 没有人可以永生不死。

(c) 天下乌鸦一般黑。

(d) 世界上只有一个北京。

(e) 整数都可以比较大小，而复数不可以比较大小。

(f) 任何金属都可以溶解在某种液体中。

(g) 有一种液体可以溶化任何金属。

(h) 金子一定闪光，但闪光的不一定是金子。

(i) 不是所有的男生都比任何一名女生成绩好，但是至少有一名男生成绩超过所有女生。

(j) 过平面上两相异点，有且仅有一条直线。

讨论题

习题 2.96 “若存在则唯一”“最多有两个”“恰好有两个”如何表示？

2.23 谓词逻辑的等值演算

知识点

如例 2.60(b)所示，有些自然语句的形式化表述可能不止一种，但它们的含义都是相同的。因此需在谓词逻辑中也引入“等值”的概念。

定义 2.34 *设 A, B 是两个谓词公式，若 $A\Leftrightarrow B$ 是普遍有效的公式，则称 A 与 B* **等值**，*记作 $A\equiv B$。*

两个谓词公式 A, B 等值当且仅当在任何解释下，A 和 B 的真值都相同。

类似于命题逻辑，谓词逻辑的等值演算仍是以基本等值式为基础，应用等值演算规则，逐步推演的。

谓词逻辑中的基本等值式主要分两类：一类是从命题公式移植来的等值式，即命题逻辑中基本等值式的代换实例，如$(\exists x)F(x)\Rightarrow(\forall y)G(y)\equiv\neg(\exists x)F(x)\vee(\forall y)G(y)$，$\neg((\exists x)F(x)\vee(\forall y)G(y))\equiv\neg(\exists x)F(x)\wedge\neg(\forall y)G(y)$等；另一类是谓词逻辑所特有的等值式，与量词有关。

定理 2.14（消去量词等值式） 设论域 $D=\{a_1, a_2,\cdots, a_m\}$是有限集合，有：

(a) $(\forall x)A(x)\equiv A(a_1)\wedge A(a_2)\wedge\cdots\wedge A(a_m)$；

(b) $(\exists x)A(x) \equiv A(a_1) \vee A(a_2) \vee \cdots \vee A(a_m)$。

这一组等值式表明对于有限论域而言，全称量词与合取式相对应，存在量词则对应于析取式。

例 2.61 设论域 $D=\{1, 2, 3\}$，消去下面公式中的量词：

(a) $(\exists x)(P(x) \wedge \neg Q(x))$；

(b) $(\exists x)(P(x) \Rightarrow (\forall y)Q(y))$。

解：

(a) $(\exists x)(P(x) \wedge \neg Q(x))$

$\equiv (P(1) \wedge \neg Q(1)) \vee (P(2) \wedge \neg Q(2)) \vee (P(3) \wedge \neg Q(3))$

(b) $(\exists x)(P(x) \Rightarrow (\forall y)Q(y))$

$\equiv (\exists x)(\neg P(x) \vee (\forall y)Q(y))$

$\equiv (\neg P(1) \vee (\forall y)Q(y)) \vee (\neg P(2) \vee (\forall y)Q(y)) \vee (\neg P(3) \vee (\forall y)Q(y))$

$\equiv (\neg P(1) \vee \neg P(2) \vee \neg P(3)) \vee (\forall y)Q(y)$ （交换律，结合律，幂等律）

$\equiv (\neg P(1) \vee \neg P(2) \vee \neg P(3)) \vee (Q(1) \wedge Q(2) \wedge Q(3))$

或者

$(\exists x)(P(x) \Rightarrow (\forall y)Q(y))$

$\equiv (\exists x)(\neg P(x) \vee (\forall y)Q(y))$

$\equiv (\exists x)(\neg P(x) \vee (Q(1) \wedge Q(2) \wedge Q(3)))$

$\equiv (\neg P(1) \vee (Q(1) \wedge Q(2) \wedge Q(3))) \vee (\neg P(2) \vee (Q(1) \wedge Q(2) \wedge Q(3))) \vee (\neg P(3) \vee (Q(1) \wedge Q(2) \wedge Q(3)))$

$\equiv (\neg P(1) \vee \neg P(2) \vee \neg P(3)) \vee (Q(1) \wedge Q(2) \wedge Q(3))$ （分配律）

定理 2.15（量词否定等值式/德摩根律） 设 $A(x)$是含 x 自由出现的公式，则：

(a) $\neg(\forall x)A(x) \equiv (\exists x)\neg A(x)$；

(b) $\neg(\exists x)A(x) \equiv (\forall x)\neg A(x)$。

也即，“不是论域中所有个体都具有性质 A”和“论域中至少存在一个个体不具有性质 A”二者含义是完全相同的；“论域中所有个体都不具有性质 A”和“论域中不存在具有性质 A 的个体”这二者含义也是完全相同的。

当论域 $D=\{a_1, a_2, \cdots, a_m\}$是有限集合时，有

$\neg(A(a_1) \wedge A(a_2) \wedge \cdots \wedge A(a_m)) \equiv \neg(\forall x)A(x) \equiv (\exists x)\neg A(x) \equiv \neg A(a_1) \vee \neg A(a_2) \vee \cdots \vee \neg A(a_m)$，

$\neg(A(a_1) \vee A(a_2) \vee \cdots \vee A(a_m)) \equiv \neg(\exists x)A(x) \equiv (\forall x)\neg A(x) \equiv \neg A(a_1) \wedge \neg A(a_2) \wedge \cdots \wedge \neg A(a_m)$，

即是命题逻辑中德摩根律的表现形式。

定理 2.16（量词辖域收缩与扩张等值式） 设 $A(x)$是含 x 自由出现的公式，谓词公式 B 中不含 x 的出现，则有：

(a) $(\forall x)(A(x) \vee B) \equiv (\forall x)A(x) \vee B$；

(b) $(\exists x)(A(x) \vee B) \equiv (\exists x)A(x) \vee B$；

(c) $(\forall x)(A(x) \wedge B) \equiv (\forall x)A(x) \wedge B$；

(d) $(\exists x)(A(x) \wedge B) \equiv (\exists x)A(x) \wedge B$。

定理 2.17（量词分配等值式） 设 $A(x)$, $B(x)$是含 x 自由出现的谓词公式，则有：

(a) $(\forall x)(A(x) \wedge B(x)) \equiv (\forall x)A(x) \wedge (\forall x)B(x)$；

(b) $(\exists x)(A(x) \vee B(x)) \equiv (\exists x)A(x) \vee (\exists x)B(x)$。

以上两等值式的成立，实际上也反映了全称量词$\forall$与合取$\wedge$的对应，存在量词$\exists$与析取$\vee$的对应，以及合取$\wedge$、析取$\vee$这两种运算都满足结合律、交换律。

注意，$\forall$对$\vee$不满足分配律，$\exists$对$\wedge$不满足分配律，即$(\forall x)(\forall y)(A(x)\vee B(y))$与$(\forall x)(A(x)\vee B(x))$不等值，$(\exists x)(\exists y)(A(x)\wedge B(y))$与$(\exists x)(A(x)\wedge B(x))$不等值（可参看例 2.59）。

定理 2.18 设$A(x, y)$是含x, y自由出现的谓词公式，则有：

(a) $(\forall x)(\forall y)A(x, y)\equiv(\forall y)(\forall x)A(x, y)$；

(b) $(\exists x)(\exists y)A(x, y)\equiv(\exists y)(\exists x)A(x, y)$。

这组等值式表明相同量词与排列的次序无关，但是对于不同量词，不能随意更换次序，即$(\forall x)(\exists y)A(x, y)$与$(\exists y)(\forall x)A(x, y)$不等值（可参看例 2.59）。

谓词逻辑包括置换规则、代替规则、换名规则三条等值演算规则。

定理 2.19（置换规则） 设$\Phi(A)$是含谓词公式A的公式，$\Phi(B)$是用谓词公式B取代$\Phi(A)$中的A（不一定是每一处）之后得到的谓词公式，若$A\equiv B$，则$\Phi(A)\equiv\Phi(B)$。

谓词逻辑中的置换规则与命题逻辑中的置换规则形式上完全相同，只是在这里A, B是谓词公式。

公式$(\exists x)(P(x, y, z)\Rightarrow(\forall y)Q(x, y, z))$中的$y$虽然是同一个个体变项符号，但是既有约束出现又有自由出现，容易引起概念上的混淆。为避免这种情况，引入了下面的代替规则和换名规则，使得同一个个体变项符号在一个公式中只呈现一种形式，要么为约束出现，要么为自由出现；同时，不同的量词所约束的个体变项使用不同名，以便于计算机处理。

定理 2.20（代替规则） 将谓词公式A中某个自由出现的个体变项的所有自由出现改成A中未曾出现的某个个体变项符号，其余部分不变，记所得谓词公式为A'，则$A\equiv A'$。

定理 2.21（换名规则） 将谓词公式A中某量词的指导变项及其在辖域内的所有约束出现改成该量词辖域内未曾出现的某个个体变项符号，其余部分不变，记所得谓词公式为A'，则$A\equiv A'$。

即$(\forall x)A(x)\equiv(\forall y)A(y)$，$(\exists x)A(x)\equiv(\exists y)A(y)$。这是不难理解的，因为在同一论域$D$上，“对一切个体$x$，$x$具有性质$P$”同“对一切个体$y$，$y$具有性质$P$”这两者除变项$x$和$y$的区别外并无差异，从而$(\forall x)A(x)$与$(\forall y)A(y)$有相同的真值。

例 2.62 将公式$(\exists x)(P(x, y, z)\Rightarrow(\forall y)Q(x, y, z))$化为与之等值的公式，使其没有既是约束出现又是自由出现的个体变项符号。

解：$(\exists x)(P(x, y, z)\Rightarrow(\forall y)Q(x, y, z))$

$\equiv(\exists x)(P(x, y, z)\Rightarrow(\forall u)Q(x, u, z))$ （换名规则）

或者

$(\exists x)(P(x, y, z)\Rightarrow(\forall y)Q(x, y, z))$

$\equiv(\exists x)(P(x, v, z)\Rightarrow(\forall y)Q(x, y, z))$ （代替规则）

使用这两类基本等值式和上述三条规则，可以进行谓词逻辑的等值演算。

例 2.63 证明以下等值式：

(a) $(\exists x)(\exists y)(A(x)\vee B(y))\equiv(\exists x)A(x)\vee(\exists x)B(x)$；

(b) $(\exists x)(A(x)\Rightarrow B(x))\equiv(\forall x)A(x)\Rightarrow(\exists x)B(x)$；

(c) $(\exists x)(\forall y)(P(x)\Rightarrow Q(y))\equiv(\forall y)(\exists x)(P(x)\Rightarrow Q(y))$。

解：

(a) $(\exists x)(\exists y)(A(x)\vee B(y))$

$\equiv(\exists x)(A(x)\vee(\exists y)B(y))$ （量词辖域收缩等值式）

$\equiv(\exists x)A(x)\vee(\exists y)B(y)$ （量词辖域收缩等值式）

$\equiv(\exists x)A(x)\vee(\exists x)B(x)$ （换名规则）

(b) $(\exists x)(A(x)\Rightarrow B(x))$

$\equiv(\exists x)(\neg A(x)\vee B(x))$ （置换规则）

$\equiv(\exists x)\neg A(x)\vee(\exists x)B(x)$ （量词分配等值式）

$\equiv\neg(\forall x)A(x)\vee(\exists x)B(x)$ （德摩根律）

$\equiv(\forall x)A(x)\Rightarrow(\exists x)B(x)$ （置换规则）

(c) $(\exists x)(\forall y)(P(x)\Rightarrow Q(y))$

$\equiv(\exists x)(\forall y)(\neg P(x)\vee Q(y))$ （置换规则）

$\equiv(\exists x)(\neg P(x)\vee(\forall y)Q(y))$ （量词辖域收缩等值式）

$\equiv(\exists x)\neg P(x)\vee(\forall y)Q(y)$ （量词辖域收缩等值式）

$\equiv(\forall y)((\exists x)\neg P(x)\vee Q(y))$ （量词辖域扩张等值式）

$\equiv(\forall y)(\exists x)(\neg P(x)\vee Q(y))$ （量词辖域扩张等值式）

$\equiv(\forall y)(\exists x)(P(x)\Rightarrow Q(y))$

例 2.64 下面回到例 2.60(b)：“并非所有兔子都比乌龟跑得快”。设 $H(x)$表示“x 是兔子”，$T(x)$表示“x 是乌龟”，$F(x, y)$表示“x 跑得比 y 快”。原语句可表示成$\neg(\forall x)(\forall y)(H(x)\wedge T(y)\Rightarrow F(x, y))$，或者$(\exists x)(\exists y)(H(x)\wedge T(y)\wedge\neg F(x, y))$，即存在一只兔子 x 和一只乌龟 y，但 x 不比 y 跑得快，下面证明这两个命题公式是等值的：

$\neg(\forall x)(\forall y)(H(x)\wedge T(y)\Rightarrow F(x, y))$

$\equiv(\exists x)\neg(\forall y)(H(x)\wedge T(y)\Rightarrow F(x, y))$

$\equiv(\exists x)(\exists y)\neg(H(x)\wedge T(y)\Rightarrow F(x, y))$

$\equiv(\exists x)(\exists y)\neg(\neg(H(x)\wedge T(y))\vee F(x, y))$

$\equiv(\exists x)(\exists y)(H(x)\wedge T(y)\wedge\neg F(x, y))$

课前自测题

习题 2.97 与公式$(\forall x)(P(x)\wedge Q(x, y))\Rightarrow(\exists x)R(x, y)$等值的是（ ）。

A. $(\forall x)(P(x)\wedge Q(x, z))\Rightarrow(\exists x)R(x, y)$　　B. $(\forall y)(P(y)\wedge Q(y, y))\Rightarrow(\exists x)R(x, y)$

C. $(\forall z)(P(z)\wedge Q(x, y))\Rightarrow(\exists x)R(x, y)$　　D. $(\forall u)(P(u)\wedge Q(u, z))\Rightarrow(\exists x)R(x, z)$

习题 2.98（判断题） 设 $A(x)$是含 x 自由出现的公式，谓词公式 B 中不含 x 的出现，则$(\forall x)(A(x)\Rightarrow B)\equiv(\forall x)A(x)\Rightarrow B$。

习题 2.99 以下谓词公式中，（ ）不是逻辑有效式。

A. $(\exists x)(P(x)\wedge Q(x))\Rightarrow(\exists x)P(x)\wedge(\exists x)Q(x)$

B. $(\forall x)(P(x)\wedge Q(x))\Rightarrow(\forall x)P(x)\wedge(\forall x)Q(x)$

C. $(\exists x)(P(x)\wedge Q(x))\Leftrightarrow(\exists x)P(x)\wedge(\exists x)Q(x)$

D. $(\forall x)(P(x)\wedge Q(x))\Leftrightarrow(\forall x)P(x)\wedge(\forall x)Q(x)$

习题 2.100 以下谓词公式中，（ ）不是逻辑有效式。

A. $(\exists x)\ P(x) \vee (\exists x)\ Q(x) \Rightarrow (\exists x)(P(x) \vee Q(x))$

B. $(\forall x)\ P(x) \vee (\forall x)\ Q(x) \Rightarrow (\forall x)(P(x) \vee Q(x))$

C. $(\exists x)\ P(x) \vee (\exists x)\ Q(x) \Leftrightarrow (\exists x)(P(x) \vee Q(x))$

D. $(\forall x)\ P(x) \vee (\forall x)\ Q(x) \Leftrightarrow (\forall x)(P(x) \vee Q(x))$

课堂练习题

习题 2.101 判断下列公式中哪些是普遍有效的并给出证明，不是普遍有效的请举出反例。

(a) $((\exists x)P(x) \Rightarrow (\exists x)Q(x)) \Rightarrow (\exists x)(P(x) \Rightarrow Q(x))$；

(b) $(\exists x)P(x) \wedge (\exists x)Q(x) \Rightarrow (\exists x)(P(x) \wedge Q(x))$；

(c) $(\exists x)P(x) \wedge (\exists x)Q(x) \Rightarrow (\exists x)(P(x) \Rightarrow Q(x))$。

习题 2.102 设论域为$\{a, b, c\}$,试消去下列命题中的量词。

(a) $(\forall x)(P(x) \vee Q(x))$；

(b) $(\forall x)(P(x) \Rightarrow (\exists y)Q(y))$；

(c) $(\exists x)(\forall y)R(x, y)$。

习题 2.103 将公式$((\exists x)P(x, y) \Rightarrow (\forall y)Q(x, y)) \Rightarrow (\forall x)(\exists y)R(x, y)$化为与之等值的公式，使其没有既是约束出现又是自由出现的个体变项符号。

习题 2.104 设$A(x)$是含x自由出现的公式，谓词公式B中不含x的出现，证明：

(a) $(\forall x)(A(x) \Rightarrow B) \equiv (\exists x)A(x) \Rightarrow B$；

(b) $(\exists x)(A(x) \Rightarrow B) \equiv (\forall x)A(x) \Rightarrow B$；

(c) $(\forall x)(B \Rightarrow A(x)) \equiv B \Rightarrow (\forall x)A(x)$；

(d) $(\exists x)(B \Rightarrow A(x)) \equiv B \Rightarrow (\exists x)A(x)$。

习题 2.105 证明下列各等值式：

(a) $(\exists x)(\exists y)(P(x) \Rightarrow Q(y)) \equiv (\forall x)P(x) \Rightarrow (\exists y)Q(y)$；

(b) $(\forall x)(P(x) \vee q) \Rightarrow (\exists x)(P(x) \wedge q) \equiv (q \Rightarrow (\exists x)P(x)) \wedge (\neg q \Rightarrow (\exists x)\neg P(x))$；

(c) $((\forall x)P(x) \wedge (\forall x)Q(x) \wedge (\exists x)R(x)) \vee ((\forall x)P(x) \wedge (\forall x)Q(x) \wedge (\exists x)S(x))$
$\equiv (\forall x)(P(x) \wedge Q(x)) \wedge (\exists x)(R(x) \vee S(x))$；

(d) $(\exists z)(\exists x)((P(x, z) \Rightarrow Q(x, z)) \vee (R(x, z) \Rightarrow S(x, z)))$
$\equiv ((\forall z)(\forall x)P(x,z) \Rightarrow (\exists z)(\exists x)Q(x, z)) \vee ((\forall z)(\forall y)R(y, z) \Rightarrow (\exists z)(\exists y)S(y, z))$。

习题 2.106 请对代替规则和换名规则进行比较，并补全表 2-11。

表 2-11 代替规则和换名规则的比较

	代替规则	换名规则
使用对象		
改名对象		
改名方式		
改名限制		
改名结果		

2.24 前束范式

知识点

在命题逻辑中，我们研究过命题公式的规范的、标准的形式，即范式。在谓词逻辑中，谓词公式也有与之相对应的范式。

定义 2.35 设 A 为一谓词公式，如果满足：

(1) 所有量词都位于该公式的最左边；

(2) 所有量词前都不含否定词；

(3) 量词的辖域都延伸到整个公式的末端；

则称 A 为**前束范式（prenex normal form）**。

前束范式的一般形式为：

$$Q_1 x_1\, Q_2 x_2 \cdots Q_n x_n \quad M(x_1, x_2, \cdots, x_n)$$

其中 $Q_i\,(1\leqslant i\leqslant n)$为$\forall$或$\exists$，$Q_1 x_1\, Q_2 x_2 \cdots Q_n x_n$ 称为**前束**，M 为不含量词的公式，称作公式的**基式**或**母式**。

例 2.65 $(\forall x)(\forall y)(P(x)\vee\neg Q(y))$，$(\exists x)(\exists y)\neg R(x, y)$、$S(x, y)$都是前束范式，而$\neg(\forall x)P(x)$和$(\forall x)Q(x)\Rightarrow(\exists x)R(x, y)$都不是前束范式。

下面将给出化前束范式的基本方法：

(1) 消去谓词公式中的联结词“$\Rightarrow$”“$\Leftrightarrow$”；

(2) 将谓词公式中的否定词“$\neg$”右移；

(3) 将谓词公式中的量词左移（使用量词分配等值式、量词辖域收缩与扩张等值式），必要时将变项改名。

例 2.66 求$(\exists x)P(x, y)\Leftrightarrow(\forall z)Q(z)$的前束范式。

解：可按下述步骤实现：

$$
\begin{aligned}
&(\exists x)P(x, y)\Leftrightarrow(\forall z)Q(z)\\
&\equiv((\exists x)P(x, y)\Rightarrow(\forall z)Q(z))\wedge((\forall z)Q(z)\Rightarrow(\exists x)P(x, y)) && \text{（消去联结词 }\Leftrightarrow\text{）}\\
&\equiv(\neg(\exists x)P(x, y)\vee(\forall z)Q(z))\wedge(\neg(\forall z)Q(z)\vee(\exists x)P(x, y)) && \text{（消去联结词 }\Rightarrow\text{）}\\
&\equiv(\neg(\exists x)P(x, y)\vee(\forall u)Q(u))\wedge(\neg(\forall z)Q(z)\vee(\exists z)P(z, y)) && \text{（换名规则）}\\
&\equiv((\forall x)\neg P(x, y)\vee(\forall u)Q(u))\wedge((\exists z)\neg Q(z)\vee(\exists z)P(z, y)) && \text{（}\neg\text{内移）}\\
&\equiv(\forall x)(\forall u)(\neg P(x, y)\vee Q(u))\wedge(\exists z)(\neg Q(z)\vee P(z, y)) && \text{（量词左移）}\\
&\equiv(\forall x)(\forall u)(\exists z)((\neg P(x, y)\vee Q(u))\wedge(\neg Q(z)\vee P(z, y))) && \text{（量词左移）}\\
&\equiv(\forall x)(\forall u)(\exists z)S(x, y, z, u)
\end{aligned}
$$

使用以上步骤，可求得任一公式的前束范式。由于每一步变换都保持等值性，所以，所得到的前束形式与原公式是等值的。这里的 $S(x, y, z, u)$便是原公式的母式。

由于前束中对量词的次序排列没有约束，如$(\forall x)(\forall u)$也可以写成$(\forall u)(\forall x)$，以及对母式没有明确的限制，自然其前束范式并不唯一，如例 2.66 的前束范式也可以是

$$(\forall u)(\forall x)(\exists z)(S(x, y, z, u)\wedge P),$$

其中 P 可以是任一不含量词的普遍有效公式。

定理 2.22（前束范式存在定理） 任一谓词公式都存在与之等值的前束范式，但其前束范式并不唯一。

例 2.67 求下列公式的前束范式。

(a) $(\exists x)F(x)\vee\neg(\forall x)G(x)$；

(b) $(\forall x)F(x)\vee\neg(\exists x)G(x)$；

(c) $((\forall x)P(x,y)\Rightarrow(\exists y)Q(x,y))\Rightarrow(\forall z)R(x,z)$。

解：

(a) $(\exists x)F(x)\vee\neg(\forall x)G(x)$

$\equiv(\exists x)F(x)\vee(\exists x)\neg G(x)$

$\equiv(\exists x)(F(x)\vee\neg G(x))$ （量词分配等值式）

(b) $(\forall x)F(x)\vee\neg(\exists x)G(x)$

$\equiv(\forall x)F(x)\vee(\forall x)\neg G(x)$

$\equiv(\forall x)F(x)\vee(\forall y)\neg G(y)$ （换名规则）

$\equiv(\forall x)(\forall y)(F(x)\vee\neg G(y))$ （量词辖域扩张等值式）

(c) $((\forall x)P(x,y)\Rightarrow(\exists y)Q(x,y))\Rightarrow(\forall z)R(x,z)$

$\equiv\neg(\neg(\forall x)P(x,y)\vee(\exists y)Q(x,y))\vee(\forall z)R(x,z)$

$\equiv((\forall x)P(x,y)\wedge\neg(\exists y)Q(x,y))\vee(\forall z)R(x,z)$

$\equiv((\forall x)P(x,y)\wedge(\forall y)\neg Q(x,y))\vee(\forall z)R(x,z)$

$\equiv((\forall u)P(u,y)\wedge(\forall v)\neg Q(x,v))\vee(\forall z)R(x,z)$ （换名规则）

$\equiv(\forall u)(\forall v)(P(u,y)\wedge\neg Q(x,v))\vee(\forall z)R(x,z)$ （量词辖域扩张等值式）

$\equiv(\forall u)(\forall v)(\forall z)((P(u,y)\wedge\neg Q(x,v))\vee R(x,z))$ （量词辖域扩张等值式）

课前自测题

习题 2.107 谓词公式$(\exists x)((\exists y)Q(y)\Rightarrow P(x))$的前束范式是（ ）。

A. $\forall x\forall y(Q(y)\Rightarrow P(x))$　　B. $\forall x\exists y(Q(y)\Rightarrow P(x))$

C. $\exists x\forall y(Q(y)\Rightarrow P(x))$　　D. $\exists x\exists y(Q(y)\Rightarrow P(x))$

习题 2.108 谓词公式$(\forall x)((\forall y)Q(y)\Rightarrow P(x))$的前束范式是（ ）。

A. $\forall x\forall y(Q(y)\Rightarrow P(x))$　　B. $\forall x\exists y(Q(y)\Rightarrow P(x))$

C. $\exists x\forall y(Q(y)\Rightarrow P(x))$　　D. $\exists x\exists y(Q(y)\Rightarrow P(x))$

习题 2.109 谓词公式$(\forall x)F(x)\Rightarrow(\forall x)G(x)$的前束范式是（ ）。

A. $(\forall x)(\forall y)(F(x)\Rightarrow G(y))$　　B. $(\exists x)(\forall y)(F(x)\Rightarrow G(y))$

C. $(\forall x)(\exists y)(F(x)\Rightarrow G(y))$　　D. $(\exists x)(\exists y)(F(x)\Rightarrow G(y))$

习题 2.110 谓词公式$(\exists x)F(x)\Rightarrow(\exists x)G(x)$的前束范式是（ ）。

A. $(\forall x)(\forall y)(F(x)\Rightarrow G(y))$　　B. $(\exists x)(\forall y)(F(x)\Rightarrow G(y))$

C. $(\forall x)(\exists y)(F(x)\Rightarrow G(y))$　　D. $(\exists x)(\exists y)(F(x)\Rightarrow G(y))$

课堂练习题

习题 2.111 将下列公式化为等价的前束范式：

(a) $(\exists x)(P(x, y, z)\wedge(\forall y)Q(x, y, z))\Rightarrow(\exists z)R(x, y, z)$；

(b) $(\forall x)P(x, y)\Leftrightarrow\neg(\forall y)Q(x, y)$；

(c) $(\forall x)P(x, y)\Rightarrow((\exists y)Q(x, y)\Rightarrow(\forall z)R(x, z))$。

2.25 谓词逻辑的推理

知识点

与命题逻辑推理相同，谓词逻辑推理也是从某些给定的前提出发，根据一些基本的推理规则，推导出相应结论的过程。因而，谓词逻辑推理的形式与命题逻辑推理的形式是一致的。

在谓词逻辑中，从前提 $H_1, H_2, \cdots, H_n$ 出发推出结论 C 的推理形式结构，依然采用如下的蕴涵式形式：

$$(H_1\wedge H_2\wedge\cdots\wedge H_n)\Rightarrow C$$

若上式为逻辑有效式，则称推理正确，称 C 为前提 $H_1, H_2, \cdots, H_n$ 的逻辑结论或有效结论；否则称推理不正确。于是，在谓词逻辑中判断推理是否正确便归结为判断上式是否为逻辑有效式的问题。

由于在谓词逻辑中不能使用真值表法，又不存在判别 $A\Rightarrow B$ 是否普遍有效的一般方法，从而使用基本推理公式及推理规则是谓词逻辑的基本推理演算方法。

除命题逻辑中基本推理公式的代换实例外，还有一些谓词逻辑所特有的、与量词相关的推理公式。

定理 2.23（常用的基本推理公式） 以下蕴涵式都是普遍有效公式：

(a) $(\forall x)P(x)\vee(\forall x)Q(x)\Rightarrow(\forall x)(P(x)\vee Q(x))$；

(b) $(\exists x)(P(x)\wedge Q(x))\Rightarrow(\exists x)P(x)\wedge(\exists x)Q(x)$；

(c) $(\forall x)(P(x)\Rightarrow Q(x))\Rightarrow((\forall x)P(x)\Rightarrow(\forall x)Q(x))$；

(d) $(\forall x)(P(x)\Rightarrow Q(x))\Rightarrow((\exists x)P(x)\Rightarrow(\exists x)Q(x))$；

(e) $(\forall x)(P(x)\Rightarrow Q(x))\wedge(\forall x)(Q(x)\Rightarrow R(x))\Rightarrow(\forall x)(P(x)\Rightarrow R(x))$；

(f) $(\forall x)(P(x)\Rightarrow Q(x))\wedge P(a)\Rightarrow Q(a)$。

而所使用的推理规则除命题逻辑的推理演算中用到的六条基本推理规则外，还包括四条有关量词的消去和引入规则。

(a) **全称量词消去规则**（US），也称作**全称举例规则**：

$$(\forall x)P(x)\Rightarrow P(y) \text{ 或 } (\forall x)P(x)\Rightarrow P(a),$$

其中 y 是论域中的任一个体，意指如果所有的 $x\in D$ 都具有性质 P，那么 D 中任一个体 y 必具有性质 P。

该规则使用的条件是：

(1) 第一式中，取代 x 的 y 应为任意的不在 $P(x)$中约束出现的个体变项；

(2) 第二式中，a 为任意个体常项；

(3) 用 y 或 a 去取代 $P(x)$中自由出现的 x 时，必须对 x 的所有自由出现进行取代。

例 2.68 分析下述推理的正确性。

(1) $(\forall x)(\exists y)G(x, y)$　　　　（前提引入）

(2) $(\exists y)G(y, y)$　　　　　　　　　（全称量词消去）

解：假定论域是实数集，谓词 $G(x, y)$表示"$x>y$"。

前提(1)意为"对于任一个实数而言，都存在比它小的实数"，它是真命题，但是结论(2)意为"存在实数 y，使得 $y>y$"，是假命题，这个推理是不正确的。问题在于(2)违反了全称量词消去规则的使用条件(1)，使用了约束变项 y 取代 x。

(b) **全称量词引入规则**（UG），也称作**全称推广规则**：

$$P(y)\Rightarrow(\forall x)P(x),$$

其中 y 是论域中任一个体。意指如果任一个体 $y\in D$ 都具有性质 P，那么 D 中所有个体 x 都具有性质 P。

该规则使用的条件是：

(1) 无论 $P(y)$中自由出现的个体变项 y 取何值，$P(y)$应该均为真；

(2) 取代自由出现的 y 的 x 不能在 $P(y)$中约束出现。

例 2.69　分析下述推理的正确性。

(1) $(\exists x)G(x, y)$　　　　　　　　　（对任意给定的 y 都成立）

(2) $(\forall x)(\exists x)G(x, x)$　　　　　　　（全称量词引入）

解：假定论域是实数集，谓词 $G(x, y)$表示"$x>y$"。

结论(2)明显不正确，事实上(2)已经不是谓词公式了，问题在于(2)违反了全称量词引入规则的使用条件(2)，使用了约束变项 x 取代 y。

(c) **存在量词消去规则**（ES），也称作**存在举例规则**：

$$(\exists x)P(x)\Rightarrow P(a),$$

其中 a 是论域中的一个个体常项。意指如果论域 D 中存在某个体具有性质 P，那么必有特定个体 a 具有该性质 P。

该规则使用的条件是：

(1) a 是使 P 为真的特定的个体常项；

(2) a 不在 $P(x)$中出现；

(3) $P(x)$中没有其他自由出现的个体变项；

(4) a 是在推导中未曾使用过的。

例 2.70　分析下述推理的正确性。

(1) $(\exists x)Q(x)$　　　　　　　　（前提引入）

(2) $(\exists x)\neg Q(x)$　　　　　　　（前提引入）

(3) $Q(a)$　　　　　　　　　　（对(1)的存在量词消去）

(4) $\neg Q(a)$　　　　　　　　　（对(2)的存在量词消去）

(5) $Q(a)\wedge\neg Q(a)$　　　　　　（(3)(4)合取）

(6) $(\exists x)(Q(x)\wedge\neg Q(x))$　　　（存在量词引入）

解：假定论域是实数集，谓词 $Q(x)$表示"x 是有理数"。

前提(1)和(2)意为"存在一个有理数"及"存在一个不是有理数的实数"，都是真命题，但是结论(6)明显是假命题，因此这个推理是不正确的。问题在于(4)违反了存在量词消去规则的使用条件(4)，使用了在推导中曾使用过的 a。

例 2.71　分析下述推理的正确性。

(1) $(\forall x)(\exists y)G(x, y)$　　　　　　（前提引入）

(2) $(\exists y)G(x, y)$　　　　　　　　（全称量词消去）

(3) $G(x, a)$　　　　　　　　　　（存在量词消去）

(4) $(\forall x)G(x, a)$　　　　　　　　（全称量词引入）

(5) $(\exists y)(\forall x)G(x, y)$　　　　　　（全称量词消去）

解：假定论域是实数集，谓词 $Q(x)$表示“x 是有理数”，$G(x, y)$表示“$x>y$”。

前提(1)意为“对于任一实数而言，都存在比它小的实数”，是真命题。结论(5)意为“存在一个实数，满足任何实数都大于它”，是假命题，推理不正确。问题在于(3)违反了存在量词消去规则的使用条件(3)，$(\exists y)$的辖域 $G(x, y)$中存在自由变项 x。

下面从语义上来解释这个错误推理的原因：由$(\forall x)(\exists y)G(x, y)$推演出$(\exists y)G(x, y)$，继而推演出 $G(x, a)$，但不能再推演出$(\forall x)G(x, a)$。因为，当推演出的 $G(x, a)$成立时，个体 a 是依赖于 x 的，不是所有的 x 对同一个 a 都有 $G(x, a)$成立，于是不能再推演出$(\forall x)G(x, a)$。

(d) **存在量词引入规则**（EG），也称作**存在推广规则**：

$$P(a)\Rightarrow(\exists x)P(x),$$

其中 a 是论域中一个体常项。意指如果有个体常项 a 具有性质 P，那么$(\exists x)P(x)$必真。

该规则使用的条件是：

(1) a 是特定的个体常项；

(2) 取代 a 的 x 没在 $P(a)$中出现过。

使用推理规则的推理演算过程是：

(1) 先将以自然语句表示的推理问题形式化，转换为谓词公式；

(2) 若不能直接使用基本的推理公式则消去量词；

(3) 在无量词下使用规则和公式进行推理；

(4) 最后再引入量词，得到相应结论。

而且，在谓词逻辑的推理过程中要特别注意如下两点：

(1) 在对带量词的谓词公式进行推理证明时，在既需要消去存在量词又需要消去全称量词时，一般要先使用存在量词消去规则，再使用全称量词消去规则；

(2) 使用 US，UG，ES，EG 规则时，量词的辖域都必须延伸到整个公式的末端；换言之，在含有多个量词的谓词推理中，使用消去规则应该按照从左到右的顺序，而引入规则的使用应该按照从右到左的顺序。

例 2.72　构造下述各推理的证明。

(a) 前提：$(\forall x)(P(x)\vee Q(x)), (\forall x)(Q(x)\Rightarrow\neg R(x))$

结论：$(\exists x)(R(x)\Rightarrow P(x))$

(b) 前提：$(\forall x)P(x)\Rightarrow(\forall x)Q(x)$

结论：$(\exists x)(P(x)\Rightarrow Q(x))$

(c) 前提：$(\forall x)(P(x)\vee Q(x)), (\forall x)(Q(x)\Rightarrow\neg R(x)), (\forall x)R(x)$

结论：$(\forall x)P(x)$

(d) 前提：$(\forall x)(P(x)\Rightarrow Q(x))$

结论：$(\exists x)P(x)\Rightarrow(\exists x)Q(x)$

（此即定理 2.23 中的基本推理公式(d)）

解：(a)

(1) $(\forall x)(P(x)\vee Q(x))$ （前提引入）

(2) $P(a)\vee Q(a)$ （全称量词消去）

(3) $(\forall x)(Q(x)\Rightarrow\neg R(x))$ （前提引入）

(4) $Q(a)\Rightarrow\neg R(a)$ （全称量词消去）

(5) $\neg Q(a)\Rightarrow P(a)$ （(2)置换）

(6) $R(a)\Rightarrow\neg Q(a)$ （(4)置换）

(7) $R(a)\Rightarrow P(a)$ （(5)(6)假言三段论）

(8) $(\exists x)(R(x)\Rightarrow P(x))$ （存在量词引入）

(b)

(1) $(\forall x)P(x)\Rightarrow(\forall x)Q(x)$ （前提引入）

(2) $(\exists x)(\forall y)(P(x)\Rightarrow Q(y))$ （(1)置换）

(3) $(\forall y)(P(a)\Rightarrow Q(y))$ （存在量词消去）

(4) $P(a)\Rightarrow Q(a)$ （全称量词消去）

(5) $(\exists x)(P(x)\Rightarrow Q(x))$ （存在量词引入）

(c)

(1) $(\forall x)(P(x)\vee Q(x))$ （前提引入）

(2) $P(x)\vee Q(x)$ （全称量词消去）

(3) $(\forall x)(Q(x)\Rightarrow\neg R(x))$ （前提引入）

(4) $Q(x)\Rightarrow\neg R(x)$ （全称量词消去）

(5) $(\forall x)R(x)$ （前提引入）

(6) $R(x)$ （全称量词消去）

(7) $\neg Q(x)$ （(4)(6)拒取）

(8) $P(x)$ （(2)(7)析取三段论）

(9) $(\forall x)P(x)$ （全称量词引入）

(d)

(1) $(\exists x)P(x)$ （附加前提引入）

(2) $P(a)$ （存在量词消去）

(3) $(\forall x)(P(x)\Rightarrow Q(x))$ （前提引入）

(4) $P(a)\Rightarrow Q(a)$ （全称量词消去）

(5) $Q(a)$ （(2)(4)分离）

(6) $(\exists x)Q(a)$ （存在量词引入）

例 2.73 在谓词逻辑中构造下面推理的证明。

(a) 所有的人都是要死的，苏格拉底是人，所以苏格拉底是要死的。

(b) 所有的狮子都是凶猛动物，有些狮子不喝咖啡，所以有些凶猛动物不喝咖啡。

(c) 颜色鲜艳的花都是香的，我不喜欢不在室外生长的花，在室外生长的花没有不颜色鲜艳的。因此，我不喜欢所有不香的花。

(d) 有的病人喜欢所有的医生，没有一个病人喜欢某一位庸医，所以没有医生是庸医。

解：(a) 首先将以自然语句表示的推理问题形式化，转换为谓词公式。令 $P(x)$表示“x 是人”，$Q(x)$表示“x会死”，则得到如下推理形式：

前提：$(\forall x)(P(x)\Rightarrow Q(x))$，$P$(苏格拉底)

结论：Q(苏格拉底)

之后进行谓词逻辑推理：

(1) $(\forall x)(P(x)\Rightarrow Q(x))$　　（前提引入）

(2) P(苏格拉底)$\Rightarrow Q$(苏格拉底)　　（全称量词消去）

(3) P(苏格拉底)　　（前提引入）

(4) Q(苏格拉底)　　（(2)(3)分离）

(b) 令 $P(x)$表示“x 是狮子”，$Q(x)$表示“x 是凶猛动物”，$R(x)$表示“x 喝咖啡”，得到推理形式：

前提：$(\forall x)(P(x)\Rightarrow Q(x))$，$(\exists x)(P(x)\wedge\neg R(x))$

结论：$(\exists x)(Q(x)\wedge\neg R(x))$

之后进行谓词逻辑推理：

(1) $(\exists x)(P(x)\wedge\neg R(x))$　　（前提引入）

(2) $P(a)\wedge\neg R(a)$　　（(1)存在量词消去）

(3) $(\forall x)(P(x)\Rightarrow Q(x))$　　（前提引入）

(4) $P(a)\Rightarrow Q(a)$　　（(3)全称量词消去）

(5) $P(a)$　　（(2)化简）

(6) $Q(a)$　　（(4)(5)分离）

(7) $\neg R(a)$　　（(2)化简）

(8) $Q(a)\wedge\neg R(a)$　　（(6)(7)合取）

(9) $(\exists x)(Q(x)\wedge\neg R(x))$　　（(8)存在量词引入）

(c) 令 $P(x)$表示“x 是鲜艳的”，$Q(x)$表示“x 是花”，$R(x)$表示“x 是香的”，$S(x)$表示“x 是长在室外的”，$L(x)$表示“我喜欢 x”，则得到如下推理形式：

前提：$(\forall x)(P(x)\wedge Q(x)\Rightarrow R(x))$，$\neg(\exists x)(Q(x)\wedge\neg S(x)\wedge L(x))$，$\neg(\exists x)(Q(x)\wedge S(x)\wedge\neg P(x))$

结论：$(\forall x)(Q(x)\wedge\neg R(x)\Rightarrow\neg L(x))$

推理过程如下：

(1) $(\forall x)(P(x)\wedge Q(x)\Rightarrow R(x))$　　（前提引入）

(2) $P(x)\wedge Q(x)\Rightarrow R(x)$　　（(1)全称量词消去）

(3) $\neg P(x)\vee\neg Q(x)\vee R(x)$　　（(2)置换）

(4) $Q(x)\wedge\neg R(x)\Rightarrow\neg P(x)$　　（(3)置换）

(5) $\neg(\exists x)(Q(x)\wedge S(x)\wedge\neg P(x))$　　（前提引入）

(6) $(\forall x)(\neg Q(x)\vee\neg S(x)\vee P(x))$　　（(5)置换）

(7) $\neg Q(x)\vee\neg S(x)\vee P(x)$　　（(6)全称量词消去）

(8) $\neg P(x)\Rightarrow\neg Q(x)\vee\neg S(x)$　　（(7)置换）

(9) $Q(x)\wedge\neg R(x)\Rightarrow\neg Q(x)\vee\neg S(x)$　　（(4)(8)假言三段论）

(10) $\neg Q(x)\vee R(x)\vee\neg S(x)$　　（(9)置换）

(11) $Q(x)\wedge\neg R(x)\Rightarrow\neg S(x)$　　（(10)置换）

(12) $\neg(\exists x)(Q(x)\wedge\neg S(x)\wedge L(x))$　　（前提引入）

(13) $(\forall x)(\neg Q(x) \vee S(x) \vee \neg L(x))$　　((12)置换)
(14) $\neg Q(x) \vee S(x) \vee \neg L(x)$　　((13)全称量词消去)
(15) $\neg S(x) \Rightarrow \neg Q(x) \vee \neg L(x)$　　((14)置换)
(16) $Q(x) \wedge \neg R(x) \Rightarrow \neg Q(x) \vee \neg L(x)$　　((11)(15)假言三段论)
(17) $\neg Q(x) \vee R(x) \vee \neg L(x)$　　((16)置换)
(18) $Q(x) \wedge \neg R(x) \Rightarrow \neg L(x)$　　((17)置换)
(19) $(\forall x)(Q(x) \wedge \neg R(x) \Rightarrow \neg L(x))$　　((18)全称量词引入)

(d) 令 $P(x)$表示“x 是病人”，$Q(x)$表示“x 是庸医”，$D(x)$表示“x 是医生”，$L(x, y)$表示“x 喜欢 y”，则得到如下推理形式：

前提：$(\exists x)(P(x) \wedge (\forall y)(D(y) \Rightarrow L(x, y)))$，$(\forall x)(P(x) \Rightarrow (\forall y)(Q(y) \Rightarrow \neg L(x, y)))$

结论：$(\forall x)(D(x) \Rightarrow \neg Q(x))$

推理过程如下：

(1) $(\exists x)(P(x) \wedge (\forall y)(D(y) \Rightarrow L(x, y)))$　　(前提引入)
(2) $P(c) \wedge (\forall y)(D(y) \Rightarrow L(c, y))$　　((1)全称量词消去)
(3) $(\forall x)(P(x) \Rightarrow (\forall y)(Q(y) \Rightarrow \neg L(x, y)))$　　(前提引入)
(4) $P(c) \Rightarrow (\forall y)(Q(y) \Rightarrow \neg L(c, y))$　　((3)全称量词消去)
(5) $P(c)$　　((2)化简)
(6) $(\forall y)(D(y) \Rightarrow L(c, y))$　　((2)化简)
(7) $D(y) \Rightarrow L(c, y)$　　((6)全称量词消去)
(8) $(\forall y)(Q(y) \Rightarrow \neg L(c, y))$　　((4)(5)分离)
(9) $Q(y) \Rightarrow \neg L(c, y)$　　((8)全称量词消去)
(10) $L(c, y) \Rightarrow \neg Q(y)$　　((9)置换)
(11) $D(y) \Rightarrow \neg Q(y)$　　((7)(10)假言三段论)
(12) $(\forall y)(D(y) \Rightarrow \neg Q(y))$　　((11)全称量词引入)
(13) $(\forall x)(D(x) \Rightarrow \neg Q(x))$　　((12)换名规则)

课前自测题

习题 2.112 （　　）不是有效的推理。

A. $(\forall x)(\forall y)P(x, y) \Rightarrow (\exists x)(\forall y)P(x, y)$

B. $(\exists x)(\forall y)P(x, y) \Rightarrow (\forall y)(\exists x)P(x, y)$

C. $(\forall x)(\exists y)P(x, y) \Rightarrow (\exists x)(\exists y)P(x, y)$

D. $(\forall x)(\exists y)P(x, y) \Rightarrow (\exists y)(\forall x)P(x, y)$

习题 2.113 （　　）不是有效的推理。

A. 前提：$(\forall x)(P(x) \Rightarrow (Q(x) \wedge R(x)))$, $(\exists x)(P(x) \wedge S(x))$
　结论：$(\exists x)(R(x) \wedge S(x))$

B. 前提：$(\forall x)(\exists y)P(x, y)$
　结论：$(\forall x)(\exists y)(\exists z)(P(x, y) \wedge P(y, z))$

C. 前提：$(\forall x)(P(x) \vee Q(x))$
　结论：$(\forall x)P(x) \vee (\forall x)Q(x)$

D. 前提：$(\forall x)(G(x)\Rightarrow H(x))$，$\neg(\exists x)(F(x)\wedge H(x))$

结论：$(\exists x)F(x)\Rightarrow(\exists x)\neg G(x)$

习题 2.114 （ ）不是有效的推理。

A. 前提：$(\forall x)P(x)\vee(\forall x)Q(x)$

结论：$(\forall x)(P(x)\vee Q(x))$

B. 前提：$(\forall x)(P(x)\Rightarrow Q)$

结论：$(\exists x)P(x)\Rightarrow Q$

C. 前提：$(\forall x)(P(x)\Rightarrow(Q(x)\wedge R(x)))$, $(\exists x)(P(x)\wedge S(x))$

结论：$(\forall x)(R(x)\wedge S(x))$

D. 前提：$(\forall x)(H(x)\Rightarrow M(x))$

结论：$(\forall x)(\forall y)(H(y)\wedge N(x,y))\Rightarrow(\exists y)(M(y)\wedge N(a,y))$

习题 2.115 构造下述推理的证明：

前提：$(\forall x)(G(x)\vee H(x))$，$(\forall x)\neg G(x)$

结论：$(\exists x)H(x)$

习题 2.116 在谓词逻辑中构造下面推理的证明：

任何人如果他喜欢步行，则他就不喜欢乘汽车；每个人或者喜欢乘汽车或者喜欢骑自行车；有的人不喜欢骑自行车；因此，有的人不喜欢步行。

课堂练习题

习题 2.117 构造下述各推理的证明：

(a) 前提：$(\forall x)(\neg P(x)\Rightarrow Q(x))$, $(\forall x)\neg Q(x)$

结论：$P(a)$

(b) 前提：$(\exists x)P(x)\Rightarrow(\forall x)Q(x)$

结论：$(\forall x)(P(x)\Rightarrow Q(x))$

(c) 前提：$(\exists x)(P(x)\wedge(\forall y)(D(y)\Rightarrow L(x,y)))$, $(\forall x)(P(x)\Rightarrow(\forall y)(Q(y)\Rightarrow\neg L(x,y)))$

结论：$(\forall x)(D(x)\Rightarrow\neg Q(x))$

习题 2.118 在谓词逻辑中构造下面推理的证明。

(a) 大熊猫都产在中国，欢欢是大熊猫，所以，欢欢产在中国。

(b) 所有的整数都是有理数，所有的有理数都是实数，所以所有的有理数都是实数。

(a) 学院的学生不是本科生就是研究生，有的学生是高才生，小明不是研究生但是是高才生，从而如果小明是学生必定是本科生。

(b) 除了汤勺以外我没有一样东西是不锈钢做的，你送给我的礼物都是有用的，我的汤勺没用，所以你送给我的礼物不是不锈钢做的。

讨论题

习题 2.119 假定论域是整数集，谓词 $P(x)$表示“x 是 6 的倍数”；$Q(x)$表示“x 是 3 的倍数”；$G(x,y)$表示“$x>y$”。判断下述推理是否正确，如果不正确请指出错误的原因。

(a) (1) $(\exists x)G(x,2)$ （前提引入）

(2) $G(1,2)$ （存在量词消去）

(b) (1) $(\exists x)G(x, a)$ （前提引入）

(2) $G(a, a)$ （存在量词消去）

(c) (1) $(\exists x)G(x, a)$ （前提引入）

(2) $(\exists x)(\exists x)G(x, x)$ （存在量词引入）

(d) (1) $(\forall x)(P(x)\Rightarrow Q(x))$ （前提引入）

(2) $P(6)\Rightarrow Q(5)$ （全称量词消去）

(e) (1) $(\forall x)Q(x)\Rightarrow P(x)$ （前提引入）

(2) $Q(y)\Rightarrow P(y)$ （全称量词消去）

(f) (1) $(\forall x)(\exists y)G(x, y)$ （前提引入）

(2) $(\exists y)G(z, y)$ （全称量词消去）

(3) $G(z, a)$ （存在量词消去）

(4) $(\forall z)G(z, a)$ （全称量词引入）

(5) $G(a, a)$ （全称量词消去）

(6) $(\forall x)G(x, x)$ （全称量词引入）

习题 2.120 分析下述推理的正确性。

(1) $(\forall x)(P(x)\Rightarrow Q(x))$ （前提引入）

(2) $(\exists x)P(x)$ （前提引入）

(3) $P(c)\Rightarrow Q(c)$ （对(1)的全称量词消去）

(4) $P(c)$ （对(2)的存在量词消去）

(5) $Q(c)$ （(3)(4)假言推理）

(6) $(\exists x)Q(x)$ （存在量词引入）

习题 2.121 为何“在对带量词的谓词公式进行推理证明时，若既需要消去存在量词又需要消去全称量词，则一般要先使用存在量词消去规则，再使用全称量词消去规则”？

第3章 >>>

关系与函数

“关系”是一个基本而普遍的概念，而函数是一种特殊的关系，也称为映射，它在计算机科学与技术及相关学科中有着重要的作用和广泛的应用。

本章主要介绍关系的定义、关系的表示方法、关系的运算、关系的性质、关系的闭包、等价关系、集合的划分、偏序，以及函数的定义、几种特殊的函数及相关性质、函数的运算等内容。

章节结构图

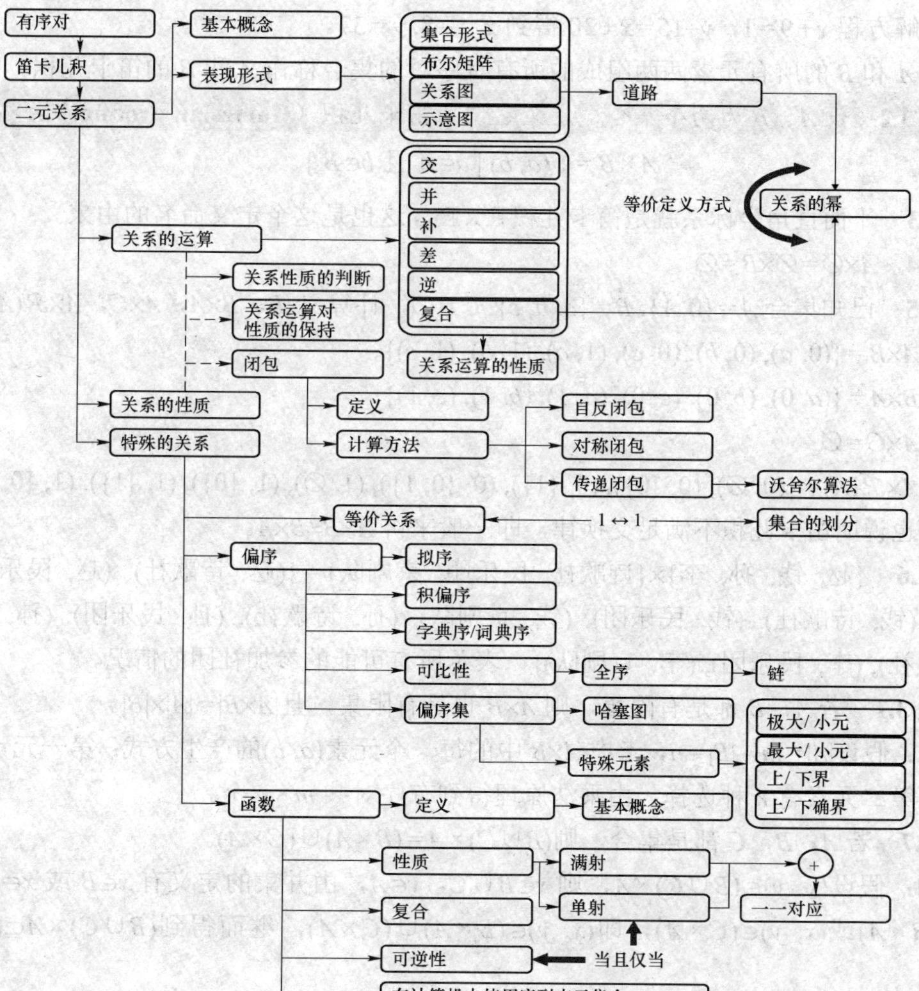

3.1 有序对与笛卡儿积

知识点

赵、钱、孙、李四位同学有诗歌社、民乐团、京剧队这三个兴趣社团可以报名参加，要表示学生参加社团的情况，就需要引入有序对的概念。

定义 3.1 由两个对象 a, b 按照一定次序组成的二元组称为一个**有序对**或**序偶**（**ordered pair**），记作(a, b)，其中 a 是它的**第一元素**或**第一坐标**，b 是它的**第二元素**或**第二坐标**。

例 3.1 在平面直角坐标系上，每一个点的坐标（如(9, 15)）就是一个有序对。

注意：与集合不同，有序对的元素要考虑先后次序，即通常$(a, b)\neq(b, a)$；而有序对(a, b)和(c, d)相等当且仅当 $a=c$ 且 $b=d$。

例 3.2 已知$(x+9, y-15)=(1, x+30)$，求 x, y。

解：解方程 $x+9=1$，$y-15=x+30$ 得到 $x=-8, y=37$。

集合 A 和 B 的所有元素两两组成的所有有序对的集合称作 A 和 B 的笛卡儿积。

定义 3.2 设 A，B 为两个集合，定义它们的**笛卡儿积**（**Cartesian product**）$A\times B$ 为

$$A\times B=\{\,(a, b)\mid a\in A \text{ 且 } b\in B\,\}。$$

例 3.3 平面直角坐标系就是笛卡儿积$\mathbb{R}\times\mathbb{R}$，这也是这个定义命名的由来。

例 3.4 $A\times\varnothing=\varnothing\times B=\varnothing$

例 3.5 已知集合 $A=\{0, 1\}, B=\{a, b, c\}, C=\varnothing$，计算 $A\times B$，$B\times A$，$A\times C$，$A\times\mathscr{P}(A)$。

解：$A\times B=\{(0, a), (0, b), (0, c), (1, a), (1, b), (1, c)\}$；

$B\times A=\{(a, 0), (b, 0), (c, 0), (a, 1), (b, 1), (c, 1)\}$；

$A\times C=\varnothing$；

$A\times\mathscr{P}(A)=\{(0, \varnothing), (0, \{0\}), (0, \{1\}), (0, \{0, 1\}), (1, \varnothing), (1, \{0\}), (1, \{1\}), (1, \{0, 1\})\}$。

此例也说明笛卡儿积不满足交换律，即一般来讲 $A\times B\neq B\times A$。

例 3.6 {赵, 钱, 孙, 李}×{诗歌社, 民乐团, 京剧队}={(赵, 诗歌社), (赵, 民乐团), (赵, 京剧队), (钱, 诗歌社), (钱, 民乐团), (钱, 京剧队), (孙, 诗歌社), (孙, 民乐团), (孙, 京剧队), (李, 诗歌社), (李, 民乐团), (李, 京剧队)}，表示所有可能的参加社团的情况。

定理 3.1 若 A，B 都是有限集，则 $A\times B$ 也是有限集，且$|A\times B|=|A|\times|B|$。

证明：假设$|A|=m$，$|B|=n$，考虑 $A\times B$ 中的每一个元素(a, b)的产生方式：第一元素有 m 种选择，而第二元素有 n 种选择，由乘法原理得到有序对共 $m\times n$ 个。 □

例 3.7 若 A，B，C 都是集合，则$(B\cup C)\times A=(B\times A)\cup(C\times A)$。

证明：假设$(x, y)\in(B\cup C)\times A$，则 $x\in B\cup C$，$y\in A$，由并集的定义有 $x\in B$ 或 $x\in C$。于是$(x, y)\in(B\times A)$或$(x, y)\in(C\times A)$，即$(x, y)\in(B\times A)\cup(C\times A)$，继而得到$(B\cup C)\times A\subseteq(B\times A)\cup(C\times A)$。

反过来，假设$(x, y)\in(B\times A)\cup(C\times A)$，则$(x, y)\in(B\times A)$或$(x, y)\in(C\times A)$，即$x\in B$或$x\in C$，$y\in A$，由并集的定义有$x\in B\cup C$，于是$(x, y)\in(B\cup C)\times A$，继而有$(B\times A)\cup(C\times A)\subseteq(B\cup C)\times A$。

故，$(B\cup C)\times A=(B\times A)\cup(C\times A)$。 □

课前自测题

习题 3.1 假设$(3x+2y, x-2y)=(4, 4)$，则$x=$________，$y=$________。

习题 3.2 如果$(x^2+2, y)=(2x+1, x^3+2)$，则$y=$________。

习题 3.3 假设$A=\{a, b\}$，$B=\{1, 2, 3\}$，则$A\times A=$________，$A\times B=$________，$B\times B=$________。

习题 3.4 假设$|A\times A|=16$，$|A\times B|=24$，则$|B\times B|=$________。

习题 3.5（判断题） 假设A, B, C是任意集合，则有：

(a) $A\times(B-C)=(A\times B)-(A\times C)$；

(b) $A\times(B\oplus C)=(A\times B)\oplus(A\times C)$；

(c) $A\times(B\cap C)=(A\times B)\cap(A\times C)$；

(d) $A\times(B\cup C)=(A\times B)\cup(A\times C)$。

课堂练习题

习题 3.6 假设$A=\{1, 2, 3\}$，$B=\{a, b, c, d, e\}$，求$A\times A, A\times B, B\times A$的元素个数。

习题 3.7 计算$\{\varnothing\}\times\mathscr{P}(\{\varnothing\})$。

习题 3.8 假设A, B, C, D是任意集合，证明$A\subseteq B$且$C\subseteq D$当且仅当$A\times C\subseteq B\times D$。

讨论题

习题 3.9 假设A, B, C, D是任意集合，判断下述等式是否成立。如成立，请给出证明；如不成立，请给出反例。

(a) $(A\cap B)\times(C\cap D)=(A\times C)\cap(B\times D)$；

(b) $(A\cup B)\times(C\cup D)=(A\times C)\cup(B\times D)$；

(c) $(A\oplus B)\times(C\oplus D)=(A\times C)\oplus(B\times D)$；

(d) $(A-B)\times(C-D)=(A\times C)-(B\times D)$。

知识扩展

笛卡儿积的概念可以推广到多个集合上。

定义 3.3 m个集合$A_1, A_2,\cdots, A_m$的笛卡儿积定义为

$$A_1\times A_2\times\cdots\times A_m=\{(a_1, a_2,\cdots, a_m)\mid a_i\in A_i, i=1, 2,\cdots, m\}。$$

它的元素$(a_1, a_2,\cdots, a_m)$称为一个**有序m元组**，或简称**m元组**。

注：当$A_1, A_2,\cdots, A_m=A$时，$A_1\times A_2\times\cdots\times A_m$也记作$A^m$。

例 3.8 $\mathbb{R}\times\mathbb{R}\times\mathbb{R}$就是空间直角坐标系，其中每一个点都是一个有序三元组。

3.2 二元关系

对于 3.1 节的举例，实际的参加社团情况只是笛卡儿积{赵, 钱, 孙, 李}×{诗歌社, 民乐团, 京剧队}的一部分。因此，在笛卡儿积的基础上还需要定义关系：

定义 3.4 假设 A, B 是集合，$A\times B$ 的子集 R 称为 **A 到 B 的一个二元关系**，简称为**关系**(**relation**)。当 $(a, b)\in R$ 时，称 **a 与 b 具有关系 R**(**a is related to b by R**)，记为 aRb；若 $(a, b)\notin R$，则称 a, b 不具有关系 R。如果 $A=B$，则称 R 为 **A 上的一个二元关系**。

例 3.9 参加社团关系 R={(赵, 民乐团), (赵, 京剧队), (钱, 诗歌社), (孙, 诗歌社), (孙, 京剧队)}⊆{赵, 钱, 孙, 李}×{诗歌社, 民乐团, 京剧队}。

例 3.10 设集合 $A=\{a, b\}$，$B=\{a, b, c\}$，$R_1=\{(b, c)\}$，$R_2=A\times B$，$R_3=\varnothing$，$R_4=\{(b, a)\}$，则 R_1, R_2, R_3, R_4 都是从 A 到 B 的关系，R_3 和 R_4 也是 A 上的关系。

例 3.11 假设 A 是任一集合，则可定义如下关系：

(a) A 上的**空关系**：空集 $\varnothing$；

(b) A 上的**恒等关系**：$I_A=\{(a, a)|a\in A\}$；

(c) $\mathscr{P}(A)$上的**包含关系**：$R_{\subseteq}=\{(x, y)|x, y\in\mathscr{P}(A)$ 且 $x\subseteq y\}$。

例 3.12 假设 A 是非零整数集 $\mathbb{N}^*$ 的任一子集，则可以定义 A 上的整除关系为

$$D_A=\{(x, y)|x, y\in A \text{ 且 } x|y\}$$

例如，当 $A=\{1, 2, 3, 4\}$时，$D_A=\{(1, 1), (1, 2), (1, 3), (1, 4), (2, 2), (2, 4), (3, 3), (4, 4)\}$。类似地，可定义 A 上的倍数关系。

例 3.13 假设 A 是实数集 $\mathbb{R}$ 的任一子集，则可以定义 A 上的小于或等于关系为

$$L_A=\{(x, y)|x, y\in A \text{ 且 } x\leqslant y\}$$

例如，当 $A=\{1, 2, 3, 4\}$时，$L_A=\{(1, 1), (1, 2), (1, 3), (1, 4), (2, 2), (2, 3), (2, 4), (3, 3), (3, 4), (4, 4)\}$。类似地，可定义 A 上的大于或等于关系、小于关系、大于关系。

例 3.14 (1) $R=\{(x, y)|x, y\in\mathbb{R}, y-x=2\}$代表平面直角坐标系中的一条直线；

(2) $R=\{(x, y)|x, y\in\mathbb{R}, x\leqslant 0, y\geqslant 0\}$代表平面直角坐标系中的第二象限及其边界；

(3) $R=\{(x, y)|x, y\in\mathbb{R}, x\leqslant 0, y\geqslant 0, y-x\leqslant 2\}$代表平面直角坐标系中的一个三角形及其边界；

(4) 从 $\mathbb{N}$ 到 $\mathbb{N}$ 的关系 $R=\{(x, y)|x, y\in\mathbb{N}, x\leqslant 0, y\geqslant 0, y-x\leqslant 2\}=\{(0, 0), (0, 1), (0, 2), (-1, 0), (-1, 1), (-2, 0)\}$表示一个三角形内部及其边界上的整点；

(5) $C=\{(x, y)|x, y\in\mathbb{R}, x^2+y^2=1\}$是平面直角坐标系上的单位圆。

课前自测题

习题 3.10 如果 $A=\{2, 3, 6\}$，那么 D_A=(　　)。

A. {(2, 2), (3, 3), (6, 6), (2, 6)}

B. {(2, 2), (3, 3), (6, 6), (2, 6), (2, 3), (3, 6)}

C. {(2, 2), (3, 3), (6, 6), (2, 6), (3, 6)}

D. {(2, 6), (3, 6)}

习题 3.11　假设 $A=\{1, 2, 3, 4\}$，$B=\{a, b, c\}$，则有______个从 A 到 B 的关系，有______个 A 上的关系。

习题 3.12　集合 $A=\{a, b, c, d\}$上的恒等关系为______。

习题 3.13　假设 $A=\{1, 2, 3, 4\}$，列出关系 R 中元素：

(a) $R=\{(x, y)|x\in A, y\in A, (y-x)^2\in A\}$；

(b) $R=\{(x, y)|x\in A, y\in A, y<x\}$；

(c) $R=\{(x, y)|x\in A, y\in A, y/x\in A\}$。

课堂练习题

习题 3.14　假设$|A|=n$，$|B|=m$，那么有多少个从 A 到 B 的不同二元关系？

习题 3.15　若有限集合 A 有 n 个元素，则在 A 上可以定义多少个不同的关系？

习题 3.16　已知集合 $A=\{1, 2, 3, 4, 5, 6\}$，$B=\{a, b\}$，计算 L_A，D_A，$\mathscr{P}(B)$上的包含关系和 B 上的恒等关系。

讨论题

定义 3.5　“关系”概念可以扩展为多元：假设 $A_1, A_2,\cdots, A_m$ 是集合，则 $A_1\times A_2\times\cdots\times A_m$ 的子集 R 称为 $A_1, A_2,\cdots, A_m$ 的**一个 m 元关系**。

请查阅资料了解“关系数据库模型”，了解关系数据库的操作语言、关系代数运算等，并结合身边的例子通过示例说明。

3.3　二元关系的表示

知识点

采用集合的方式表示一个关系主要存在两点不足：不利于计算机进行处理；不够直观。因此，关系还有以下三种主要的表现形式。

1）关系矩阵

设 $A=\{a_1, a_2,\cdots, a_m\}$，$B=\{b_1, b_2,\cdots, b_n\}$，$R$ 是从 A 到 B 的关系，则可定义 R 的关系矩阵为一个 $m\times n$ 的布尔矩阵 $\boldsymbol{M}_R=(r_{ij})_{m\times n}$，其中

$$r_{ij}=\begin{cases}1 & (a_i,b_j)\in R\\ 0 & (a_i,b_j)\notin R\end{cases}。$$

例 3.15　假设 $R=\{(1, 3), (2, 4), (3, 2), (3, 3), (3, 4), (4, 1)\}$是定义在集合 $A=\{1, 2, 3, 4\}$上的关系，则 R 的关系矩阵为

$$\boldsymbol{M}_R=\begin{pmatrix}0&0&1&0\\0&0&0&1\\0&1&1&1\\1&0&0&0\end{pmatrix}。$$

例 3.16　{赵, 钱, 孙, 李}到{诗歌社, 民乐团, 京剧队}的参加社团关系 $R=\{$(赵, 民乐团),

(赵, 京剧队), (钱, 诗歌社), (孙, 诗歌社), (孙, 京剧队)}的关系矩阵为

$$\boldsymbol{M}_R=\begin{pmatrix}0&1&1\\1&0&0\\1&0&1\\0&0&0\end{pmatrix}。$$

例 3.17 空关系的关系矩阵元素全部为 0，恒等关系的关系矩阵是单位矩阵。

2）关系图

若 $A=\{a_1, a_2,\cdots, a_m\}$，$R$ 是 A 上的关系，则 R 的关系图的画法是：

(1) 对 A 中每个元素，画一个圆形，并在圆形之中标明该元素，此称之为关系图的**顶点**（**vertex**）；

(2) 如果$(a_i, a_j)\in R$，则从顶点 a_i 向顶点 a_j 画一个箭头，称为**有向边**或简称**边**（**edge**），若 $a_i=a_j$，则称这条边为**自环**（**loop**）。

例 3.18 假设 $R=\{(1, 3), (2, 4), (3, 2), (3, 3), (3, 4), (4, 1)\}$是定义在集合 $A=\{1, 2, 3, 4\}$上的关系，则 R 的关系图如图 3－1 所示。

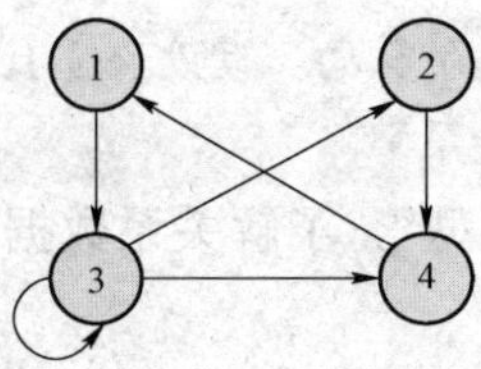

图 3－1 例 3.18 用图

3）示意图（和关系图不同）

若 $A=\{a_1, a_2,\cdots, a_m\}$，$B=\{b_1, b_2,\cdots, b_n\}$，$R$ 是从 A 到 B 的关系，则 R 示意图的画法是：

(1) 在左右两个椭圆中分别列出集合 A, B 的所有元素；

(2) 如果(a_i, b_j)属于关系 R，则从左边的元素 a_i 向右边的元素 b_j 画一个箭头。

例 3.19 参加社团关系 R={(赵, 民乐团), (赵, 京剧队), (钱, 诗歌社), (孙, 诗歌社), (孙, 京剧队)}的示意图如图 3－2 所示。

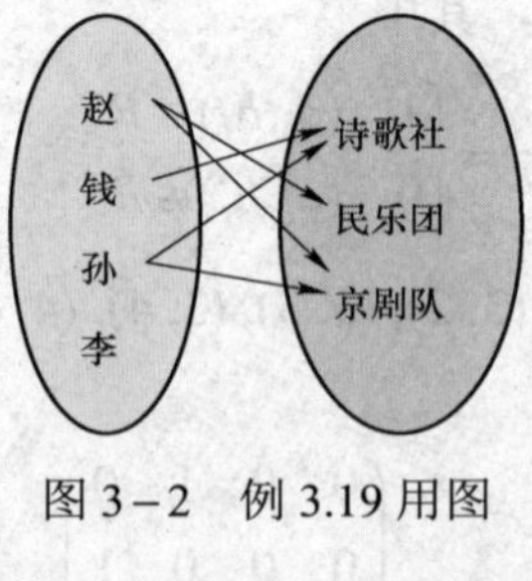

图 3－2 例 3.19 用图

课前自测题

习题 3.17（判断题） 假设 $A=\{1, 2, 3, 4\}$，则 A 上的关系$\{(1, 1), (1, 4), (2, 2), (2, 4), (3, 4),$

(4, 2)}的关系图表示如图 3－3 所示。

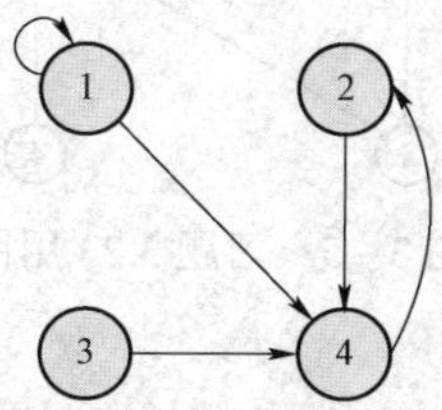

图 3－3　习题 3.17 用图

习题 3.18（判断题）　假设 $A=\{1, 2, 3, 4\}$，则 A 上的关系{(1, 1), (1, 4), (2, 2), (2, 4), (3, 4), (4, 2)}的关系矩阵表示如图 3－4 所示。

$$\begin{pmatrix} 1 & 0 & 0 & 1 \\ 0 & 1 & 0 & 1 \\ 0 & 0 & 0 & 1 \\ 0 & 1 & 0 & 1 \end{pmatrix}$$

图 3－4　习题 3.18 用图

习题 3.19　$\begin{pmatrix} 1 & 0 & 1 \\ 0 & 0 & 1 \\ 0 & 1 & 0 \end{pmatrix}$ 这个矩阵可能表示以下哪个关系？（　　）

A. {(3, 3), (3, 2), (2, 2), (2, 1)}　　B. {(3, 1), (3, 2), (1, 2), (2, 1)}

C. {(3, 3), (3, 2), (1, 2), (2, 1)}　　D. {(3, 3), (3, 2), (1, 2), (2, 3)}

课堂练习题

习题 3.20　已知集合 $A=\{1, 2, 3, 4, 5, 6\}$，$B=\{a, b\}$，计算 L_A，D_A，$\mathscr{P}(B)$上的包含关系，B 上的恒等关系的关系矩阵和关系图。

习题 3.21　假设 $A=\{a, b, c, d\}$, $R=\{(a, a), (a, b), (a, c), (b, a), (d, b)\}$，求 R 的关系矩阵、关系图和关系示意图。

习题 3.22　假设集合 $A=\{1, 2, 3, 4\}$，写出由下述关系矩阵形式定义的 A 上关系的集合表达式和关系图。

$$\boldsymbol{M}_R = \begin{pmatrix} 0 & 0 & 1 & 0 \\ 0 & 0 & 1 & 0 \\ 1 & 1 & 1 & 1 \\ 0 & 0 & 1 & 0 \end{pmatrix}。$$

习题 3.23　假设集合 $A=\{1, 2, 3, 4\}$，写出由图 3－5 表示的 A 上关系的关系的集合表达式和关系矩阵。

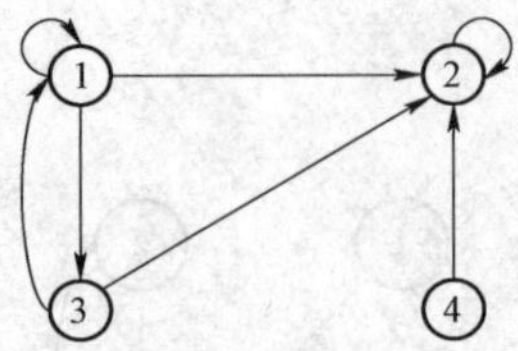

图 3－5　习题 3.23 用图

讨论题

习题 3.24　关系矩阵表示法和关系图表示法的使用条件分别是什么？

习题 3.25　用矩阵表示关系有什么优点？

3.4　二元关系的定义域、值域和像集

知识点

定义 3.6　假设 A，B 是集合，$R\subseteq A\times B$ 是 A 到 B 的一个二元关系：

(a) R 的**定义域（domain）**为集合 $\mathrm{Dom}(R)=\{a|a\in A$，存在 $b\in B$ 使得$(a, b)\in R\}$，即 R 中所有有序对的第一元素构成的集合；

(b) R 的**值域（range）**为集合 $\mathrm{Ran}(R)=\{b|b\in B$，存在 $a\in A$ 使得$(a, b)\in R\}$，即 R 中所有有序对的第二元素构成的集合；

(c) 对于 A 中任一元素 x，可定义 x **的像（image）集**为 $R(x)=\{y\in B|xRy\}$；

(d) 对于 A 的任一子集 A_1，可定义 A_1 **的像集** $R(A_1)=\{y\in B|xRy$ 对某 $x\in A_1$ 成立$\}$，即 $R(A_1)=\bigcup_{x\in A_1}R(x)$，且定义 $R(\varnothing)=\varnothing$。

例 3.20　假设 $R=\{(1, 3), (3, 2), (3, 3), (4, 1), (4, 2)\}$是定义在集合 $A=\{1, 2, 3, 4\}$上的关系，则：$\mathrm{Dom}(R)=\{1, 3, 4\}$；$\mathrm{Ran}(R)=\{1, 2, 3\}$；$R(3)=\{2, 3\}$；$R(4)=\{1, 2\}$；$R(\{3, 4\})=\{1, 2, 3\}$。

下述定理给出了证明两个关系相等的重要方法之一。

定理 3.2　假设 A, B 是集合，R, S 是 A 到 B 的二元关系，若对于所有 $a\in A$ 都有 $R(a)=S(a)$ 成立，则 $R=S$。

证明：对于任意$(a, b)\in R$ 有 $b\in R(a)=S(a)$，因此$(a, b)\in S$，于是 $R\subseteq S$。类似地可证明 $S\subseteq R$，从而 $R=S$。□

课前自测题

习题 3.26　假设 $A=\{1, 2, 3, 4\}$，A 上的关系 $R=\{(1, 4), (2, 2), (2, 4), (3, 1), (4, 2)\}$，则 $\mathrm{Dom}(R)-\mathrm{Ran}(R)=$________。

习题 3.27　$\mathbb{Z}^+$ 上关系 R 定义为 $R=\{(x, y)|x+3y=15\}$，则 $\mathrm{Dom}(R)=$________，$\mathrm{Ran}(R)=$________。

习题 3.28　假设 $R=\{(1, 3), (3, 1), (3, 2), (3, 3), (4, 1), (4, 3)\}$，则 $R(3)=$________，$R(\{1, 3\})=$________。

课堂练习题

习题 3.29 已知集合 $A=\{1, 2, 3, 4, 5, 6, 7, 8\}$，$B=\{a, b, c\}$，计算 L_A，D_A，$\mathscr{P}(B)$上的包含关系，以及 B 上的恒等关系的定义域和值域。

习题 3.30 假设 R 是集合 $A=\{1, 2, 3\}$上的关系，且 $R(\{1, 2\})=\{1, 3\}$，$R(\{2, 3\})=\{2, 3\}$，$R(\{1, 3\})=\{1, 2\}$。请画出 R 的关系图。

习题 3.31 已知 $A=\{1, 2, 3, 4\}$，A 上的关系 R 满足：$R(\{1, 2\})=\{1, 2\}$，$R(\{1, 3\})=\{1, 2, 4\}$，$R(\{2, 3\})=\{2, 4\}$，$R(\{3, 4\})=\{3, 4\}$，请计算所有可能的 R。

讨论题

习题 3.32 假设 $A=\{a_1, a_2,\cdots, a_m\}$，$R$ 是 A 上的关系，如何从关系矩阵和关系图中看出 R 的定义域和值域？

3.5 关系的基本运算

知识点

关系的运算可以由已有关系产生新的关系，关系运算是关系理论的主要手段和工具。

关系是一种集合，因而集合的交、并、补、差运算对关系也适用。

定义 3.7 假设 A，B 是两个集合，$a\in A$，$b\in B$，R，S 为 A 到 B 的两个关系。

(a) R 与 S 的**交**（**intersection**）关系 $R\cap S$ 定义为：$(a, b)\in R\cap S$ 当且仅当$(a, b)\in R$ 且$(a, b)\in S$；

(b) R 与 S 的**并**（**union**）关系 $R\cup S$ 定义为：$(a, b)\in R\cup S$ 当且仅当$(a, b)\in R$ 或$(a, b)\in S$；

(c) R 的**补**（**complement**）关系 $\overline{R}$ 定义为：$(a,b)\in \overline{R}$ 当且仅当 $(a,b)\notin R$；

(d) R 与 S 的**差**（**difference**）关系 $R-S$ 定义为：$(a, b)\in R-S$ 当且仅当$(a, b)\in R$ 且$(a, b)\notin S$。

另外，关系是一种特殊的集合，因而它又有不同于通常集合的运算：关系的逆和关系的复合。

定义 3.8 假设 A，B 是两个集合，R 为 A 到 B 的关系，则 R 的**逆**（**inverse**）**关系** R^{-1} 定义为

$$R^{-1}=\{(b, a)|b\in B, a\in A , (a, b)\in R\}\subseteq B\times A。$$

简言之，R 的逆关系是由将 R 中每个有序对的元素顺序交换构成的。

定义 3.9 假设 A，B，C 是集合，R 为 A 到 B 的关系，S 为 B 到 C 的关系，则 $S\circ R$ 表示 A 到 C 的一个关系：

$$S\circ R=\{(a, c)|\ a\in A, c\in C,\ 存在\ b\in B\ 使得(a, b)\in R\ 且(b, c)\in S\}$$

称之为 R 和 S 的**复合**（**composition**）**关系**或**合成关系**。

例 3.21 实数集 $\mathbb{R}$ 上小于等于关系的逆是大于等于关系；正整数集上整除关系的逆是倍数关系。

例 3.22 假设集合 $A=\{1, 2, 3, 4\}$，$R=\{(1, 3), (2, 4), (3, 2), (3, 3), (3, 4), (4, 1)\}$，$S=\{(1, 3), (3, 1), (3, 2), (3, 3), (4, 1), (4, 3)\}$是定义在 A 上的关系，则

$\overline{R}$ = { (1,1), (1,2), (1,4), (2,1), (2,2), (2,3), (3,1), (4,2), (4,3), (4,4) }

R^{-1} = {(3, 1), (4, 2), (2, 3), (3, 3), (4, 3), (1, 4)}

$R \cap S$ = {(1, 3), (3, 2), (3, 3), (4, 1)}

$R \cup S$ = {(1, 3), (2, 4), (3, 1), (3, 2), (3, 3), (3, 4), (4, 1), (4, 3)}

$S \circ R$ = {(1, 1), (1, 2), (1, 3), (2, 1), (2, 3), (3, 1), (3, 2), (3, 3), (4, 3)}

$R \circ S$ = {(1, 2), (1, 3), (1, 4), (3, 2), (3, 3), (3, 4), (4, 2), (4, 3), (4, 4)}

此例也说明，一般来讲，关系的复合不满足交换律，即 $S \circ R \neq R \circ S$。

例 3.23 R={(赵, 民乐团), (赵, 京剧队), (钱, 诗歌社), (孙, 诗歌社), (孙, 京剧队)}，S={(诗歌社, 星期五), (诗歌社, 星期日), (民乐团, 星期四), (民乐团, 星期六), (京剧队, 星期六)}，如图 3-6 所示。

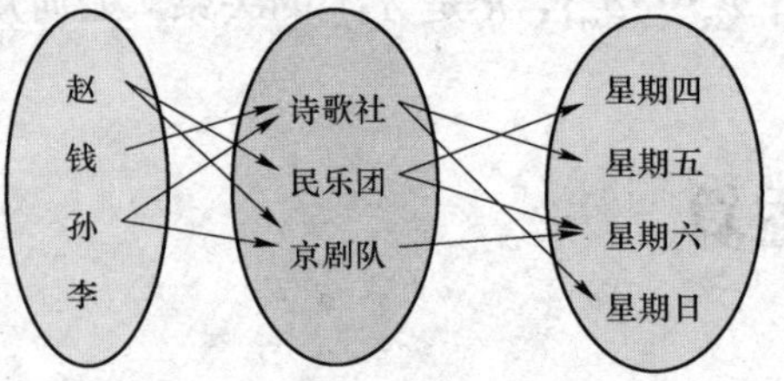

图 3-6　例 3.23 用图

则 $S \circ R$={(赵, 星期四), (赵, 星期六), (钱, 星期五), (钱, 星期日), (孙, 星期五), (孙, 星期六), (孙, 星期日)}，表示各人参加社团活动的时间。此例表明也可以利用关系的示意图来计算关系的复合。

定理 3.3 设 R 为 A 到 B 的关系，则 $R=R \circ I_A=I_B \circ R$。

证明：对任意 $x \in A$，有 $I_B \circ R(x)=I_B(R(x))=R(x)$ 及 $R \circ I_A(x)=R(I_A(x))=R(x)$，由定理 3.2 即得结论。 □

定理 3.4 假设 A，B，C 为集合，R 为 A 到 B 的关系，S 为 B 到 C 的关系，则对于 A 的任意子集 A_1 有 $(S \circ R)(A_1)=S(R(A_1))$。

例 3.24 R={(赵, 民乐团), (赵, 京剧队), (钱, 诗歌社), (孙, 诗歌社), (孙, 京剧队)}，S={(诗歌社, 星期五), (诗歌社, 星期日), (民乐团, 星期四), (民乐团, 星期六), (京剧队, 星期六)}。

$(S \circ R)$(孙)={星期五, 星期六, 星期日}，表示该同学星期五、星期六和星期日有社团活动。另外，R(孙)={诗歌社, 京剧队}，S({诗歌社, 京剧队})={星期五, 星期六, 星期日}，表明该同学参加了哪些社团，而这些社团又在哪天有活动。

关系的运算和关系的矩阵表示有如下联系。

定理 3.5 假设 A，B，C 为有限集合，R，T 为 A 到 B 的关系，S 为 B 到 C 的关系，则

(a) $\boldsymbol{M}_{(R \cap T)}=\boldsymbol{M}_R \wedge \boldsymbol{M}_T$；

(b) $\boldsymbol{M}_{(R \cup T)}=\boldsymbol{M}_R \vee \boldsymbol{M}_T$；

(c) $\boldsymbol{M}_{\overline{R}}=\overline{\boldsymbol{M}_R}$；

(d) $\boldsymbol{M}_{R^{-1}}=\boldsymbol{M}_R^T$；

(e) $\boldsymbol{M}_{(S \circ R)}=\boldsymbol{M}_R \odot \boldsymbol{M}_S$。

证明：只证(e)，其余由定义即得。

(e) $(\boldsymbol{M}_R \odot \boldsymbol{M}_S)(i, j)=1$ 当且仅当存在 k 使得 $\boldsymbol{M}_R(i, k)=1$ 且 $\boldsymbol{M}_S(k, j)=1$，即 $(i, k)\in R$ 且 $(k, j)\in S$。而由复合的定义，存在 k 使得 $(i, k)\in R$ 且 $(k, j)\in S$ 当且仅当 $(i, j)\in S\circ R$，即 $\boldsymbol{M}_{(S\circ R)}(i, j)=1$。 □

例 3.25　假设集合 $A=\{1, 2, 3, 4\}$，$R=\{(1, 3), (2, 4), (3, 2), (3, 3), (3, 4), (4, 1)\}$，$S=\{(1, 3), (3, 1), (3, 2), (3, 3), (4, 1), (4, 3)\}$ 是定义在 A 上的关系，则

$$\boldsymbol{M}_R=\begin{pmatrix}0&0&1&0\\0&0&0&1\\0&1&1&1\\1&0&0&0\end{pmatrix},\ \boldsymbol{M}_S=\begin{pmatrix}0&0&1&0\\0&0&0&0\\1&1&1&0\\1&0&1&0\end{pmatrix},\ \boldsymbol{M}_R\odot\boldsymbol{M}_S=\begin{pmatrix}1&1&1&0\\1&0&1&0\\1&1&1&0\\0&0&1&0\end{pmatrix}$$

这与例 3.22 的结果是相符的。

课前自测题

习题 3.33（判断题）假设 $A=\{1, 2, 3, 4\}$，A 上的关系 $R=\{(1, 1), (1, 4), (2, 2), (2, 4), (3, 4), (4, 2)\}$，$S=\{(1, 1), (2, 1), (3, 2), (3, 3), (3, 4), (4, 1)\}$，则 $(1, 4)\in R\cap S^{-1}$。

习题 3.34（判断题）假设 $A=\{1, 2, 3, 4\}$，A 上的关系 $R=\{(1, 1), (1, 4), (2, 2), (2, 4), (3, 4), (4, 2)\}$，$S=\{(1, 1), (2, 1), (3, 2), (3, 3), (3, 4), (4, 1)\}$，则 $(2, 4)\in S\circ R$。

习题 3.35　若 $R=\{(1, 2), (2, 3), (3, 3)\}$ 及 $S=\{(1, 1), (3, 3)\}$ 是两个关系，则 $R\circ S-S\circ R=$（　　）。

A. $\{(1, 2), (2, 3)\}$　　B. $\{(2, 3)\}$　　C. $\{(1, 2)\}$　　D. $\varnothing$

习题 3.36　若 $R=\{(a, b), (b, a), (c, a)\}$ 及 $S=\{(a, a), (a, c), (b, b), (c, a)\}$ 是两个关系，则 $S\circ R$ 中包含________个有序二元组。

课堂练习题

习题 3.37　假设 $R=\{(1, 2), (2, 3), (1, 4), (2, 2)\}$，$S=\{(1, 1), (1, 3), (2, 3), (3, 2), (3, 3)\}$ 是集合 $A=\{1, 2, 3, 4\}$ 上的关系，计算 $R\cap S$，$R\cup S$，$S-R$，$\overline{R}$，R^{-1}，$S\circ R$，$R\circ S$。

习题 3.38　假设 $A=\{1, 2, 3, 4\}$，$R=\{(i, j) \mid j=i+1\}$，$S=\{(i, j) \mid i=j+2\}$ 是 A 上的关系，计算 $R\cap S$，$R\cup S$，$S-R$，$\overline{R}$，R^{-1}，$S\circ R$，$R\circ S$。给出 $\boldsymbol{M}_R$，$\boldsymbol{M}_S$，计算 $\boldsymbol{M}_R\odot\boldsymbol{M}_S$。

习题 3.39　证明定理 3.4。

习题 3.40　已知关系 $R=\{(0, 1), (1, 2), (3, 4)\}$，求关系 S 使得 $S\circ R=\{(1, 3), (1, 4), (3, 3)\}$。

讨论题

习题 3.41　假设 R 和 S 都是集合 A 上的关系，$x\in A$，证明或反驳：

(a) $(R\cap S)(x)=R(x)\cap S(x)$；

(b) $(R\cup S)(x)=R(x)\cup S(x)$。

习题 3.42　假设 R 和 S 都是集合 A 上的关系，证明或反驳：

(a) $\mathrm{Dom}(R\cap S)=\mathrm{Dom}(R)\cap\mathrm{Dom}(S)$；

(b) $\mathrm{Dom}(R\cup S)=\mathrm{Dom}(R)\cup\mathrm{Dom}(S)$；

(c) $\mathrm{Ran}(R\cap S)=\mathrm{Ran}(R)\cap\mathrm{Ran}(S)$；

(d) $\mathrm{Ran}(R\cup S)=\mathrm{Ran}(R)\cup\mathrm{Ran}(S)$。

习题 3.43 假设集合 A 上的关系 R 和 S 都非空，那么 $S\circ R$ 是否一定也非空？

习题 3.44 假设 R 为集合 A 上的关系，那么 $R\circ R^{-1}$ 和 $R^{-1}\circ R$ 有什么特点？

3.6 关系运算的性质

知识点

定理 3.6 假设 A，B，C 是集合，R，S 为 A 到 B 的关系，则

(a) $\mathrm{Dom}(R^{-1})=\mathrm{Ran}(R)$，$\mathrm{Dom}(R)=\mathrm{Ran}(R^{-1})$；

(b) $(R^{-1})^{-1}=R$；

(c) $(\overline{R})^{-1}=\overline{R^{-1}}$；

(d) 若 $R\subseteq S$，则 $R^{-1}\subseteq S^{-1}$；

(e) 若 $R\subseteq S$，则 $\overline{S}\subseteq\overline{R}$；

(f) $(R\cap S)^{-1}=R^{-1}\cap S^{-1}$ 且 $(R\cup S)^{-1}=R^{-1}\cup S^{-1}$。

证明：只证明(a)和(f)的一部分，其余类似可证。

(a) 若 $x\in\mathrm{Dom}(R^{-1})$，则存在 $y\in A$，使得 $(x, y)\in R^{-1}$，即 $(y, x)\in R$，于是 $x\in\mathrm{Ran}(R)$，从而 $\mathrm{Dom}(R^{-1})\subseteq\mathrm{Ran}(R)$。类似可证明 $\mathrm{Ran}(R)\subseteq\mathrm{Dom}(R^{-1})$，故有 $\mathrm{Dom}(R^{-1})=\mathrm{Ran}(R)$。

类似可证明 $\mathrm{Dom}(R)=\mathrm{Ran}(R^{-1})$。

(f) 若 $(x, y)\in(R\cap S)^{-1}$，由逆的定义有 $(y, x)\in R\cap S$，即 $(y, x)\in R$ 且 $(y, x)\in S$。

由此有 $(x, y)\in R^{-1}$ 且 $(x, y)\in S^{-1}$，即得 $(x, y)\in R^{-1}\cap S^{-1}$。

类似可证明，若 $(x, y)\in R^{-1}\cap S^{-1}$，则 $(x, y)\in(R\cap S)^{-1}$。故 $(R\cap S)^{-1}=R^{-1}\cap S^{-1}$。 □

定理 3.7（关系复合运算的保序性） 假设 A，B，C 为集合，R_1，R_2 为 A 到 B 的关系，S_1，S_2 为 B 到 C 的关系，$R_1\subseteq R_2$，$S_1\subseteq S_2$，则 $S_1\circ R_1\subseteq S_2\circ R_2$。

定理 3.8（复合运算的结合律） 假设 A，B，C，D 均为非空集合，R 为 A 到 B 的关系，S 为 B 到 C 的关系，T 为 C 到 D 的关系，则

$$T\circ(S\circ R)=(T\circ S)\circ R$$

证明：当 A，B，C，D 均为有限集合时，可使用关系矩阵这一工具来证明：

$$\boldsymbol{M}_{T\circ(S\circ R)}=(\boldsymbol{M}_R\odot\boldsymbol{M}_S)\odot\boldsymbol{M}_T,\quad \boldsymbol{M}_{(T\circ S)\circ R}=\boldsymbol{M}_R\odot(\boldsymbol{M}_S\odot\boldsymbol{M}_T)$$

由定理 1.9，$(\boldsymbol{M}_R\odot\boldsymbol{M}_S)\odot\boldsymbol{M}_T=\boldsymbol{M}_R\odot(\boldsymbol{M}_S\odot\boldsymbol{M}_T)$，于是 $T\circ(S\circ R)=(T\circ S)\circ R$。

当 A，B，C，D 不全为有限集合时，通过定义也易证明定理的结论。 □

定理 3.9 假设 A，B，C 为非空集合，R 为 A 到 B 的关系，S 为 B 到 C 的关系，则

$$(S\circ R)^{-1}=R^{-1}\circ S^{-1}$$

证明：对于一般情形，可以使用定义证明。

当 A，B，C 为有限集合时，由定理 1.10 有

$$\boldsymbol{M}_{(S\circ R)^{-1}}=\left(\boldsymbol{M}_{S\circ R}\right)^{\mathrm{T}}=\left(\boldsymbol{M}_R\odot\boldsymbol{M}_S\right)^{\mathrm{T}}=\boldsymbol{M}_S^{\mathrm{T}}\odot\boldsymbol{M}_R^{\mathrm{T}}=\boldsymbol{M}_{S^{-1}}\odot\boldsymbol{M}_{R^{-1}}=\boldsymbol{M}_{R^{-1}\circ S^{-1}}$$

因此，$(S\circ R)^{-1}=R^{-1}\circ S^{-1}$。 □

可以将定理 3.6 和定理 3.9 的结果总结为表 3－1。

表 3－1 定理 3.6 和定理 3.9 的结果

□	$\overline{□}$	$□^{-1}$
$R \subseteq S$	$\overline{S} \subseteq \overline{R}$	$R^{-1} \subseteq S^{-1}$
$R \cap S$	$\overline{R \cap S} = \overline{R} \cup \overline{S}$	$(R \cap S)^{-1} = R^{-1} \cap S^{-1}$
$R \cup S$	$\overline{R \cup S} = \overline{R} \cap \overline{S}$	$(R \cup S)^{-1} = R^{-1} \cup S^{-1}$
$S \circ R$	/	$(S \circ R)^{-1} = R^{-1} \circ S^{-1}$
	$(\overline{R})^{-1} = \overline{R^{-1}}$	

课前自测题

习题 3.45 假设 R，S 是集合 A 上的关系，下述表述中不正确的是（ ）。

A. $(\overline{R})^{-1} = \overline{R^{-1}}$　　B. $\overline{R \cap S} = \overline{R} \cup \overline{S}$

C. $(R \cap S)^{-1} = R^{-1} \cap S^{-1}$　　D. $(R \circ S)^{-1} = R^{-1} \circ S^{-1}$

习题 3.46 假设 R，S 是集合 A 上的关系，下述表述中正确的是（ ）。

A. $\overline{R \cap S} \subseteq \overline{R}$　　B. $(R \cap S)^{-1} \subseteq R^{-1}$

C. $\overline{R \circ S} = \overline{R} \circ \overline{S}$　　D. $\overline{R \circ S} = \overline{S} \circ \overline{R}$

课堂练习题

习题 3.47 完成定理 3.6 剩余部分的证明。

习题 3.48 证明定理 3.7。

讨论题

习题 3.49 假设 A，B，C，D 为集合，R 为 A 到 B 的关系，S_1，S_2 为 B 到 C 的关系，T 为 C 到 D 的关系，则下列各式是否成立？如成立，请给出证明；如不成立，请给出反例。

(a) $(S_1 \cup S_2) \circ R = (S_1 \circ R) \cup (S_2 \circ R)$；

(b) $(S_1 \cap S_2) \circ R = (S_1 \circ R) \cap (S_2 \circ R)$；

(c) $T \circ (S_1 \cup S_2) = (T \circ S_1) \cup (T \circ S_2)$；

(d) $T \circ (S_1 \cap S_2) = (T \circ S_1) \cap (T \circ S_2)$。

3.7 关系的幂和道路

知识点

下面从关系图的角度来定义关系中的道路。

定义 3.10 假设 A 为集合，$a, b \in A$，集合 A 上关系 R 中从 a 到 b 长为 n 的道路（**path**）是指 A 上有限序列 $\pi: a, x_1, x_2, \cdots, x_{n-1}, b$，满足：

(1) aRx_1；

(2) x_iRx_{i+1}，$1\leqslant i\leqslant n-2$；

(3) $x_{n-1}Rb$。

注意，长度为 n 的道路包含 $n+1$ 个顶点（允许重复）。

例 3.26 在图 3－7 所表示的关系中，d, c, a, b, e, g, f 是长为 6 的道路，$f, h, g, f, e, g, f, h, g$ 是长为 8 的道路。

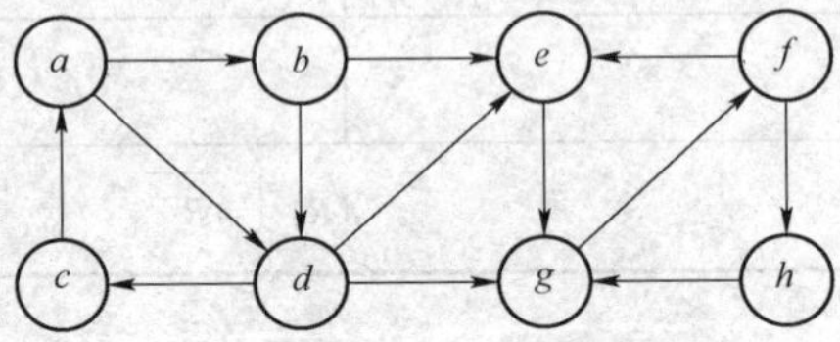

图 3－7 例 3.26 用图

定义 3.11 假设 A 为集合，$a, b\in A$，集合 A 上关系 R 中从 a 到 b 的一条**道路**（**path**）是指 A 上有限序列π: $a, x_1, x_2, \cdots, x_{n-1}, b$，其中 $n>0$ 称为该道路的**长度**（**length**），a 称作道路的**起点**，b 称作道路的**终点**。若 $a=b$，则称之为**回路**（**circuit**）。

由关系中的道路，可以定义新的关系。

定义 3.12 设 R 为集合 A 上的关系，$a, b\in A$，n 是一个给定的正整数，则定义：

(a) aR^nb 当且仅当存在 R 中从 a 到 b 的一条长为 n 的道路；

(b) $aR^\infty b$ 当且仅当存在 R 中从 a 到 b 的一条道路。

例 3.27 在图 3－7 中，$aR^\infty b$，$eR^\infty h$，但是$(g, a)\notin R^\infty$。

定义 3.13 假设π_1: $a, x_1, x_2,\cdots, x_{n-1}, b$ 和π_2: $b, y_1, y_2,\cdots, y_{m-1}, c$ 是关系 R 中的两条道路，则定义的π_1和π_2的**复合**（**composition**）为道路 $a, x_1,\cdots, x_{n-1}, b, y_1,\cdots, y_{m-1}, c$。

下面从关系的复合运算的角度定义 R^n。

定义 3.14 设 R 为集合 A 上的关系，n 为自然数，则 R 的 **n 次幂**（**power**）R^n 可递归地定义为

$$R^0=I_A,$$

$$R^n=R^{n-1}\circ R\quad (n=1, 2, 3, \cdots)$$

对于 A 上的关系 R 而言，计算 R^n 就是 n 个 R 的复合。由定义可知，对于 A 上的任何关系 R，都有 $R^0=I_A$，$R^1=R$。

下述定理建立了两种定义之间的等价性。

定理 3.10 设 R 为集合 A 上的关系，$a, b\in A$，则存在 R 中从 a 到 b 长为 n 的道路当且仅当(a, b)属于 R 的 n 次幂。

证明：由定义易得。 □

定理 3.11 对于任何自然数 m, n 有

$$R^m\circ R^n=R^{m+n},\ (R^m)^n=R^{m\times n}$$

证明：使用数学归纳法。

(a) 对于任意给定的 $m\in\mathbb{N}$，施归纳于 n：若 $n=0$，则有

$$R^m\circ R^0=R^m\circ I_A=R^m=R^{m+0}$$

假设 $R^m \circ R^n = R^{m+n}$ 成立，则有

$$R^m \circ R^{n+1} = R^m \circ (R^n \circ R) = (R^m \circ R^n) \circ R = R^{m+n+1}$$

所以，对一切 $m, n \in \mathbb{N}$，有 $R^m \circ R^n = R^{m+n}$。

(b) 对于任意给定的 $m \in \mathbb{N}$，施归纳于 n：若 $n=0$，则有

$$(R^m)^0 = I_A = R^0 = R^{m\times 0}$$

假设$(R^m)^n = R^{mn}$，则有

$$(R^m)^{n+1} = (R^m)^n \circ R^m = (R^{mn}) \circ R^m = R^{mn+m} = R^{m(n+1)}$$

所以，对一切 $m, n \in \mathbb{N}$，有$(R^m)^n = R^{mn}$。 □

例 3.28　假设集合 $A=\{1, 2, 3, 4\}$，$R=\{(1, 3), (2, 4), (3, 2), (3, 3), (3, 4), (4, 1)\}$是定义在 A 上的关系，求 R 的 1~4 次幂的关系矩阵。

解：

$$\boldsymbol{M}_R=\begin{pmatrix}0&0&1&0\\0&0&0&1\\0&1&1&1\\1&0&0&0\end{pmatrix},\quad \boldsymbol{M}_{R^2}=\begin{pmatrix}0&1&1&1\\1&0&0&0\\1&1&1&1\\0&0&1&0\end{pmatrix},\quad \boldsymbol{M}_{R^3}=\begin{pmatrix}1&1&1&1\\0&0&1&0\\1&1&1&1\\0&1&1&1\end{pmatrix},\quad \boldsymbol{M}_{R^4}=\begin{pmatrix}1&1&1&1\\0&1&1&1\\1&1&1&1\\1&1&1&1\end{pmatrix}$$

定理 3.12　设 R 为集合 A 上的关系，则 $R^\infty = \bigcup_{i=1}^{\infty} R^i = R \cup R^2 \cup R^3 \cup \cdots$。

证明：假设 $a, b \in A$ 且 $aR^\infty b$，则由定义存在 R 中从 a 到 b 的道路π。设π 的长度为 n，则 $aR^n b$，于是 $R^\infty \subseteq \bigcup_{i=1}^{\infty} R^i$。

反过来，对于任意$(a,b) \in \bigcup_{i=1}^{\infty} R^i$，必存在整数 n 使得$(a,b) \in R^n$。由定理 3.10 存在 R 中从 a 到 b 长为 n 的道路，于是$(a,b) \in R^\infty$。因此 $R^n \subseteq R^\infty$，继而$\bigcup_{i=1}^{\infty} R^i = R \cup R^2 \cup \cdots \subseteq R^\infty$。 □

定理 3.13　假设 R 是有限集合 A 上的关系，$|A|=n$，则

$$R^\infty = R \cup R^2 \cup R^3 \cup \cdots \cup R^n$$

证明：分两部分证明。

(a) 显然有 $R \cup R^2 \cup R^3 \cup \cdots \cup R^n \subseteq R^\infty = R \cup R^2 \cup R^3 \cup \cdots$。

(b) 下面证明 $R^\infty \subseteq R \cup R^2 \cup R^3 \cup \cdots \cup R^n$。

若 $aR^\infty b$，则存在 R 中从 a 到 b 的道路 π：$a, x_1, x_2, \cdots, x_{m-1}, b$，其中 $m \geqslant 1$。若 $m-1 > n$ 则由狄利克雷抽屉原理，必定存在顶点 x_i 和 x_j，$i<j$ 使得 $x_i = x_j$（如图 3−8 所示）。

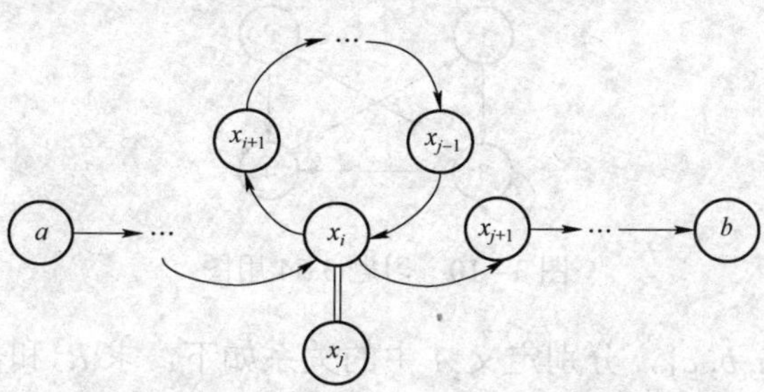

图 3−8　定理 3.13 用图 1

于是可以得到更短的道路π: $a, x_1, \cdots, x_i, x_{j+1}, \cdots, x_{m-1}, b$，其长度为$m-(j-i)$。

因此总可以假定道路中间经过的顶点各异，且$m-1 \leqslant n$。

若$m-1<n$，则定理3.13成立。

若$m-1=n$，则存在k，使得$1 \leqslant k \leqslant m-1$, $a=x_k$或$b=x_k$。不失一般性，假定$a=x_k$，则由图3-9知，存在更短的道路π': $a, x_{k+1}, \cdots, b$，其长度不超过n。

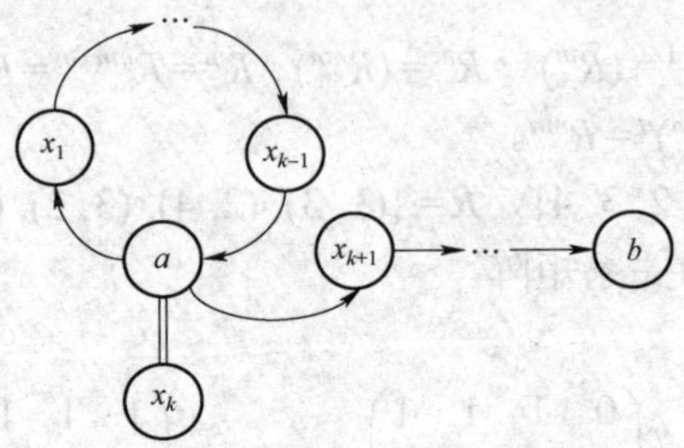

图3-9　定理3.13用图2

因此，存在从a到b的道路π'，其长度不超过n，即$(a, b) \in R \cup R^2 \cup R^3 \cup \cdots \cup R^n$。 □

课前自测题

习题3.50　若$R=\{(1,2),(2,2),(2,3),(3,4),(4,1)\}$是一个关系，则以下哪个有序对不属于$R^3$？（　　）

A. (1, 4)　　B. (1, 2)　　C. (1, 1)　　D. (2, 2)

习题3.51（判断题）　假设R是集合A上的关系，如果自然数m和n满足$0<m<n$，那么$R^m \subseteq R^n$。

习题3.52（判断题）　假设R是集合A上的关系，m是一个自然数，那么$(R^m)^{-1}=(R^{-1})^m$。

习题3.53　假设$R=\{(1,2),(1,4),(2,2),(2,3)\}$，$S=\{(1,1),(1,3),(2,3),(3,2),(3,3)\}$是集合$A=\{1,2,3,4\}$上的关系，计算$R^2$，$S^2$。

课堂练习题

习题3.54　假设关系R的关系图如图3-10所示。

(a) 列出所有长度为2的道路；

(b) 给出一个长度为3的回路；

(c) 给出从2到4的一条道路。

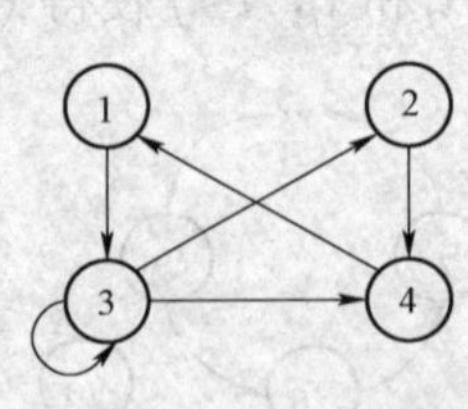

图3-10　习题3.54用图

习题3.55　设$A=\{a, b, c\}$，分别定义A中的关系如下，求R^3和R^∞。

(a) $R=\{(a,b),(a,c),(c,b)\}$；

(b) $R=\{(a, b), (b, c), (c, a)\}$；

(c) $R=\{(a, b), (b, c), (c, b)\}$；

(d) $R=\{(a, b), (b, a), (c, c)\}$；

(e) $R=\{(a, b), (a, a), (a, c)\}$。

讨论题

习题 3.56 若整数 $n\geqslant 1$，R，S 为 A 上的两个关系且 $R\subseteq S$，证明 $R^n\subseteq S^n$。

习题 3.57 设 $A=\{a, b, c, d\}$, $R=\{(a,b), (b,a), (b,c), (c,d)\}$，求 R 的各次幂，分别用关系矩阵和关系图表示。

习题 3.58 设 $A=\{a, b, c, d, e, f\}$, $R=\{(a, b), (b, c), (c, d), (d, e), (e, f), (f, a), (a, a), (b, b), (c, c), (d, d), (e, e), (f, f)\}$，求 R^5。

习题 3.59 设 $A=\{1, 2, 3\}$，试给出 A 上两个不同的关系 R_1 和 R_2 使得 $R_1^2=R_1$，$R_2^2=R_2$。

习题 3.60 设 $A=\{1, 2, 3\}$，试给出 A 上关系 R 使得 $R\not\subseteq R^2$。

习题 3.61 如果 R 表示“父子关系”，那么 R^2，R^∞分别表示什么关系？

3.8 关系的性质

知识点

定义 3.15 假设 R 为集合 A 上的关系：

(a) 如果$(a, a)\in R$ 对于所有 $a\in A$ 成立，则称 R 是**自反的**（**reflexive**），或称 R 满足自反性；

(b) 如果$(a, a)\notin R$ 对于所有 $a\in A$ 成立，则称 R 是**非自反的**（**irreflexive**），或称 R 满足非自反性；

(c) 如果对于任意 $a, b\in A$，若$(a, b)\in R$ 必然有$(b, a)\in R$，则称 R 是**对称的**（**symmetric**），或称 R 满足对称性；

(d) 如果对于任意 $a, b\in A$，若$(a, b)\in R$ 必然有$(b, a)\notin R$，则称 R 是**非对称的**（**asymmetric**），或称 R 满足非对称性；

(e) 如果对于任意 $a, b\in A$，若$(a, b)\in R$ 且$(b, a)\in R$ 必然有 $a=b$，则称 R 是**反对称的**（**antisymmetric**），或称 R 满足反对称性；

(f) 如果对于任意 $a, b, c\in A$，若$(a, b)\in R$ 且$(b, c)\in R$ 必然有$(a, c)\in R$，则称 R 是**传递的**（**transitive**），或称 R 满足传递性。

简言之，假设 R 为集合 A 上的关系，则：

(a) R 满足自反性： $\forall a\,(a, a)\in R$；

(b) R 满足非自反性： $\forall a\,(a, a)\notin R$；

(c) R 满足对称性： $\forall a\forall b\,((a, b)\in R\Rightarrow(b, a)\in R)$；

(d) R 满足非对称性： $\forall a\forall b\,((a, b)\in R\Rightarrow(b, a)\notin R)$，

或 $\forall a\forall b((a, b)\notin R\vee(b, a)\notin R)$，

或 $\neg\exists a\exists b((a, b)\in R\wedge(b, a)\in R)$；

(e) R 满足反对称性： $\forall a\forall b\,((a, b)\in R\wedge(b, a)\in R\Rightarrow b=a)$，

或 $\forall a\forall b\,((a, b)\in R\wedge a\neq b\Rightarrow(b, a)\notin R)$，

或 $\neg\exists a\exists b((a, b)\in R\wedge(b, a)\in R\wedge a\neq b)$；

(f) R 满足传递性：$\forall a\forall b\forall c\,((a, b)\in R\wedge(b, c)\in R\Rightarrow(a, c)\in R)$。

例 3.29 设集合 $A=\{1, 2, 3\}$，R_1, R_2, R_3, R_4 是 A 上的关系，其中

$R_1=\{(1, 1), (1, 2), (2, 1), (2, 2), (3, 3)\}$，$R_2=\{(1, 1), (1, 2), (1, 3)\}$，

$R_3=\{(1, 1), (1, 2), (1, 3), (2, 2), (2, 3), (3, 3)\}$，$R_4=\{(1, 1), (1, 2), (2, 3), (3, 2)\}$，

则：

R_1 具有自反性，不具有非自反性，具有对称性，不具有非对称性，不具有反对称性，具有传递性。

R_2 不具有自反性，不具有非自反性，不具有对称性，不具有非对称性，具有反对称性，具有传递性。

R_3 具有自反性，不具有非自反性，不具有对称性，不具有非对称性，具有反对称性，具有传递性。

R_4 不具有自反性，不具有非自反性，不具有对称性，不具有非对称性，不具有反对称性，不具有传递性。

由 $\neg\forall a\forall b\forall c((a, b)\in R\wedge(b, c)\in R\Rightarrow(a, c)\in R)\equiv\exists a\exists b\exists c((a, b)\in R\wedge(b, c)\in R\wedge(a, c)\notin R)$ 可知，关系 R 不具有传递性当且仅当存在有序对 $(a, b)\in R$ 且 $(b, c)\in R$ 但是 $(a, c)\notin R$。而在 R_2 中没有出现这种情况，因此 R_2 具有传递性。

例 3.30 假设 A 是任一集合，则 A 上的恒等关系具有自反性、对称性、反对称性、传递性；A 上的空关系满足非自反性、对称性、非对称性、反对称性、传递性。

例 3.31 设 A 为 $\mathbb{R}$ 的一个非空子集，则 A 上的小于或等于关系“≤”是自反、反对称和传递的；A 上的小于关系“＜”是非自反、非对称、反对称和传递的；A 上的“不等于”关系“≠”是非自反和对称的，但不是传递的——由 $x\neq y$ 及 $y\neq z$ 并不能得到 $x\neq z$。

例 3.32 对于任意集合 S，$\mathscr{P}(S)$ 上的包含关系“⊆”满足自反性、反对称性、传递性。

例 3.33 设 A 为 $\mathbb{N}^+$ 的一个非空子集，则 A 上的整除关系“|”是自反、反对称和传递的。

例 3.34 (a) 单循环羽毛球联赛中的“打败”关系具有非自反性、非对称性、反对称性，且一般不具有传递性；

(b) 双循环篮球联赛中的“打败”关系具有非自反性，一般不具有非对称性、反对称性、传递性；

(c) 平面上三角形的“全等”关系满足自反性、对称性、传递性；

(d) 学生的“同班”关系满足自反性、对称性、传递性。

而关系性质在关系矩阵和关系图上的反映如表 3-2 所示。

表 3-2 关系性质在关系矩阵和关系图上的反映

	关系矩阵的特点	关系图的特点
自反关系	主对角线元素全是 1，即对于所有 i，$\boldsymbol{M}_R(i, i)=1$	每个顶点都有自环
非自反关系	主对角线元素全是 0，即对于所有 i，$\boldsymbol{M}_R(i, i)=0$	每个顶点都无自环
对称关系	矩阵是对称矩阵 $\boldsymbol{M}_R=\boldsymbol{M}_R^{\mathrm{T}}$，即对于所有 i, j，$\boldsymbol{M}_R(i, j)=\boldsymbol{M}_R(j, i)$	如果两个顶点之间有边，一定是一对方向相反的边

续表

	关系矩阵的特点	关系图的特点
非对称关系	对于所有 i, j，若 $\boldsymbol{M}_R(i, j)=1$，则 $\boldsymbol{M}_R(j, i)=0$	两顶点之间至多存在一条有向边，每个顶点都无自环
反对称关系	对于所有 i, j，若 $i\neq j$ 且 $\boldsymbol{M}_R(i, j)=1$，则 $\boldsymbol{M}_R(j, i)=0$	两互异顶点之间至多存在一条有向边，允许存在自环
传递关系	对于所有 i, j，若$(\boldsymbol{M}_R\odot\boldsymbol{M}_R)(i, j)=1$，则 $\boldsymbol{M}_R(i, j)=1$	如果存在有向边(i, j)和(j, k)，则存在有向边(i, k)

例 3.35　判断图 3-11 所示各关系的性质。

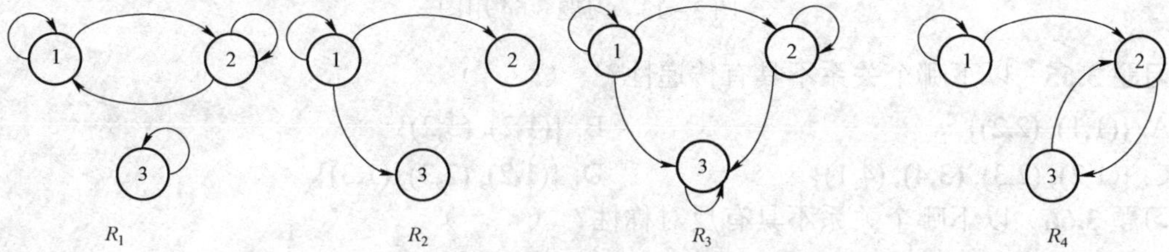

图 3-11　例 3.35 用图

解：R_1 具有自反性，不具有非自反性，具有对称性，不具有非对称性，不具有反对称性，具有传递性。

R_2 不具有自反性，不具有非自反性，不具有对称性，不具有非对称性，具有反对称性，具有传递性。

R_3 具有自反性，不具有非自反性，不具有对称性，不具有非对称性，具有反对称性，具有传递性。

R_4 不具有自反性，不具有非自反性，不具有对称性，不具有非对称性，不具有反对称性，不具有传递性。

保留对称关系的有向图中的顶点，且将所有有向边改作无向边，其结果称作该关系的图(**graph**)。

例 3.36　图 3-12 (a)所示的对称关系相应的图为图 3-12 (b)。

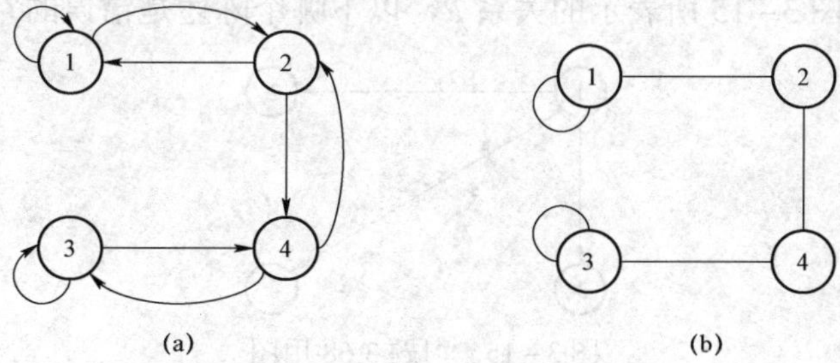

图 3-12　例 3.36 用图

课前自测题

习题 3.62（判断题）　假设 $A=\{1, 2, 3, 4\}$，则 A 上的关系$\{(1, 1), (1, 4), (2, 2), (2, 4), (3, 4), (4, 2)\}$具有自反性。

习题 3.63（判断题）　假设 $A=\{1, 2, 3, 4\}$，则 A 上的关系$\{(1, 1), (1, 4), (2, 2), (3, 4), (4, 2)\}$具有反对称性。

习题 3.64（判断题） 假设 $A=\{1, 2, 3, 4\}$，则图 3－13 表示的 A 上的关系具有非对称性。

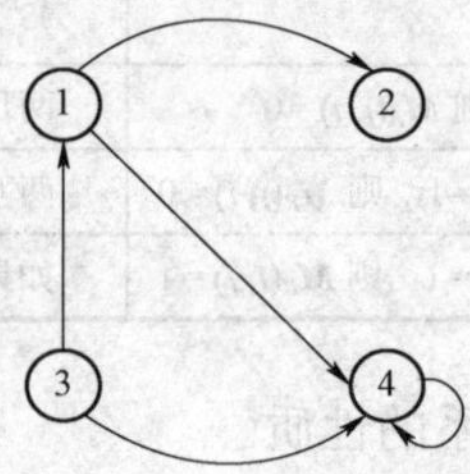

图 3－13 习题 3.64 用图

习题 3.65 以下哪个关系不具有传递性？（ ）

A. $\{(1,1), (2,2)\}$ B. $\{(1,2), (3,2)\}$

C. $\{(1,2), (2,3), (3,4), (4,1)\}$ D. $\{(1,2), (2,3), (1,3)\}$

习题 3.66 以下哪个关系不具有反对称性？（ ）

A. $\{(1,1), (2,2)\}$ B. $\{(1,2), (2,3), (3,4), (4,1)\}$

C. $\{(1,1), (1,2)\}$ D. $\{(1,2), (2,3), (3,2)\}$

习题 3.67 对于图 3－14 所表示的关系 R，以下哪个陈述是正确的？（ ）

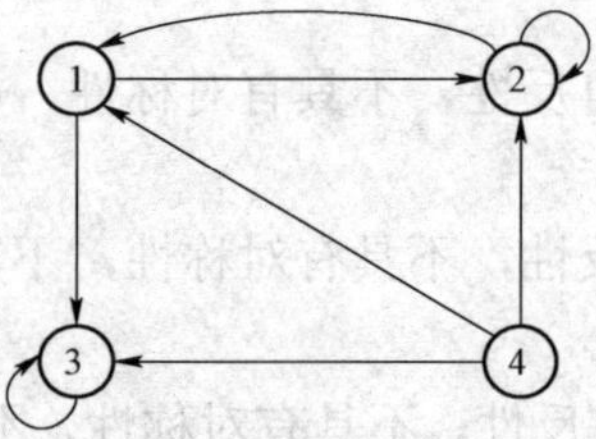

图 3－14 习题 3.67 用图

A. R 具有自反性 B. R 具有对称性

C. R 不具有反对称性 D. R 具有传递性

习题 3.68 对于图 3－15 所表示的关系 R，以下哪个陈述是错误的？（ ）

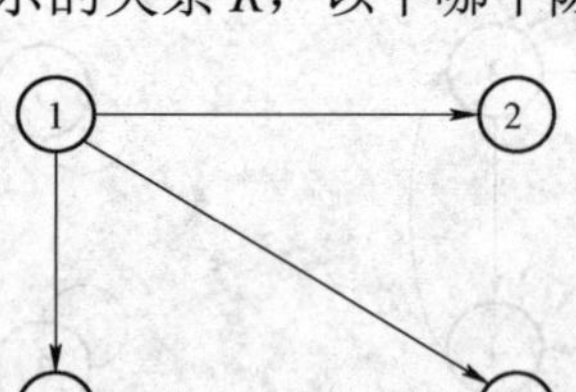

图 3－15 习题 3.68 用图

A. R 具有非自反性 B. R 具有非对称性

C. R 具有反对称性 D. R 不具有传递性

习题 3.69 对于下述关系矩阵所表示的关系 R，以下哪个陈述是错误的？（ ）

$$\begin{pmatrix} 0 & 1 & 0 & 0 \\ 0 & 0 & 1 & 0 \\ 0 & 0 & 0 & 1 \\ 1 & 0 & 0 & 0 \end{pmatrix}$$

A. R 具有非自反性　　　　B. R 具有非对称性

C. R 具有反对称性　　　　D. R 具有传递性

习题 3.70　对于下述关系矩阵所表示的关系 R，以下哪个陈述是正确的？（　）

$$\begin{pmatrix} 1 & 1 & 0 & 0 \\ 1 & 1 & 0 & 0 \\ 0 & 0 & 0 & 1 \\ 0 & 0 & 0 & 0 \end{pmatrix}$$

A. R 具有自反性　　　　B. R 具有反对称性

C. R 具有对称性　　　　D. R 具有传递性

习题 3.71　令 R 是定义在集合 A 上的关系，以下哪个陈述是错误的？（　）

A. 若 R 具有非对称性，则 R 可能具有非自反性

B. 若 R 具有非对称性，则 R 可能具有自反性

C. 若 R 具有反对称性，则 R 可能具有非自反性

D. 若 R 具有反对称性，则 R 可能具有自反性

习题 3.72　令 R 是定义在集合 A 上的关系，以下哪个陈述是正确的？（　）

A. 若 R 具有非对称性，则 R 一定具有反对称性

B. 若 R 具有反对称性，则 R 一定具有非自反性

C. 若 R 具有反对称性，则 R 一定具有非对称性

D. 若 R 具有非对称性，则 R 一定具有自反性

课堂练习题

习题 3.73　设集合 $A=\{1, 2, 3\}$，判断如下 A 上关系具有何种性质：

(a) $R_1=\{(1, 1), (1, 2), (2, 3), (3, 1)\}$；

(b) $R_2=\{(1, 1), (2, 2), (3, 3), (2, 3), (3, 1)\}$；

(c) $R_4=\{(1, 1), (2, 3)\}$。

习题 3.74　给定集合 $A=\{a, b, c\}$上关系的关系矩阵，说出它具有何种性质？

$$\boldsymbol{M}_R=\begin{pmatrix} 1 & 1 & 0 \\ 0 & 1 & 1 \\ 0 & 0 & 1 \end{pmatrix}；\ \boldsymbol{M}_S=\begin{pmatrix} 0 & 1 & 1 \\ 0 & 0 & 1 \\ 0 & 0 & 0 \end{pmatrix}；\ \boldsymbol{M}_T=\begin{pmatrix} 0 & 0 & 0 \\ 0 & 0 & 1 \\ 0 & 1 & 1 \end{pmatrix}。$$

习题 3.75　给定集合 $A=\{1, 2, 3\}$上关系的关系图(如图 3-16 所示)，说出它具有何种性质？

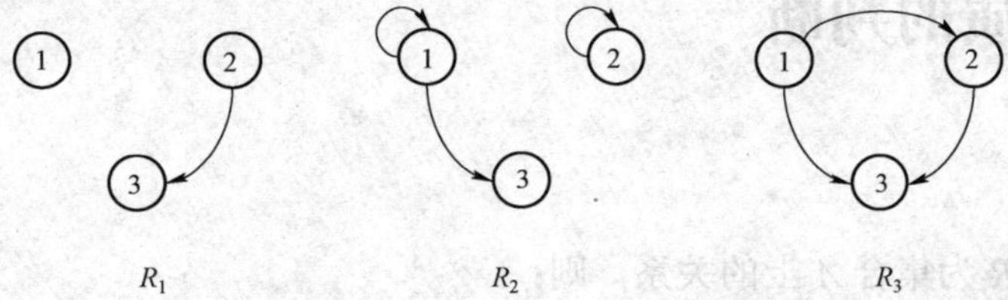

R_1　　　R_2　　　R_3

图 3-16　习题 3.75 用图

习题 3.76　给定 $\mathbb{Z}$ 上如下关系，说出它们各自具有何种性质？

(a) $\{(i,j)|i,j\in\mathbb{Z},|i-j|<5\}$；

(b) $\{(i,j)|i,j\in\mathbb{Z},i+3j=12\}$；

(c) $\{(i,j)|i,j\in\mathbb{Z},|i|=|j|\}$；

(d) $\{(i,j)|i,j\in\mathbb{Z},|i|>|j|\}$。

习题 3.77 平面上直线之间的平行关系具有什么性质？

习题 3.78 设集合 $A=\{a, b, c\}$，构造关系 R 满足：

(a) 具有传递性和对称性，但不具有自反性；

(b) 具有对称性和自反性，但不具有传递性；

(c) 具有非自反性和对称性，但不具有传递性；

(d) 既不具有自反性，也不具有非自反性；

(e) 具有自反性、传递性、对称性、反对称性。

习题 3.79 使用谓词逻辑的等值演算，证明非对称性的三个判断条件"$\forall a\forall b\,((a, b)\in R\Rightarrow(b, a)\notin R)$""$\forall a\forall b((a, b)\notin R\vee(b, a)\notin R)$""$\neg\exists a\exists b((a, b)\in R\wedge(b, a)\in R)$"彼此等价。

习题 3.80 使用谓词逻辑的等值演算，证明反对称性的三个判断条件"$\forall a\forall b\ ((a, b)\in R\wedge(b, a)\in R\Rightarrow b=a)$""$\forall a\forall b\ ((a, b)\in R\wedge a\neq b\Rightarrow(b, a)\notin R)$""$\neg\exists a\exists b((a, b)\in R\wedge(b, a)\in R\wedge a\neq b)$"彼此等价。

讨论题

习题 3.81 给出一个例子满足：R 具有传递性但是 $R^2\neq R$。

习题 3.82 是否存在反对称且对称的关系？是否存在非对称且对称的关系？

习题 3.83 假设有限集合 A 有 n 个元素，请计算：

(a) A 上的自反关系的个数；

(b) A 上的非自反关系的个数；

(c) A 上的对称关系的个数；

(d) A 上的非对称关系的个数；

(e) A 上的反对称关系的个数。

习题 3.84 有限集合 A 上可以定义 2^{36} 个不同的对称关系，则 A 有________个元素。

习题 3.85 有限集合 A 上可以定义 2^{30} 个不同的非自反关系，则 A 有________个元素。

习题 3.86（判断题） 假设集合 A 包含 6 个元素，则 A 上可以定义 2^{21} 个不同的对称且非自反的关系。

3.9 关系性质的判断

知识点

定理 3.14 设 R 为集合 A 上的关系，则：

(a) R 具有自反性当且仅当 $I_A\subseteq R$；

(b) R 具有非自反性当且仅当 $R\cap I_A=\varnothing$；

(c) R 具有对称性当且仅当 $R=R^{-1}$；

(d) R 具有非对称性当且仅当 $R\cap R^{-1}=\varnothing$；

(e) R 具有反对称性当且仅当 $R\cap R^{-1}\subseteq I_A$；

(f) R 具有传递性当且仅当 $R^2\subseteq R$。

证明：(a) 假设 $I_A\subseteq R$，则对于任意 $a\in A$，由于 $(a, a)\in I_A$，有 $(a, a)\in R$，因此 R 具有自反性。反过来，如果 R 具有自反性，则对于任意的 $a\in A$ 有 $(a, a)\in R$，因此 $I_A\subseteq R$。

(b) 证明过程与(a)类似。

(c) 假设 $R=R^{-1}$，则对于任意 $a, b\in A$，若 $(a, b)\in R$，则 $(a, b)\in R^{-1}=R$，也即 $(b, a)\in R$，因此 R 具有对称性。

反过来，假设 R 具有对称性。对于任意 $a, b\in A$，若 $(a, b)\in R^{-1}$，则由定义有 $(b, a)\in R$，由 R 的对称性有 $(a, b)\in R$，从而 $R^{-1}\subseteq R$；若 $(a, b)\in R$，则由 R 的对称性有 $(b, a)\in R$，即 $(a, b)\in R^{-1}$，从而 $R\subseteq R^{-1}$。综合这两者，得到 $R=R^{-1}$。

(d)、(e)的证明与(c)类似。

(f) 假设 $R^2\subseteq R$，若 $(a, b)\in R$ 且 $(b, c)\in R$，则由复合运算的定义有 $(a, c)\in R^2$，继而 $(a, c)\in R$，于是 R 满足传递性。

反过来，假设 R 满足传递性。若 $(a, c)\in R^2$，则存在 $b\in A$，使得 $(a, b)\in R$ 且 $(b, c)\in R$，于是 $(a, c)\in R$，即得 $R^2\subseteq R$。□

定理 3.15　假设集合 A 上的关系 R 具有传递性，则对于所有 $n\geqslant 1$，$R^n\subseteq R$ 成立。

证明：对 n 进行归纳：

① $n=1$ 时，$R^1=R\subseteq R$，$n=2$ 时，由定理 3.14(f)有 $R^2\subseteq R$；

② 假设 $R^n\subseteq R$ 成立，则 $R^{n+1}=R^n\circ R\subseteq R\circ R\subseteq R$。□

课前自测题

习题 3.87　若 R 为一个非对称关系，则以下关系中（　）是正确的。

A. $I_A\subseteq R$　　B. $R\neq R^{-1}$　　C. $R=R^{-1}$　　D. $R\cap R^{-1}\subseteq\varnothing$

习题 3.88　若关系 R 具有传递性，则以下哪个陈述是正确的？（　）

A. $R^3\subseteq R$　　B. $R\neq R^{-1}$　　C. $R^2=R$　　D. $I_A\subseteq R$

习题 3.89　若关系 R 满足 $R^5\subseteq R$，则（　）必定具有传递性。

A. R　　B. $R\circ R$　　C. $R\circ R\circ R$　　D. $R\circ R\circ R\circ R$

课堂练习题

习题 3.90　假设 R 和 S 为集合 A 上的对称关系，证明：若 $R\circ S\subseteq S\circ R$，则 $R\circ S=S\circ R$ 且 $S\circ R$ 是对称的。

习题 3.91　假设 R 和 S 为集合 A 上的对称关系，证明：$S\circ R$ 是对称的当且仅当 $R\circ S=S\circ R$。

习题 3.92　假设 R 和 S 为集合 A 上的传递关系且有 $R\circ S\subseteq S\circ R$，证明：$S\circ R$ 也具有传递性。

讨论题

习题 3.93　如果对于任意 $a, b, c\in A$，若 $(a, b)\in R$ 且 $(b, c)\in R$ 必然有 $(a, c)\notin R$，则称 R 是反传递的。证明：R 反传递当且仅当 $(R\circ R)\cap R=\varnothing$。

习题 3.94　如果对于任意 $a, b, c\in A$，若 $(a, b)\in R$ 且 $(b, c)\in R$ 必然有 $(c, a)\in R$，则称 R 是循

环的。证明：若 R 是自反的和循环的，则 R 是对称的和传递的。

3.10 关系运算对性质的保持

知识点

本节要解决的问题就是：哪些关系运算可以保持关系的哪些性质，哪些性质有可能因哪种运算而失去。

定理 3.16 设 R 和 S 为集合 A 上的关系，则：

(a) 若 R 是自反的，那么 R^{-1} 也是自反的；

(b) 若 R 和 S 都是自反的，那么 $R\cap S$，$R\cup S$ 及 $S\circ R$ 都是自反的；

(c) R 是自反的当且仅当 $\overline{R}$ 是非自反的。

证明：(a) 若 R 是自反的，由定理 3.14(a)有 $I_A\subseteq R$；于是由定理 3.6(d)，$I_A=I_A^{-1}\subseteq R^{-1}$，因而 R^{-1} 也是自反的。

(b) 若 R 和 S 都是自反的，则由定理 3.14(a)有 $I_A\subseteq R$ 且 $I_A\subseteq S$，于是 $I_A\subseteq R\cap S$ 且 $I_A\subseteq R\cup S$，即 $R\cap S$ 和 $R\cup S$ 都是自反的。由定理 3.7 和 $I_A=I_A\circ I_A\subseteq S\circ R$ 知 $S\circ R$ 也是自反的。

(c) R 是自反的当且仅当 $I_A\subseteq R$，而这当且仅当 $\overline{R}\cap I_A=\varnothing$，即 $\overline{R}$ 是非自反的。 □

定理 3.17 设 R 和 S 为集合 A 上的关系，则：

(a) 若 R 是对称的，那么 R^{-1} 和 $\overline{R}$ 也是对称的；

(b) 若 R 是对称的，那么 R^n 也是对称的；

(c) 若 R 和 S 都是对称的，那么 $R\cap S$ 和 $R\cup S$ 也是对称的。

证明：(a) 若 R 是对称的，则由定理 3.14(c)有 $R=R^{-1}$，于是 $R^{-1}=R=(R^{-1})^{-1}$，以及由定理 3.6(c)有 $(\overline{R})^{-1}=\overline{R^{-1}}=\overline{R}$，故 R^{-1} 和 $\overline{R}$ 也是对称的。

(b) 由定理 3.9 易得 $(R^n)^{-1}=(R^{-1})^n$，于是 $(R^n)^{-1}=(R^{-1})^n=R^n$ 也是对称的。

(c) 若 R 和 S 都是对称的，则 $R=R^{-1}$ 且 $S=S^{-1}$，于是由定理 3.6(f)有 $(R\cap S)^{-1}=R^{-1}\cap S^{-1}=R\cap S$ 及 $(R\cup S)^{-1}=R^{-1}\cup S^{-1}=R\cup S$。可知，$R\cap S$ 和 $R\cup S$ 也是对称的。 □

定理 3.18 设 R 和 S 为集合 A 上的关系，则：

(a) $(R\cap S)^n\subseteq R^n\cap S^n$，$(R\cup S)^n\supseteq R^n\cup S^n$；

(b) 若 R 是传递的，那么 R^{-1} 也是传递的。

(c) 若 R 和 S 都是传递的，那么 $R\cap S$ 也是传递的。

证明：(a) 请自行证明。

(b) 若 R 是传递的则 $R^2\subseteq R$，且由定理 3.9 和定理 3.6(d)有 $(R^{-1})^2=(R^2)^{-1}\subseteq R^{-1}$，于是 R^{-1} 也是传递的。

(c) 若 R 和 S 都是传递的，则 $R^2\subseteq R$ 且 $S^2\subseteq S$。由定理 3.18(a)，$(R\cap S)^2\subseteq R^2\cap S^2\subseteq R\cap S$，故 $R\cap S$ 也是传递的。 □

上述定理总结见表 3－3（表中的“×”并不表示“一定不具有”而是表示“不一定具有”）：

表3－3 关系运算对性质的总结

若 R 和 S 满足性质	则以下关系满足				
	$\overline{R}$	R^{-1}	$R\cap S$	$R\cup S$	$S\circ R$
自反性	非自反性	√	√	√	√
非自反性	自反性	√	√	√	×
对称性	√	√	√	√	×
反对称性	√	√	√	×	×
传递性	×	√	√	×	×

课前自测题

习题 3.95 若集合 A 上的关系 R 和 S 都是非对称的，则（ ）可能不具有非对称性。

A. $R\cap S$　　B. $R\cup S$　　C. S^{-1}　　D. R^{-1}

习题 3.96 若集合 A 上的关系 R 和 S 都是对称的，则（ ）可能不具有对称性。

A. $R\cap S$　　B. $R\cup S$　　C. $S\circ R$　　D. R^{-1}

习题 3.97 若 R 和 S 都是集合 A 上的关系，则以下陈述中正确的是（ ）。

A. 若 R 和 S 都具有传递性，那么 $R\cup S$ 也具有传递性

B. 若 R 和 S 都具有非自反性，那么 $R\cup S$ 也具有非自反性

C. 若 R 和 S 都不具有传递性，那么 $R\cup S$ 也不具有传递性

D. 若 R 和 S 都不具有自反性，那么 $R\cup S$ 也不具有自反性

习题 3.98 若集合 A 上的关系 R 和 S 都是传递的，判断下述结论是否成立。

(a) $R-S$ 是传递的。

(b) $R\cup S$ 是传递的。

(c) $S\circ R$ 是传递的。

习题 3.99 若集合 A 上的关系 R 和 S 都是非自反的，判断下述结论是否成立。

(a) R^{-1} 是非自反的。

(b) $R\cap S$ 是非自反的。

(c) $R\cup S$ 是非自反的。

(d) $S\circ R$ 是非自反的。

习题 3.100 若集合 A 上的关系 R 和 S 都是反对称的，判断下述结论是否成立。

(a) $\overline{R}$ 是反对称的。

(b) R^{-1} 是反对称的。

(c) $R\cap S$ 是反对称的。

(d) $R\cup S$ 是反对称的。

(e) $S\circ R$ 是反对称的。

课堂练习题

习题 3.101 举例说明 R 和 S 都是对称的，但是 $S\circ R$ 不具有对称性。

习题 3.102 证明定理 3.18(a)。

习题 3.103 设 R 和 S 为集合 A 上的传递关系，证明 $R \cap R^{-1}$ 也具有传递性。

讨论题

习题 3.104 设 R 和 S 为集合 A 上的关系，给出 $(R \cap S)^n = R^n \cap S^n$，$(R \cup S)^n = R^n \cup S^n$ 的反例。

习题 3.105 假设 R 和 S 为集合 A 上的传递关系，判断 $R \cup R^{-1}$ 是否一定具有传递性？

3.11 关系的闭包

知识点

关系的运算能够生成新的关系，但从表 3–3 中可以看到运算也可能会失去一些性质。另外，有的关系“先天性”地就缺少一些特定的性质。因而希望通过给关系添加一些有序对使其满足特定性质，而又希望添加的有序对尽可能少，以使得新的关系与原有关系相差不大。于是引入了关系的闭包运算。

定义 3.16 假设 R 是集合 A 上的关系，若存在另一个 A 上的关系 R'，使得

(1) R' 满足某确定的性质；

(2) $R \subseteq R'$；

(3) 对于任何 A 上满足该确定性质的 S，如果有 $R \subseteq S$，则有 $R' \subseteq S$。

则称 R' 为 R 的（关于该性质）的**闭包（closure）**。

注：条件(1)确定了新关系的性质，条件(2)确定了新关系是在原关系的基础上通过添加有序对产生的，条件(3)确定了新关系是包含原关系且具备该性质的“最小”集合。

一般将关系 R 的**自反闭包**记作 $r(R)$，**对称闭包**记作 $s(R)$，**传递闭包**记作 $t(R)$。

下面给出关系闭包的构造方法。

定理 3.19 假设 R 是集合 A 上的关系，则 $r(R) = R \cup I_A$，其中 I_A 是 A 上的恒等关系。

证明：设 $R' = R \cup I_A$，则：

(1) 由于 $I_A \subseteq R'$，因而 R' 是自反的；

(2) 显然有 $R \subseteq R'$；

(3) 对于 A 上任一满足 $R \subseteq S$ 的自反关系 S，由定理 3.14(a)知 $I_A \subseteq S$，于是 $R' = R \cup I_A \subseteq S \cup S = S$。

于是由定义知 $R' = R \cup I_A$ 是 R 的自反闭包。 □

定理 3.20 设 R 是集合 A 上的关系，则 $s(R) = R \cup R^{-1}$。

证明：设 $R' = R \cup R^{-1}$，则：

(1) 由于 $(R')^{-1} = (R \cup R^{-1})^{-1} = R^{-1} \cup (R^{-1})^{-1} = R^{-1} \cup R = R'$，因而 R' 是对称的；

(2) 显然有 $R \subseteq R'$；

(3) 对于 A 上任一满足 $R \subseteq S$ 的对称关系 S，由定理 3.14(c)知 $S = S^{-1}$，而且由于 $R \subseteq S$ 有 $R^{-1} \subseteq S^{-1}$（定理 3.6(d)），故而 $R' = R \cup R^{-1} \subseteq S \cup S^{-1} = S$。

于是由定义知 $R' = R \cup R^{-1}$ 是 R 的对称闭包。 □

定理 3.21　设 R 为集合 A 上的任意二元关系，则

$$t(R)=R^{\infty}=\bigcup_{i=1}^{\infty}R^i$$

证明：(1) $R\subseteq R^{\infty}$显然成立。

(2) 若 $aR^{\infty}b$ 且 $bR^{\infty}c$，则由定义，R 中存在从 a 到 b 的道路π_1 和从 b 到 c 的道路π_2，于是π_1 和π_2 的复合即为从 a 到 c 的道路，因此有 $aR^{\infty}c$，R^{∞}具有传递性。

(3) 对于 A 上任一满足 $R\subseteq S$ 的传递关系 S，由其满足传递性及定理 3.15 知：对于所有 $n\geqslant 1$，$S^n\subseteq S$，于是 $R^{\infty}=R\cup R^2\cup R^3\cup\cdots\subseteq S\cup S^2\cup S^3\cup\cdots\subseteq S$。 □

例 3.37　假设集合 $A=\{1, 2, 3, 4\}$，$R=\{(1, 3), (2, 4), (3, 2), (3, 3), (3, 4), (4, 1)\}$是定义在 A 上的关系，则

$r(R)=\{(1, 1), (1, 3), (2, 2), (2, 4), (3, 2), (3, 3), (3, 4), (4, 1), (4, 4)\}$；

$s(R)=\{(1, 3), (1, 4), (2, 3), (2, 4), (3, 1), (3, 2), (3, 3), (3, 4), (4, 1), (4, 2), (4, 3)\}$；

$t(R)=\{(1, 1), (1, 2), (1, 3), (1, 4), (2, 1), (2, 2), (2, 3), (2, 4), (3, 1), (3, 2), (3, 3), (3, 4), (4, 1), (4, 2), (4, 3), (4, 4)\}$。

关系的闭包运算在关系矩阵上的方法为：当 R 是有限集合 A 上关系且$|A|=n$ 时，有

$$\boldsymbol{M}_{r(R)}=\boldsymbol{M}_R\vee\boldsymbol{M}_{I_A}，\quad \boldsymbol{M}_{s(R)}=\boldsymbol{M}_R\vee\boldsymbol{M}_{R^{-1}}=\boldsymbol{M}_R\vee\boldsymbol{M}_R^{\mathrm{T}}$$

$$\boldsymbol{M}_{t(R)}=\boldsymbol{M}_R\vee\boldsymbol{M}_{R^2}\vee\cdots\vee\boldsymbol{M}_{R^n}=\boldsymbol{M}_R\vee(\boldsymbol{M}_R\odot\boldsymbol{M}_R)\vee\cdots\vee(\boldsymbol{M}_R)_{\odot}^n$$

例 3.38　假设集合 $A=\{1, 2, 3, 4\}$，$R=\{(1, 3), (2, 4), (3, 2), (3, 3), (3, 4), (4, 1)\}$是定义在 A 上的关系，则

$$\boldsymbol{M}_R=\begin{pmatrix}0&0&1&0\\0&0&0&1\\0&1&1&1\\1&0&0&0\end{pmatrix}，\boldsymbol{M}_{r(R)}=\begin{pmatrix}1&0&1&0\\0&1&0&1\\0&1&1&1\\1&0&0&1\end{pmatrix}，\boldsymbol{M}_{s(R)}=\begin{pmatrix}0&0&1&1\\0&0&1&1\\1&1&1&1\\1&1&1&0\end{pmatrix}；由\boldsymbol{M}_R=\begin{pmatrix}0&0&1&0\\0&0&0&1\\0&1&1&1\\1&0&0&0\end{pmatrix}$$

$$\boldsymbol{M}_{R^2}=\begin{pmatrix}0&1&1&1\\1&0&0&0\\1&1&1&1\\0&0&1&0\end{pmatrix}，\boldsymbol{M}_{R^3}=\begin{pmatrix}1&1&1&1\\0&0&1&0\\1&1&1&1\\0&1&1&1\end{pmatrix}，\boldsymbol{M}_{R^4}=\begin{pmatrix}1&1&1&1\\0&1&1&1\\1&1&1&1\\1&1&1&1\end{pmatrix}$$

从而得 $\boldsymbol{M}_{t(R)}=\boldsymbol{M}_R\vee\boldsymbol{M}_{R^2}\vee\boldsymbol{M}_{R^3}\vee\boldsymbol{M}_{R^4}=\begin{pmatrix}1&1&1&1\\1&1&1&1\\1&1&1&1\\1&1&1&1\end{pmatrix}$。

当$|A|=n$ 时，可以采用如下方法计算关系传递闭包的矩阵表示。

传递闭包构造算法 ($\boldsymbol{M}_R$)

输入：$\boldsymbol{M}_R$（R 的关系矩阵）

输出：$\boldsymbol{C}$（$t(R)$的关系矩阵）

1.　$\boldsymbol{C}\leftarrow\boldsymbol{M}_R, \boldsymbol{S}\leftarrow\boldsymbol{M}_R$

2.　**For** $i=1$ **to** $n-1$

2.1 $S \leftarrow S \odot M_R$

2.2 $C \leftarrow C \vee S$

一共进行 $n-1$ 次循环，每次循环中有一次布尔积运算、一次并运算，共用约 n^3+n^2 次元素的布尔操作。因此，总的元素布尔操作次数为$(n-1)(n^3+n^2)$，当 n 充分大时，其约等于 n^4。

课前自测题

习题 3.106（判断题） $A=\{1, 2, 3\}$，A 上的关系 $R=\{(1, 1), (2, 1), (2, 3), (3, 1)\}$的自反闭包是$\{(1, 1), (2, 2), (2, 3), (3, 3)\}$。

习题 3.107（判断题） $A=\{1, 2, 3\}$，A 上的关系 $R=\{(1, 1), (2, 1), (2, 3), (3, 1)\}$的对称闭包是$\{(1, 1), (1, 2), (2, 1), (2, 3), (3, 2), (3, 1), (1, 3)\}$。

习题 3.108（判断题） $A=\{1, 2, 3\}$，A 上的关系 $R=\{(1, 2), (2, 1)\}$的传递闭包是$\{(1, 1), (1, 2), (2, 1), (2, 2)\}$。

习题 3.109 假设 $A=\{1, 2, 3\}$，A 上的关系 $R=\{(1, 2), (2, 3), (3, 1)\}$，求 $r(R)$，$s(R)$，$t(R)$。

课堂练习题

习题 3.110 设 $A=\{a, b, c, d\}$上的关系 $R=\{(a, b), (b, a), (b, c), (c, d), (d, b)\}$，求 $r(R)$，$s(R)$，$t(R)$。

习题 3.111 设 $A=\{1, 2, 3\}$，试给出 A 上关系 R 使得 $R\cup R^2$ 不具有传递性而 $R\cup R^2\cup R^3$ 具有传递性。

讨论题

习题 3.112 假设 $R=\{(0, 1), (1, 2),\cdots, (n, n+1),\cdots\}=\{(x, x+1)|x\in \mathbb{N}\}$为$\mathbb{N}$上的关系，求 $r(R)$，$s(R)$，$t(R)$。

习题 3.113 请讨论为什么不能通过减少有序对来使关系满足特定的性质？

习题 3.114 请讨论关系的闭包运算在关系图的表现是什么（假设 R 是有限集合 A 上的关系且$|A|=n$）？

习题 3.115 假设 R 是集合 A 上的关系，如果 R 是传递的，那么 $s(R)$是否一定也是传递的？

3.12 沃舍尔算法

知识点

1960 年，沃舍尔（Stephen Warshall，1935—2006）给出了求传递闭包的一个有效算法。该算法的思路是：考虑 $n+1$ 个矩阵的序列 $\boldsymbol{W}^0, \boldsymbol{W}^1,\cdots, \boldsymbol{W}^n$，$\boldsymbol{W}^k(i, j)=1$ 当且仅当存在 R 中一条从 x_i 到 x_j 的道路，并且这条道路除起点和终点外，中间只经过$\{x_1, x_2,\cdots, x_k\}$中的顶点，则 $\boldsymbol{W}^0$ 就是 R 的关系矩阵，而 $\boldsymbol{W}^n$ 对应 R 的传递闭包。

该算法的理论基础是：一条除起点和终点外中间只经过$\{x_1, x_2,\cdots, x_k\}$中的顶点的从 x_i 到 x_j 的道路分为两种可能（由定理 3.13 的证明过程，可假定该道路经过各个顶点至多一次），即不经过 x_k（图 3－17 中点划线表示），以及经过 x_k（图 3－17 中虚线表示）。

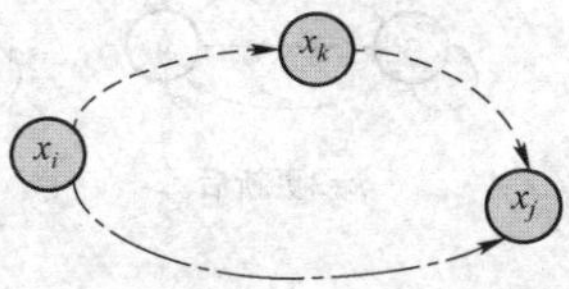

图 3－17　沃舍尔算法的理论基础

如果是第一种情况，则有 $\boldsymbol{W}^{k-1}(i, j)=1$；如果是第二种情况，则可以把道路分为两段，于是有 $\boldsymbol{W}^{k-1}(i, k)=\boldsymbol{W}^{k-1}(k, j)=1$。

因此 $\boldsymbol{W}^{k}(i, j)=1$ 当且仅当 $\boldsymbol{W}^{k-1}(i, j)=1$ 或 $\boldsymbol{W}^{k-1}(i, k)=\boldsymbol{W}^{k-1}(k, j)=1$。于是可以从 $\boldsymbol{W}^{0}=\boldsymbol{M}_R$ 开始，依次计算 $\boldsymbol{W}^1, \boldsymbol{W}^2\cdots$直到 $\boldsymbol{W}^n=\boldsymbol{M}_{t(R)}$。

例 3.39　假设集合 $A=\{1, 2, 3, 4\}$, $R=\{(1, 3), (2, 4), (3, 2), (3, 3), (4, 1)\}$是定义在 A 上的关系，则

$$\boldsymbol{W}^0=\boldsymbol{M}_R=\begin{pmatrix}0&0&1&0\\0&0&0&1\\0&1&1&0\\1&0&0&0\end{pmatrix},\ \boldsymbol{W}^1=\begin{pmatrix}0&0&1&0\\0&0&0&1\\0&1&1&0\\1&0&1&0\end{pmatrix},\ \boldsymbol{W}^2=\begin{pmatrix}0&0&1&0\\0&0&0&1\\0&1&1&1\\1&0&1&0\end{pmatrix}$$

$$\boldsymbol{W}^3=\begin{pmatrix}0&1&1&1\\0&0&0&1\\0&1&1&1\\1&1&1&1\end{pmatrix},\ \boldsymbol{M}_{t(R)}=\boldsymbol{W}^4=\begin{pmatrix}1&1&1&1\\1&1&1&1\\1&1&1&1\\1&1&1&1\end{pmatrix}$$

沃舍尔算法的伪代码描述是：

沃舍尔算法 Warshall ($\boldsymbol{M}_R$)

输入：$\boldsymbol{M}_R$（R 的关系矩阵）

输出：$\boldsymbol{C}$（$t(R)$的关系矩阵）

1. $\boldsymbol{C}\leftarrow\boldsymbol{M}_R$

2. For $k=1$ **to** n

2.1 For $i=1$ **to** n

2.1.1 For $j=1$ **to** n

2.1.1.1 $\boldsymbol{C}[i, j]\leftarrow\boldsymbol{C}[i, j]\vee(\boldsymbol{C}[i, k]\wedge\boldsymbol{C}[k, j])$

共需要 $2n^3$ 次元素的布尔操作。

沃舍尔算法在有向图上的操作是：

For $k=1$ **to** n

　如果存在边(i, k)和(k, j)则将边(i, j)添加到有向图中。

例 3.40　集合 $A=\{1, 2, 3, 4\}$上的关系 $R=\{(1, 3), (2, 4), (3, 2), (3, 3), (4, 1)\}$的传递闭包可按图 3－18 所示方法求得：

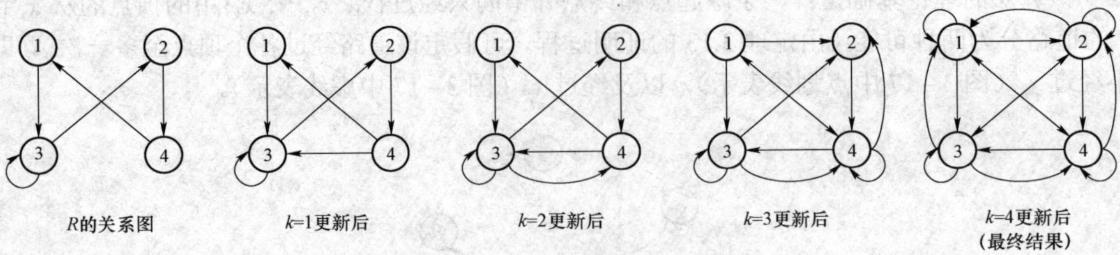

图 3－18　例 3.40 用图

下面给出沃舍尔算法的“纸上工作法”（假设 R 是有限集合 A 上的关系且$|A|=n$）。

对于 k 从 1 到 n，执行下述过程——在第 k 次时，在第 k 行不为 0 元素所在列画直线，在第 k 列不为 0 元素所在行画直线，直线相交位置如果为 0，则改为 1。

例 3.41　假设集合 $A=\{1, 2, 3, 4\}$，$R=\{(1, 3), (2, 4), (3, 2), (3, 3), (4, 1)\}$是定义在 A 上的关系，则“纸上工作法”的过程如图 3－19 所示。

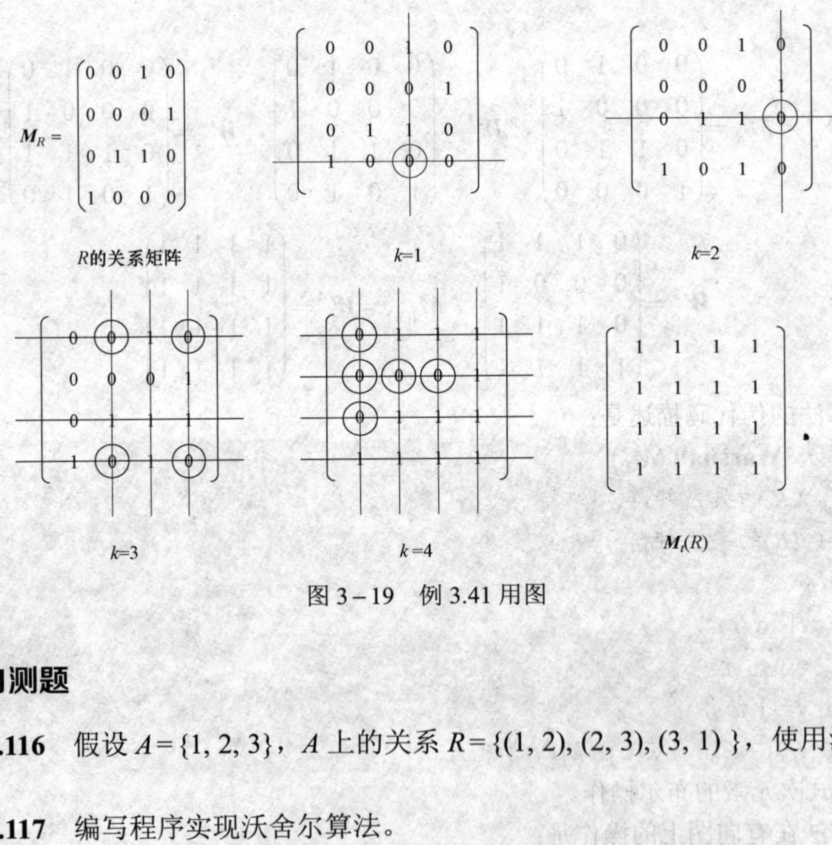

图 3－19　例 3.41 用图

课前自测题

习题 3.116　假设 $A=\{1, 2, 3\}$，A 上的关系 $R=\{(1, 2), (2, 3), (3, 1)\}$，使用沃舍尔算法计算 $t(R)$。

习题 3.117　编写程序实现沃舍尔算法。

课堂练习题

习题 3.118　设 $A=\{a, b, c, d\}$上的关系 $R=\{(a, b), (b, a), (b, c), (c, d), (d, b)\}$，使用沃舍尔算法计算 $t(R)$。

讨论题

习题 3.119 “纸上工作法”的理论依据是什么？

3.13 集合的划分

知识点

例 3.42 在表 3-4 中，各同学之间的“同班”关系构成等价关系，{小赵, 小郑}, {小钱, 小孙, 小吴}, {小李, 小周, 小王}恰恰是将所有同学分为三个班的结果，事实上它称作**集合的划分**。

表 3-4 例 3.42 用表

姓名	学号	专业	班级
小赵	19101001	数学	1 班
小钱	19301001	力学	3 班
小孙	19301002	力学	3 班
小李	19201001	有机化学	2 班
小周	19201002	无机化学	2 班
小吴	19301004	光学	3 班
小郑	19101002	数学	1 班
小王	19201003	无机化学	2 班

定义 3.17 设 X 为非空集合，若集合 $\Pi\subseteq\mathscr{P}(X)$ 满足：

(1) 对任意 $A\in\Pi$，A 非空；

(2) 对任意 $A, B\in\Pi$，若 $A\neq B$，则 $A\cap B=\varnothing$；

(3) $\bigcup\limits_{A\in\Pi} A = X$。

则称 Π 为集合 A 的一个划分（**partition**）或分划。$A\in\Pi$ 称为 X 的划分块（**block**）。

例 3.43 假设集合为 $S=\{1, 2, 3, 4, 5\}$，则 $\pi_1=\{\ \{1, 2, 3\}, \{4, 5\}\ \}$，$\pi_2=\{\ \{1, 2, 4, 5\}, \{3\}\ \}$，$\pi_3=\{\ \{1, 4\}, \{2, 5\}, \{3\}\ \}$都是 S 的划分，而 $\pi_4=\{\ \{1, 4, 5\}, \{2\}\ \}$，$\pi_5=\{\ \{1, 3, 4\}, \{2, 4, 5\}\ \}$都不是 S 的划分。

课前自测题

习题 3.120 令 $A=\{1, 2, 3, 4, 5, 6, 7, 8, 9, 10\}$，$A_1=\{1, 2, 3, 4\}$，$A_2=\{5, 6, 7\}$，$A_3=\{5, 7, 9\}$，$A_4=\{4, 8, 10\}$，$A_5=\{8, 9, 10\}$，$A_6=\{1, 2, 3, 4, 6, 8, 10\}$，$A_7=\{1, 2, 3, 6\}$，则以下的（　）不构成 A 的一个划分。

A. $\{A_1, A_2, A_5\}$　B. $\{A_3, A_6\}$　C. $\{A_2, A_3, A_4\}$　D. $\{A_3, A_4, A_7\}$

习题 3.121 在 $A=\{1, 2, 3\}$上可以定义________个不同的划分。

习题 3.122（多项选择题） 下面哪些集合可构成 8 位二进制串的集合上的划分？

(a) 以 0 开始的二进位串的集合、以 10 开始的二进位串的集合、以 11 开始的二进位串的集合。

(b) 包含串 00 的二进位串的集合、包含串 01 的二进位串的集合、包含串 10 的二进位串的集合、包含串 11 的二进位串的集合。

(c) 以 00 结尾的二进位串的集合、以 01 结尾的二进位串的集合、以 10 为结尾的二进位串的集合、以 11 为结尾的二进位串的集合。

(d) 以 000 结尾的二进位串的集合、以 100 结尾的二进位串的集合、以 01 结尾的二进位串的集合、以 00 结尾的二进位串的集合。

(e) 含 $3k$ 个 1 的二进位串的集合、含 $3k+1$ 个 1 的二进位串的集合、含 $3k+2$ 个 1 的二进位串的集合，其中 k 是非负整数。

课堂练习题

习题 3.123 四个元素的集合共有多少种不同的划分？

习题 3.124 证明：若 $\pi_1=\{A_1, A_2,\cdots, A_m\}$ 是集合 A 的一个划分，$\pi_2=\{B_1, B_2,\cdots, B_n\}$ 是集合 B 的一个划分，则 $\pi_1\times\pi_2$ 是集合 $A\times B$ 的一个划分。

习题 3.125 下面哪些是集合 $\mathbb{Z}\times\mathbb{Z}$ 的划分？

(a) x 或 y 是奇数的 (x, y) 对的集合，x 是偶数的 (x, y) 对的集合，y 是偶数的 (x, y) 对的集合。

(b) x 或 y 是奇数的 (x, y) 对的集合，x 和 y 只有一个是奇数的 (x, y) 对的集合，x 和 y 都是偶数的 (x, y) 对的集合。

(c) x 是正数的 (x, y) 对的集合，y 是正数的 (x, y) 对的集合，x 和 y 都是负数的 (x, y) 对的集合。

(d) x 和 y 都被 3 整除的 (x, y) 对的集合，x 被 3 整除且 y 不被 3 整除的 (x, y) 对的集合，x 不被 3 整除且 y 被 3 整除的 (x, y) 对的集合，x 和 y 都不被 3 整除的 (x, y) 对的集合。

(e) $x>0$ 且 $y>0$ 的 (x, y) 对的集合，$x>0$ 且 $y\leqslant 0$ 的 (x, y) 对的集合，$x\leqslant 0$ 且 $y>0$ 的 (x, y) 对的集合，$x\leqslant 0$ 且 $y\leqslant 0$ 的 (x, y) 对的集合。

(f) $x\neq 0$ 且 $y\neq 0$ 的 (x, y) 对的集合，$x=0$ 且 $y\neq 0$ 的 (x, y) 对的集合，$x\neq 0$ 且 $y=0$ 的 (x, y) 对的集合。

讨论题

习题 3.126 假设集合 A 有 n 个元素，证明：A 的包含 k 个划分块的不同划分总数满足递推关系

$$S(n, k)=S(n-1, k-1)+k\cdot S(n-1, k)$$

初始条件为 $S(n, 1)=S(n, n)=1$。

习题 3.127 (a) 假设集合 $A=\{1, 2, 3, 4, 5\}$，$\pi_1=\{\{1, 2, 3, 4\}, \{5\}\}$，$\pi_2=\{\{1, 2, 3\}, \{4, 5\}\}$，计算 $\{A_i\cap B_j \mid A_i\cap B_j\neq\varnothing, A_i\in\pi_1, B_j\in\pi_2\}$。

(b) 证明：若 $\pi_1=\{A_1, A_2,\cdots, A_m\}$，$\pi_2=\{B_1, B_2,\cdots, B_n\}$ 都是集合 A 的划分，则 $\{A_i\cap B_j \mid A_i\cap B_j\neq\varnothing, A_i\in\pi_1, B_j\in\pi_2\}$ 是集合 A 的一个划分（称为 π_1 与 π_2 的**交叉划分**）。

(c) 假设集合 $A=\{$全年级学生$\}$，$\pi_1=\{\{$全年级所有男生$\}, \{$全年级所有女生$\}\}$，$\pi_2=\{\{1$ 班学生$\}, \{2$ 班学生$\}, \{3$ 班学生$\}, \{4$ 班学生$\}, \{5$ 班学生$\}\}$，那么 π_1 与 π_2 的交叉划分的各划分块含义是什么？

3.14　等价关系、等价类和商集

知识点

等价关系是一类特殊而又常见的关系。等价关系可以将集合中具有某种共同性质的元素归并成类，从而将对元素的研究转化为更简单的对类的研究。

定义 3.18　假设 R 是非空集合 A 上的关系，如果 R 是自反的、对称的和传递的，则称 R 是 A 上的**等价关系（equivalence relation）**。

例 3.44　集合 $A=\{1, 2, 3\}$上的关系 $R=\{(1, 1), (2, 2), (3, 3), (1, 3), (3, 1)\}$，$S=\{(1, 1), (2, 2), (3, 3), (2, 3), (3, 2)\}$都是等价关系。

例 3.45　(a) 非空集合上的恒等关系是等价关系；

(b) 平面上三角形的“相似”关系是一个等价关系；

(c) 学生的“同班”关系是一个等价关系。

例 3.46　设 $A=\{1, 2, 3, 4, 5, 6\}$，则关系 $R=\{(1, 1), (2, 2), (6, 6), (1, 2), (2, 1), (1, 6), (6, 1), (2, 6), (6, 2), (3, 3), (5, 5), (3, 5), (5, 3), (4, 4)\}$是一个 A 上的等价关系，R 的关系图如图 3－20 所示。

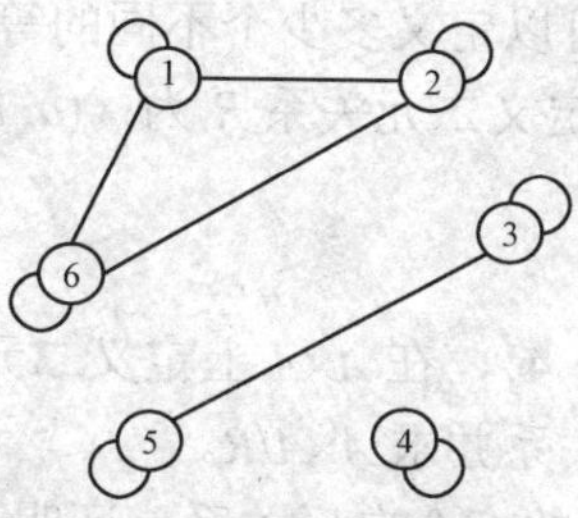

图 3－20　例 3.46 用图

可以看到关系图 3－20 被分为三个互不连通的部分$\{1, 2, 6\}$, $\{3, 5\}$和$\{4\}$，每部分中的元素两两都具有关系，而不同部分中的元素之间则不具有关系。事实上，每一部分中的所有元素构成了一个等价类。

定义 3.19　假设 R 是非空集合 A 上的等价关系，元素 $a\in A$，集合 $R(a)$称为 a 所在的**等价类（equivalence class）**，也记作$[a]_R$ 或$[a]$；集合$\{R(a)|a\in A\}$称作 A 关于 R 的**商集（quotient set）**，记作 A/R；a 称作 $R(a)$的**代表元**。

例 3.47　在例 3.46 中，R 的商集为 $A/R=\{\ \{1, 2, 6\}, \{3, 5\}, \{4\}\ \}$。

例 3.48　设集合 $A=\{1, 2, 3\}$，$A\times A$ 上的关系 R 定义为$(x, y)R(u, v)$当且仅当 $x+y=u+v$，则 R 是一个等价关系，$(A\times A)/R=\{\ \{(1,1)\}, \{(1,2), (2,1)\}, \{(1,3), (2,2), (3,1)\}, \{(2,3), (3,2)\}, \{(3,3)\}\ \}$，如图 3－21 所示。

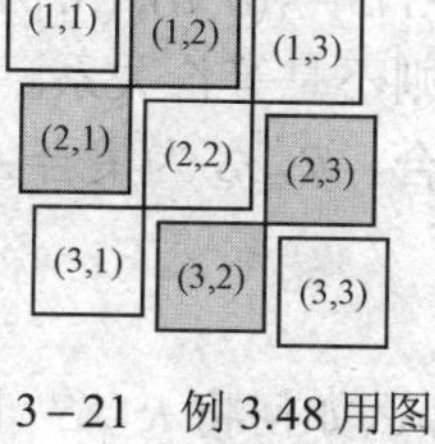

图 3－21　例 3.48 用图

定理 3.22 设 R 是 A 上的一个等价关系，令 $a, b\in A$，则 aRb 当且仅当 $R(a)=R(b)$。

证明：假设 $R(a)=R(b)$，则由 R 具有自反性有 $b\in R(b)$。于是 $b\in R(a)$，也即 aRb。

反过来，假设 aRb，由 R 的对称性有 bRa，于是 $a\in R(b)$且 $b\in R(a)$。对于任意 $x\in R(b)$，因 R 具有传递性，由 $x\in R(b)$及 $b\in R(a)$可得 $x\in R(a)$，因此 $R(b)\subseteq R(a)$。类似地可证明 $R(a)\subseteq R(b)$，故有 $R(a)=R(b)$。 □

课前自测题

习题 3.128 以下哪个 $A=\{1, 2, 3\}$上的关系是等价关系？（　　）

A. $\{(1,1)\}$　　B. $\{(1,1), (2,2), (3,3), (1,2), (2,1)\}$

C. $\{(1,1), (2,2), (3,3), (1,2), (2,1), (1,3)\}$　　D. $\{(1,1), (2,2), (3,3), (1,2), (2,1), (1,3), (3,1)\}$

习题 3.129（判断题） 假设 $A=\{1, 2, \cdots, 17, 18\}$，$R$ 是 A 上的关系，aRb 当且仅当 $5|(a-b)$，则等价类$[5]=\{5,10, 15, 18\}$。

习题 3.130 $A=\{1, 2, 3\}$上不同的等价关系有________个。

课堂练习题

习题 3.131 $A=\{1, 2, 3, 4\}$上可以定义多少个不同的等价关系？

习题 3.132 在 $A=\{1, 2, 3\}$上定义二元关系 R 为：$(a, b)\in R$ 当且仅当 $2|a+b$。

(a) 证明 R 是一个等价关系；

(b) 计算 $A\times A/R$。

习题 3.133 假设 $A=\{1, 2, 3, 4\}$，在 $A\times A$ 上定义二元关系 R 为：$(a, b)R(c, d)$当且仅当 $|a-b|=|c-d|$。证明 R 是一个等价关系并求 $A\times A/R$。

习题 3.134 设 R 是集合 A 上的一个自反关系，证明 R 是一个等价关系当且仅当：对于任意 $a, b, c\in A$，若$(a, b)\in R$ 且$(a, c)\in R$，则$(b, c)\in R$。

讨论题

习题 3.135 设 R 是集合 A 上的一个等价关系，那么 R^2 是否也是等价关系？

习题 3.136 假设 2×2 棋盘的 4 个方格中的每一个可以被涂成红色或蓝色，在所有涂色方案上定义关系 R：假设 C_1 和 C_2 是两个涂色方案，$(C_1, C_2)\in R$ 当且仅当 C_2 可以由旋转 C_1，或旋转 C_1 然后再翻转 C_1 得到。

(a) 证明 R 是等价关系。

(b) 计算 R 的等价类。

习题 3.137 集合 $A=\{a, b, c\}$上的关系 $R=\{(a, a), (b, b), (c, c), (b, c), (c, b)\}$，$S=\{(a, a), (b, b), (c, c), (a, b), (b, a)\}$都是等价关系，$R\cap S=\{(a, a), (b, b), (c, c)\}$也是等价关系，而 $R\cup S=\{(a, a), (b, b), (c, c), (a, b), (b, a), (b, c), (c, b)\}$则不是等价关系。

一般来说，假设 A，B 是两个集合，R，S 为集合 A 上的两个等价关系，那么

(a) $R\cap S$ 是否一定是等价关系？

(b) $R\cup S$ 是否一定是等价关系？

(c) 如果 $R\cup S$ 不是等价关系，那么如何将 $R\cup S$ “扩充”为等价关系？

3.15　由划分构造等价关系

知识点

先讨论如何由划分构造一个等价关系。

定理 3.23　设π是集合 A 的一个划分，定义 A 上的关系 R 为

$$aRb \text{ 当且仅当 } a \text{ 和 } b \text{ 属于同一个划分块，}$$

则 R 是 A 上的一个等价关系，称作**由π决定的等价关系**。

证明：(1) 若 $a\in A$，则明显地 a 在自己所处的划分块中，于是 aRa，因而 R 具有自反性。

(2) 若 aRb，则 a 与 b 处于相同的划分块，于是 bRa，因而 R 具有对称性。

(3) 若 aRb 且 bRc，则 a 与 b 处于相同的划分块，b 与 c 处于相同的划分块，于是 aRc，因而 R 具有传递性。

综上可得，R 是 A 上的一个等价关系。　□

由此可得出由集合 X 的划分求等价关系的方法：设Π是集合 X 的一个划分，则由Π决定的等价关系为 $R=\bigcup\limits_{A\in\Pi}(A\times A)$。

例 3.49　集合 $A=\{a, b, c\}$的划分$\{\{a\}, \{b, c\}\}$决定的等价关系是

$$\{a\}\times\{a\}\cup\{b, c\}\times\{b, c\}=\{(a, a), (b, b), (b, c), (c, b), (c, c)\}$$

课前自测题

习题 3.138（判断题）　若$\pi=\{\{1, 2, 4, 7\}, \{3, 6, 8\}, \{5\}\}$，那么(4, 4)和(2, 7)都属于由$\pi$决定的等价关系 R。

习题 3.139（判断题）　若 $A=\{1, 2, 3, 4\}$，$\pi=\{\{1, 2\}, \{3\}, \{4\}\}$是 A 的一个划分，则π决定的等价关系是$\{(1, 1), (2, 2), (1, 2), (2, 1), (3, 3), (4, 4)\}$。

习题 3.140　令 $A=\{a, b, c, d\}$，$\mathscr{P}=\{\{a\}, \{b, d\}, \{c\}\}$是 A 的一个划分，则________是$\mathscr{P}$决定的等价关系。

课堂练习题

习题 3.141　已知 $A=\{1, 2, 3, 4, 5\}$，$A/R=\{\{1, 2\}, \{3, 5\}, \{4\}\}$，计算 R。

习题 3.142　已知 $A=\{1, 2, 3, 4, 5\}$，$A/R=\{\{1\}, \{2, 3, 4\}, \{5\}\}$，计算 $R\circ R^{-1}$。

讨论题

习题 3.143　若$\pi_1=\{A_1, A_2,\cdots, A_m\}$，$\pi_2=\{B_1, B_2,\cdots, B_n\}$都是集合 A 的划分，则$\{A_i\cap B_j \mid A_i\cap B_j\neq\varnothing, A_i\in\pi_1, B_j\in\pi_2\}$是$\pi_1$与$\pi_2$的**交叉划分**。若$\pi_1$决定的等价关系是 R_1，π_2决定的等价关系是 R_2，那么$\{A_i\cap B_j \mid A_i\cap B_j\neq\varnothing, A_i\in\pi_1, B_j\in\pi_2\}$决定的等价关系是什么？

3.16 由等价关系得到划分

知识点

下面讨论如何由等价关系得到一个划分，从而建立等价关系与划分之间的一一对应。

定理 3.24 设 R 是 A 上的一个等价关系，则 $\mathscr{P}=A/R=\{R(a)|a\in A\}$是 A 的一个划分，而且 R 就恰是由 $\mathscr{P}$ 决定的等价关系。

证明：(a) 对于任意 $a\in A$，由 R 的自反性有 $a\in R(a)$，即 $R(a)$非空。

(b) 假设 $R(a)\neq R(b)$，断言：$R(a)\cap R(b)=\varnothing$。

否则若存在 $c\in R(a)\cap R(b)$，则 $c\in R(a)$且 $c\in R(b)$，即 aRc 且 bRc。由定理 3.22 有 $R(a)=R(c)=R(b)$，产生矛盾。

因此 $\mathscr{P}=A/R=\{R(a)|a\in A\}$是 A 上的一个划分。

而且由定理 3.22，aRb 当且仅当 a, b 属于 $\mathscr{P}=A/R=\{R(a)|a\in A\}$的同一个划分块，因此 $\mathscr{P}$ 决定的等价关系就是 R。 □

例 3.50 由集合 $A=\{1, 2, 3, 4, 5\}$上等价关系 $R=\{(1, 1), (2, 2), (6, 6), (1, 2), (2, 1), (1, 6), (6, 1), (2, 6), (6, 2), (3, 3), (5, 5), (3, 5), (5, 3), (4, 4)\}$得到的划分是$\{ \{1, 2, 6\}, \{3, 5\}, \{4\} \}$。

由划分与等价关系的一一对应，可得：

定理 3.25 设 R_1 和 R_2 为非空集合 A 上的等价关系，则 $R_1=R_2$ 当且仅当 $A/R_1=A/R_2$。

课前自测题

习题 3.144（判断题） 令 $A=\{0, 1, 2, 3, 4, 5\}$，$R=\{(0, 0), (1, 1), (1, 2), (1, 3), (2, 1), (2, 2), (2, 3), (3, 1), (3, 2), (3, 3), (4, 4), (4, 5), (5, 4), (5, 5)\}$是 A 上的一个等价关系，则 $A/R=\{ \{0\}, \{1,2\}, \{3, 4, 5\} \}$。

课堂练习题

习题 3.145 已知 $A=\{1, 2, 3, 4\}$，$R=\{(1, 1), (1, 2), (2, 1), (2, 2), (3, 3), (4, 4)\}$，计算 A/R。

3.17 偏序关系和偏序集

知识点

集合之间的包含关系、实数间的小于等于关系、实数间的大于等于关系、正整数间的整除关系都具有类似的性质：自反性、反对称性和传递性。事实上它们都属于同一类特殊关系——偏序关系，它和等价关系同为很重要的关系。

定义 3.20 假设 R 是集合 A 上的关系，如果 R 是自反的、反对称的和传递的，则称 R 是 A 上的一个偏序（**partial order**）或半序（**semi order**）关系，一般简记作“$\leqslant$”或“$\geqslant$”。集合 A 和偏序关系 R 构成的有序二元组(A, R)称作偏序集（**partially ordered set**，简记为 **poset**）或半序集（**semi ordered set**）。

例 3.51　(a) 任意非空集合 A 上的恒等关系 I_A 是 A 上的偏序关系。

(b) 用 D_n 表示正整数 n 的所有正因子的集合，则 D_n 上的整除关系"|"是一个偏序关系，$(D_n, |)$构成一个偏序集。

定义 3.21　假设(A, R)为偏序集，$a, b\in A$，如果 $a\leqslant b$ 或 $b\leqslant a$ 成立，则称 a, b 是**可比的**（**comparable**），否则称 a, b 是**不可比的**（**incomparable**）。

定义 3.22　假设(A, R)为偏序集，如果对于任意 $a, b\in A$，a, b 都是可比的，则称 R 为**线序**（**linear order**）或**全序**（**total order**），(A, R)称作**线序集**（**linearly ordered set**）或**全序集**（**totally ordered set**），也称为**链**（**chain**）。

例 3.52　(a) 集合 A 至少有两个元素时，A 上的恒等关系 I_A 不是全序关系。

(b) 实数集 $\mathbb{R}$ 上的小于等于关系是全序关系。

(c) 整数集 $\mathbb{Z}$ 上的整除关系不是全序关系，例如 2 和 3 就不可比。

(d) 当集合 A 至少有两个元素时，$\mathscr{P}(A)$上的包含关系不是全序关系。

课前自测题

习题 3.146　设 $A=\{1, 2, 3, 4\}$，以下 A 上关系中，（　　）是偏序关系。

A. $\{(1, 1), (2, 2), (3, 3), (4, 4)\}$

B. $\{(1, 1), (1, 2), (2, 3), (1, 3)\}$

C. $\{(1, 1), (1, 2), (2, 1), (2, 2), (3, 3), (4, 4)\}$

D. $\{(1, 1), (1, 2), (2, 3), (2, 2), (3, 3), (4, 4)\}$

习题 3.147　判断以下由关系图表示的关系中，哪些是偏序关系，哪些是全序关系？

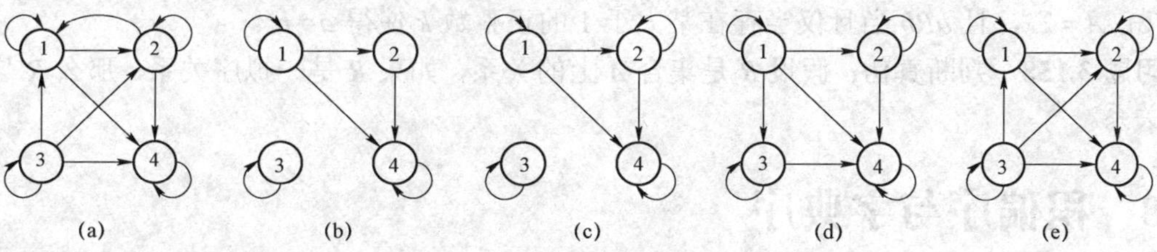

图 3－22　习题 3.147 用图

习题 3.148　判断真伪：

(a) 假设 R 和 S 都是集合 A 上的偏序关系，那么 $R\cap S$ 也是 A 上的偏序关系；

(b) 假设 R 和 S 都是集合 A 上的偏序关系，那么 $R\cup S$ 也是 A 上的偏序关系。

习题 3.149　偏序集$(D_{10}, |)$中有（　　）个有序对。

A. 8　　B. 9　　C. 10　　D. 12.

习题 3.150　判断下述关系 R 是否是集合 A 上的偏序关系？是否是集合 A 上的全序关系？

(a) $A=\mathbb{Z}$，且 aRb 当且仅当存在某正整数 k 使得 $a=b^k$；

(b) $A=\mathbb{Z}$，且 aRb 当且仅当存在某大于 1 的正整数 k 使得 $a=b^k$；

(c) $A=\mathbb{R}$，且 aRb 当且仅当 $a\leqslant b$。

课堂练习题

习题 3.151 设 R 是偏序关系，求证：$R\cup R^{-1}$ 是等价关系。

习题 3.152 请给出集合 A 上的一个关系，使其既是偏序关系又是等价关系。

讨论题

习题 3.153 (a) 证明：若 n 是某个素数的幂，则$(D_n, |)$构成一个全序集。

(b) 证明：若 n 有两个不同的素数因子，则$(D_n, |)$不是全序集。

(c) 总结出：n 满足什么条件时，$(D_n, |)$是一个全序集？

习题 3.154 若$(A, \leqslant)$是偏序集，$(A^{-1}, \leqslant)$是否也是偏序集？若$(A, \leqslant)$是全序集，$(A^{-1}, \leqslant)$是否也是全序集？

习题 3.155 实数上的小于和小于等于关系定义类似，但不是偏序关系。如果$(A, \leqslant)$为偏序集，则用 $a<b$ 表示 $a\leqslant b$ 且 $a\neq b$。

证明：如上定义的“$<$”关系为“$\leqslant -I_A$”，并满足非自反性、传递性及非对称性。

习题 3.156 假设 R 是集合 A 上的关系，如果 R 是非自反的和传递的，则称 R 是 A 上的一个拟序（**quasiorder**）关系，一般简记作“$<$”或“$>$”。

(a) 证明：如果集合 A 上的关系 R 是一拟序关系，那么 $r(R)=R\cup I_A$ 是一偏序关系；

(b) 证明：如果集合 A 上的关系 R 是一偏序关系，那么 $R-I_A$ 是一拟序关系。

习题 3.157 判断下述关系 R 是否是集合 A 上的拟序关系？

(a) $A=\mathbb{Z}$，且 aRb 当且仅当存在某正整数 k 使得 $a=b^k$；

(b) $A=\mathbb{Z}$，且 aRb 当且仅当存在某大于 1 的正整数 k 使得 $a=b^k$。

习题 3.158 判断真伪：假设 R 是集合 A 上的关系，如果 R 是一拟序关系，那么 R^{-1} 也是拟序关系。

3.18 积偏序与字典序

知识点

定义 3.23 假设$(A, \leqslant_1)$和$(B, \leqslant_2)$是两个偏序集，则可以定义在 $A\times B$ 上的偏序关系$\leqslant$为

$$(a, b)\leqslant(a', b')\text{当且仅当 } a\leqslant_1 a' \text{且 } b\leqslant_2 b'$$

称之为积偏序（**product partial ordering**），记为$(A\times B, \leqslant)=(A, \leqslant_1)\times(B, \leqslant_2)$。

例 3.53 $(D_4, |)\times(D_6, |)$构成偏序集，$(a, b)\leqslant(c, d)$当且仅当 $a|c$ 且 $b|d$。

此外，在集合 $A\times B$ 上还有一种常用的偏序定义方式。

定义 3.24 假设$(A, \leqslant_1)$和$(B, \leqslant_2)$是两个偏序集，则可以在 $A\times B$ 上定义偏序关系$\prec$为

$$(a, b)\prec(a', b')\text{当且仅当 } a<_1 a'\text{，或者 } a=a' \text{且 } b\leqslant_2 b'$$

称之为词典序（**lexicographical order**）或字典序（**dictionary order**）。

词典序也可以扩展到 m 个集合的笛卡儿积 $A_1\times A_2\times\cdots\times A_m$ 上：$(a_1, a_2,\cdots, a_m)\prec(a_1', a_2',\cdots, a_m')$ 当且仅当

$$a_1 < a_1'，或$$
$$a_1 = a_1' 且\ a_2 < a_2'，或$$
$$a_1 = a_1' 且\ a_2 = a_2' 且\ a_3 < a_3'，或$$
$$\vdots$$
$$a_1 = a_1', a_2 = a_2', \cdots, a_{n-1} = a_{n-1}' 且\ a_n \leqslant a_n'。$$

例 3.54 设 $S=\{a, b, c, \cdots, z\}$为英文字母集合，则有：bat $\prec$ cat，fire $\prec$ five，experience $\prec$ experiment。

于是在相同长度的英文单词之间可以进行排“序”，在英文词典上单词“bat”也的确在单词“cat”之前。但是不同长度的单词之间应该如何排序呢？在英文词典上的位置又该如何安排？

如果查阅一本英文词典，会发现：

(1)“police”排在“policeman”之前；

(2)“bat”排在“zebra”之前；

(3)“mathematics”排在“physics”之前……

而这事实上是通过将字典序扩展到 S^*上实现的：

假设 $x=a_1a_2\cdots a_n$，$y=b_1b_2\cdots b_m$，且 $k=\min(n, m)$，则 $x \prec y$ 当且仅当

(1) $(a_1, a_2,\cdots, a_n)=(b_1, b_2,\cdots, b_n)$且 $n\leqslant m$，或

(2) $(a_1, a_2,\cdots, a_k) \prec (b_1, b_2,\cdots, b_k)$且$(a_1, a_2,\cdots, a_k)\neq(b_1, b_2,\cdots, b_k)$。

课前自测题

习题 3.159 判断真伪：若 $\prec$ 是定义在 $\mathbb{Z}\times\mathbb{Z}$ 上的由普通“小于等于”关系构造的积偏序，则有：

(a) $(2, 12) \prec (5, 3)$；

(b) $(3, 6) \prec (3, 24)$；

(c) $(4, 8) \prec (4, 6)$；

(d) $(15, 92) \prec (12, 3)$。

习题 3.160 判断真伪：若 $\prec$ 是定义在 $\mathbb{Z}\times\mathbb{Z}$ 上的字典序，则有：

(a) $(2, 12) \prec (5, 3)$；

(b) $(3, 6) \prec (3, 24)$；

(c) $(4, 8) \prec (4, 6)$；

(d) $(15, 92) \prec (12, 3)$。

课堂练习题

习题 3.161 若$(A, \leqslant)$和$(B, \leqslant)$都是全序集，则积偏序是否也是全序集？

习题 3.162 若$(A, \leqslant)$和$(B, \leqslant)$都是全序集，则词典序是否也是全序集？

讨论题

习题 3.163 思考：商务印书馆在 2011 年出版的《新华字典》(第 11 版) 中各个字的顺序是如何排的？

3.19 哈塞图

知识点

偏序关系的关系图具有如下特点。

定理 3.26 假设$(A, \leqslant)$是偏序集，则在拟序集$(A, <)$中不存在长度大于 1 的圈。

证明：假设在$(A, <)$中存在长度大于 1 的道路 π：$a, x_1, x_2, \cdots, x_{n-1}, a$，则由定义有 $a<x_1, x_1<x_2, x_2<x_3, \cdots, x_{n-1}<a$。由传递性有 $a<a$，即得矛盾。□

基于此，可以将偏序关系的关系图简化为**哈塞图**，其得名于哈塞（Helmut Hasse，1898—1979），原因主要是哈塞有效地利用了它们——虽然哈塞并不是第一个使用它们的人。

由 A 上 R 的关系图得到哈塞图的方法如下：

（1）去掉所有顶点的自环，得到拟序关系“$<$”的关系图；

（2）若 $a<b$ 且不存在 c 使得 $a<c$ 且 $c<b$，则在哈塞图中保留有向边(a, b)；

（3）重新组织各个顶点的位置，使得各个有向边的方向都朝向上方或斜上方（定理 3.26 保证可以做到这一点）；

（4）去掉边的箭头，用小圆圈代表集合中的元素。

例 3.55 偏序集$(D_6, |)$的关系图为图 3–23(a)，其哈塞图的画法如下：

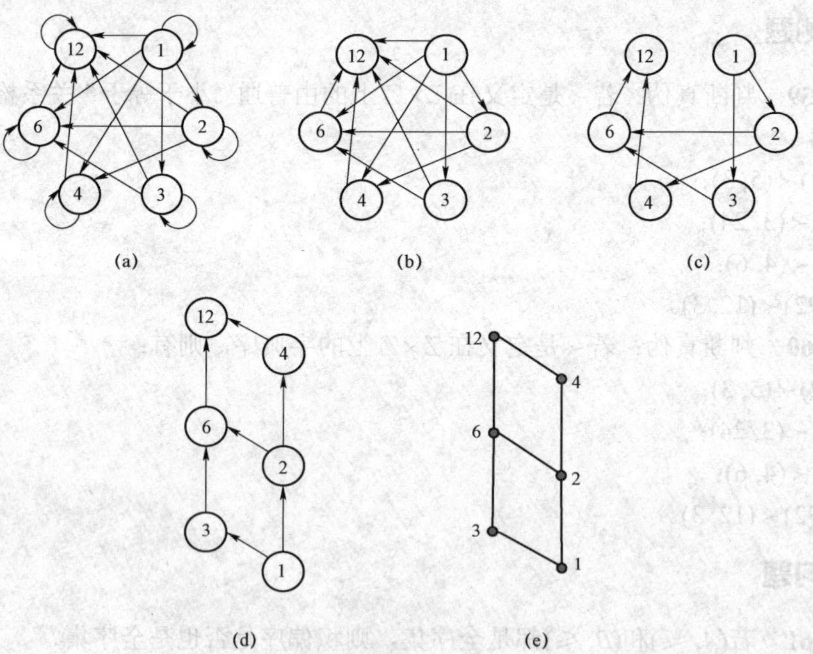

图 3–23 例 3.55 用图

(1) 去掉所有顶点的自环（如图 3–23(b)所示）；

(2) 若 $a<b$ 且不存在 c 使得 $a<c$ 且 $c<b$，则保留有向边(a, b)（如图 3–23(c)所示）；

(3) 重新组织各个顶点的位置，使得各个有向边的方向都朝向上方或斜上方（如图 3–23(d)

所示)；

(4) 去掉有向边的箭头，用小圆圈代表集合中的元素，其结果就是$(D_8, |)$的哈塞图(如图 3-23(e)所示)。

例 3.56

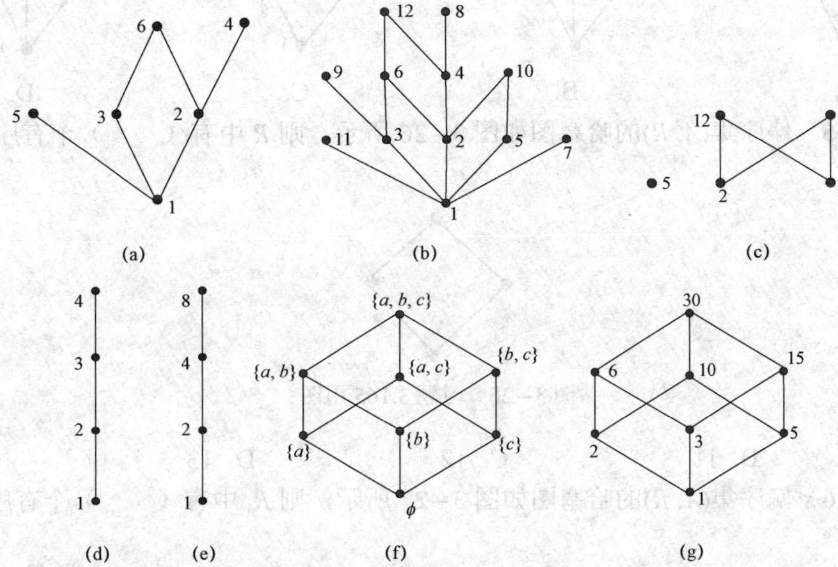

图 3-24　例 3.56 用图

(a) 集合{1, 2, 3, 4, 5, 6}上整除关系的哈塞图如图 3-24(a)所示；

(b) 集合{1, 2, 3,⋯, 12}上整除关系的哈塞图如图 3-24(b)所示；

(c) ({2, 3, 5, 12, 18}, |)的哈塞图如图 3-24(c)所示；

(d) ({1, 2, 3, 4}, ⩽)的哈塞图如图 3-24(d)所示；

(e) 偏序集$(D_8, |)$的哈塞图如图 3-24(e)所示；

(f) $\mathscr{P}(\{a, b, c\})$上的包含于关系“⊆”是一个偏序关系，它的哈塞图如图 3-24(f)所示；

(g) 偏序集$(D_{30}, |)$的哈塞图如图 3-24(g)所示。

注：哈塞图只是表示有限偏序集的一种工具，例如$(\mathbb{R}, \leqslant)$, $(\mathbb{C}, \leqslant)$不能使用哈塞图表示。

课前自测题

习题 3.164　图 3-25 所表示的偏序关系的哈塞图是(　　)。

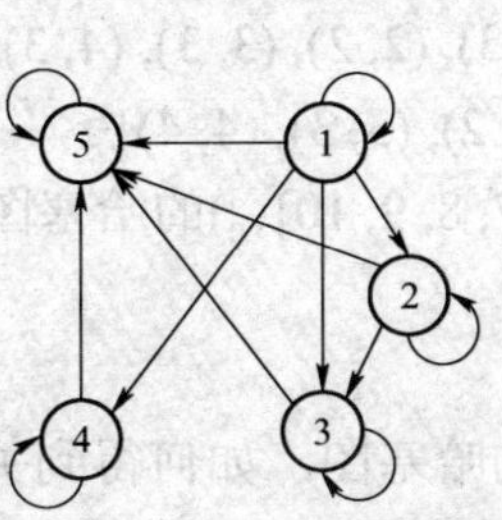

图 3-25　习题 3.164 用图

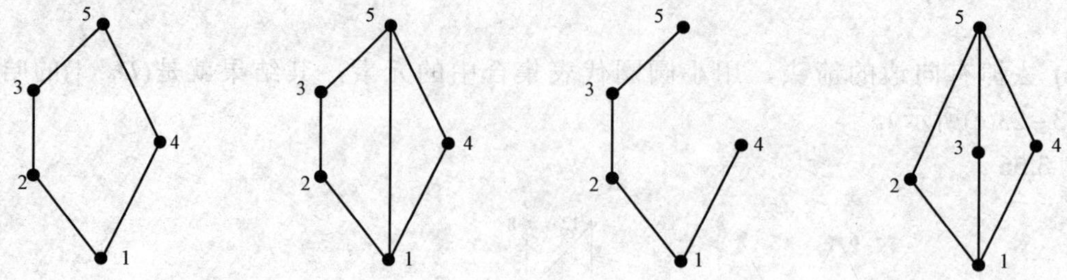

A.　　　　B.　　　　C.　　　　D.

习题 3.165　偏序集(A, R)的哈塞图如图 3-26 所示，则 R 中有（　　）个有序对。

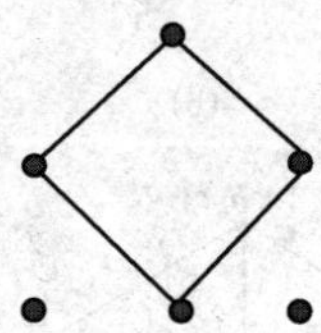

图 3-26　习题 3.165 用图

A. 10　　　B. 11　　　C. 12　　　D. 13

习题 3.166　偏序集(A, R)的哈塞图如图 3-27 所示，则 R_1 中有（　　）个有序对。

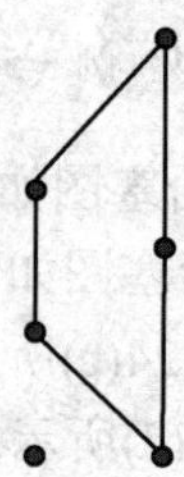

图 3-27　习题 3.166 用图

A. 13　　　B. 14　　　C. 15　　　D. 16

课堂练习题

习题 3.167　设 $A=\{1, 2, 3, 4\}$，画出以下 A 上偏序关系的哈塞图。

(a) $\{(1, 1), (2, 2), (3, 3), (4, 4)\}$；

(b) $\{(1, 1), (1, 2), (1, 3), (2, 3), (2, 2), (3, 3), (4, 4)\}$；

(c) $\{(1, 1), (1, 2), (1, 3), (1,4), (2, 3), (2, 2), (3, 3), (4, 3), (4, 4)\}$；

(d) $\{(1, 1), (1, 2), (1, 3), (1, 4), (2, 2), (3, 3), (4, 4)\}$。

习题 3.168　画$(\{1, 2, 3, 4, 5, 6, 7, 8, 9, 10\}, |)$的哈塞图。

讨论题

习题 3.169　已知偏序集(A, R)的哈塞图，如何得到关系 R 及 R 的关系矩阵？

习题 3.170　针对图 3-28 中各哈塞图，写出集合及偏序关系。

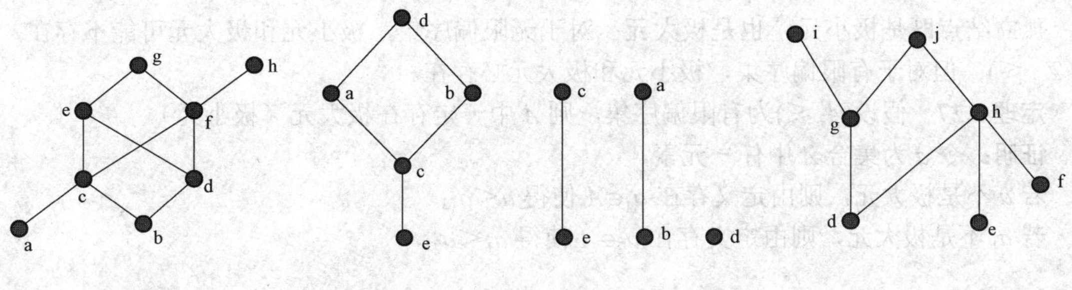

(a)　(b)　(c)　(d)

图 3－28　习题 3.170 用图

3.20　极大元与极小元

知识点

定义 3.25　假设$(A, \leqslant)$为偏序集：

(a) 如果存在 $x \in A$，并且不存在 $a \in A$，使得 $x < a$，则称 x 为$(A, \leqslant)$的**极大元**（**maximal element**）；

(b) 如果存在 $x \in A$，并且不存在 $a \in A$，使得 $a < x$，则称 x 为$(A, \leqslant)$的**极小元**（**minimal element**）。

简言之，

$x \in A$ 是$(A, \leqslant)$的极大元：$\forall a\ (a \in A \wedge x \leqslant a \Rightarrow a = x)$；

$x \in A$ 是$(A, \leqslant)$的极小元：$\forall a\ (a \in A \wedge a \leqslant x \Rightarrow a = x)$。

例 3.57

(a) 偏序集$(\{2, 3, 5, 12, 18\}, |)$（哈塞图由图 3－29 (a)表示）中，极大元是 5, 12, 18，极小元是 2, 3, 5。

(b) 偏序集$(\{1, 2, \cdots, 12\}, |)$（如图 3－29 (b)所示）中，极大元是 7, 8, 9, 10, 11, 12，极小元是 1。

(c) 偏序集$(D_{30}, |)$（如图 3－29 (c)所示）中，极大元是 30，极小元是 1。

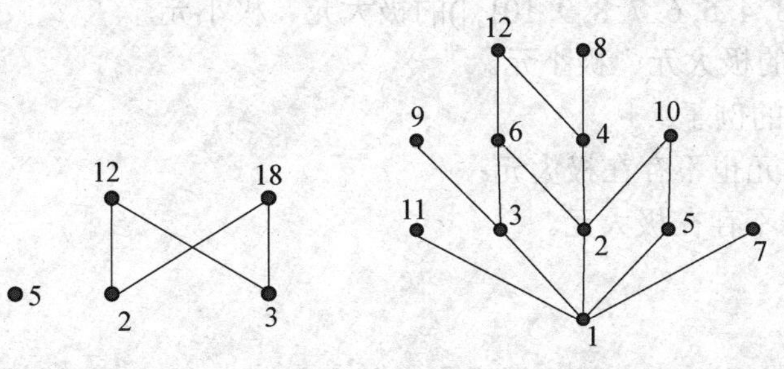

(a)　(b)　(c)

图 3－29　例 3.57 用图

例 3.57 表明：有时候，极大元/极小元只有一个；有时候，极大元/极小元也可能存在多个；孤立结点既是极小元，也是极大元；对于无限偏序集，极小元和极大元可能不存在，例如$(\mathbb{Z}, \leqslant)$；但对于有限偏序集，极小元和极大元必存在。

定理 3.27 假设$(A, \leqslant)$为有限偏序集，则 A 中一定存在极大元（极小元）。

证明：令 a 为集合 A 中任一元素，

若 a 不是极大元，则由定义存在 $a_1 \in A$ 使得 $a < a_1$；

若 a_1 不是极大元，则由定义存在 $a_2 \in A$ 使得 $a_1 < a_2$；

⋮

由于 A 是有限集，因此上述过程不能无限地进行下去，在该过程终止时，会得到

$$a < a_1 < a_2 < \cdots < a_{k-1} < a_k$$

a_k 就是$(A, \leqslant)$的一个极大元。

类似地可证明，A 中一定存在极小元。 □

课前自测题

习题 3.171 （判断题） 在偏序集$(\{1, 2, 3, \cdots, 11, 12\}, |)$中，6 是一个极大元。

习题 3.172 求偏序集$(\mathscr{P}(\{a, b, c\}) - \{a, b, c\} - \varnothing, \subseteq)$中的极大元、极小元。

习题 3.173 已知偏序集的哈塞图如图 3－30 所示，求其极大元、极小元。

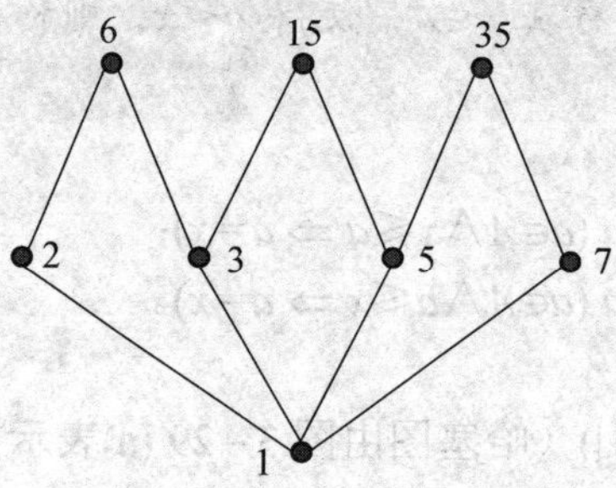

图 3－30 习题 3.173 用图

课堂练习题

习题 3.174 求偏序集$(\{1, 2, 3, 4, 5, 6, 7, 8, 9, 10\}, |)$的极大元、极小元。

习题 3.175 求偏序集$(D_{24}, |)$的极大元、极小元。

习题 3.176 构造下述偏序集的例子：

(a) 是偏序集，既不存在极小元也不存在极大元；

(b) 是偏序集，存在极小元但不存在极大元。

讨论题

习题 3.177 是否存在无限偏序集，存在极小元也存在极大元？

习题 3.178 从哈塞图来看，极大元和极小元有什么特点？

习题 3.179 当偏序集用关系矩阵形式表示的时候，如何判断其极大元、极小元？

3.21　最大元与最小元

知识点

定义 3.26　假设$(A, \leqslant)$为偏序集，

(a) 如果存在 $x \in A$，使得任意 $a \in A$ 都满足 $a \leqslant x$，则称 x 为$(A, \leqslant)$的**最大元**（**greatest element**），常记作 I 或 1，称作**幺元**（**unit element**）；

(b) 如果存在 $x \in A$，使得任意 $a \in A$ 都满足 $x \leqslant a$，则称 x 为$(A, \leqslant)$的**最小元**（**least element**），常记作 O 或 0，称作**零元**（**zero element**）。

简言之，

$x \in A$ 是$(A, \leqslant)$的最大元：$\forall a\ (a \in A \Rightarrow a \leqslant x)$；

$x \in A$ 是$(A, \leqslant)$的最小元：$\forall a\ (a \in A \Rightarrow x \leqslant a)$。

例 3.58

(a) 偏序集$(\{2, 3, 5, 12, 18\}, |)$（哈塞图由图 3－31(a)表示）中，没有最大元，没有最小元。

(b) 偏序集$(\{1, 2, \cdots, 12\}, |)$（如图 3－31 (b)所示）中，没有最大元，最小元是 1。

(c) 偏序集$(D_{30}, |)$（如图 3－31 (c)所示）中，最大元是 30；最小元是 1。

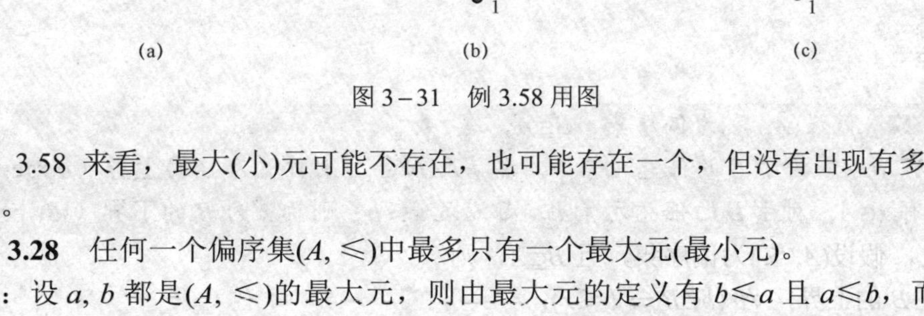

图 3－31　例 3.58 用图

从例 3.58 来看，最大(小)元可能不存在，也可能存在一个，但没有出现有多个最大(小)元的情况。

定理 3.28　任何一个偏序集$(A, \leqslant)$中最多只有一个最大元(最小元)。

证明：设 a, b 都是$(A, \leqslant)$的最大元，则由最大元的定义有 $b \leqslant a$ 且 $a \leqslant b$，而$\leqslant$具有反对称性，故 $a = b$，即$(A, \leqslant)$最大元若存在则必唯一。同理可以证明$(A, \leqslant)$最小元若存在则必唯一。 □

课前自测题

习题 3.180（判断题）　存在一个偏序集，它没有最小元，但是有一个最大元。

习题 3.181　求偏序集$(\mathscr{P}(\{a, b, c\}) - \{a, b, c\} - \varnothing, \subseteq)$中的最大元、最小元。

习题 3.182　已知偏序集的哈塞图如图 3－32 所示，求其最大元、最小元。

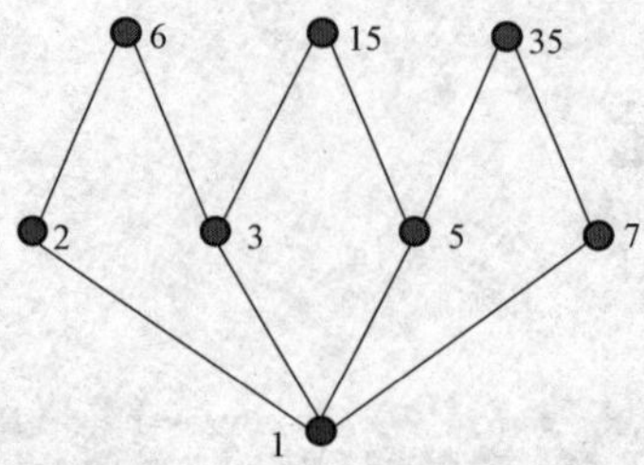

图 3－32　习题 3.182 用图

课堂练习题

习题 3.183　求偏序集({1, 2, 3, 4, 5, 6, 7, 8, 9, 10}, |)的最大元、最小元。

习题 3.184　求偏序集(D_{24}, |)的最大元、最小元。

习题 3.185　构造下述偏序集的例子：

(a) 是全序集，而且不存在最小元；

(b) 是偏序集，存在最大元但不存在最小元。

讨论题

习题 3.186　从哈塞图来看，最大元和最小元有什么特点？

习题 3.187　讨论最大(小)元与极大(小)元之间的关系。证明最大(小)元一定是唯一的极大(小)元，讨论反之是否成立。

习题 3.188　是否存在无限偏序集，其既存在最小元也存在最大元？

习题 3.189　当偏序集用关系矩阵形式表示的时候，如何判断其最大元、最小元？

3.22　上界与下界

知识点

定义 3.27　假设$(A, \leqslant)$为偏序集，$B\subseteq A$，

(a) 如有 $x\in A$，对于 B 的任意元素 b，都满足 $b\leqslant x$，则称 x 为 B 的**上界**（**upper bound**）；

(b) 如有 $x\in A$，对于 B 的任意元素 b，都满足 $x\leqslant b$，则称 x 为 B 的**下界**（**lower bound**）。

简言之，假设$(A, \leqslant)$为偏序集，且 $B\subseteq A$，则

$x\in A$ 是 B 的上界，$\forall b\,(b\in B \Rightarrow b\leqslant x)$；

$x\in A$ 是 B 的下界，$\forall b\,(b\in B \Rightarrow x\leqslant b)$。

例 3.59　设集合{1, 2, 3,⋯, 12}上的整除关系的哈塞图如图 3－33 (a)所示，则

(a) 集合 B_1 = {2, 4, 6}的上界是 12，下界是 1, 2；

(b) 集合 B_2 = {2, 3, 5}不存在上界，下界是 1。

例 3.60　设偏序集({2, 3, 5, 12, 18}, |)的哈塞图如图 3－33 (b)所示，则

(a) 集合 B_1 = {12, 18}不存在上界，下界是 2, 3；

(b) 集合 B_2 = {2, 5}不存在上界，也不存在下界。

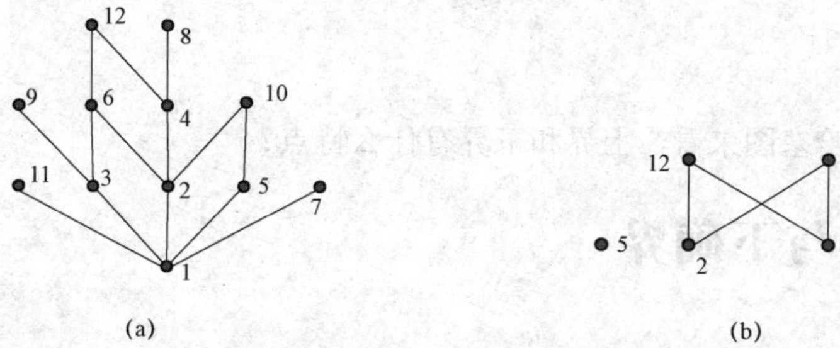

图 3－33　例 3.59、例 3.60 用图

从上面两个例子中可以看到，即使对于有限偏序集而言，上界、下界也不一定存在；而且如果存在也不一定属于 B；上界、下界若存在，也不一定唯一。

课前自测题

习题 3.190（判断题）　已知偏序集的哈塞图如图 3－34 所示，则 f 是 $\{d, e, g\}$ 的一个上界。

习题 3.191（判断题）　已知偏序集的哈塞图如图 3－34 所示，则 b 和 a 都是 $\{d, e, g\}$ 的下界。

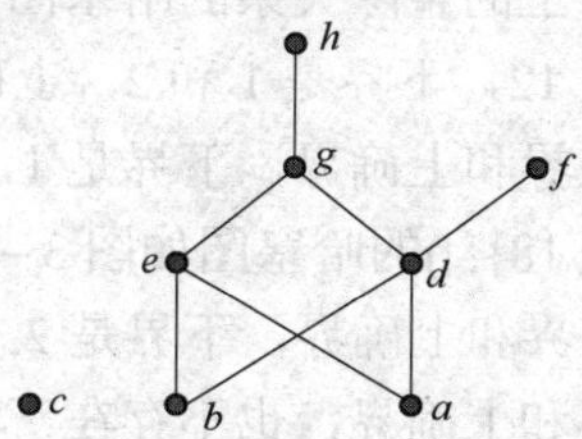

图 3－34　习题 3.190、习题 3.191 用图

习题 3.192　已知偏序集的哈塞图如图 3－35 所示，求集合 $B_1 = \{2, 3, 6\}$，$B_2 = \{2, 3, 5\}$，$B_3 = \{3, 5\}$，$B_4 = \{6, 15\}$ 的上界、下界。

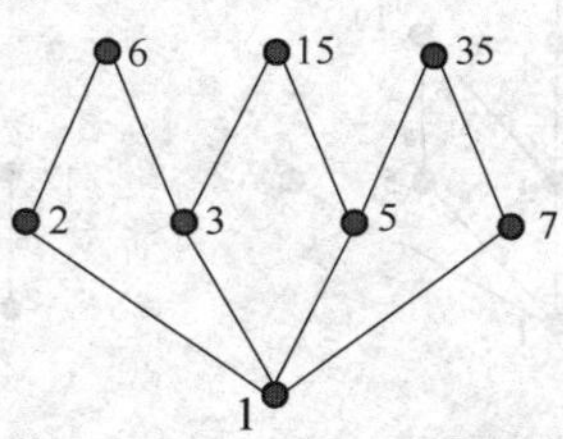

图 3－35　习题 3.192 用图

课堂练习题

习题 3.193　已知偏序集的哈塞图如图 3－36 所示，求集合 $B_1 = \{b, c, d\}$，$B_2 = \{c, e, d\}$，$B_3 = \{c, e, f\}$，$B_4 = \{f, g, h\}$ 的上界、下界。

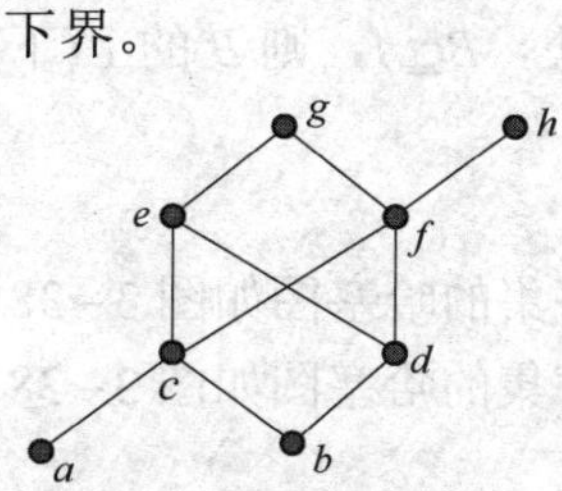

图 3－36　习题 3.193 用图

讨论题

习题 3.194 从哈塞图来看，上界和下界有什么特点？

3.23 上确界与下确界

知识点

定义 3.28 假设$(A, \leqslant)$为偏序集，$B \subseteq A$，

(a) 假设元素 x 是集合 B 的上界，如果对于 B 的所有上界 a 都有 $x \leqslant a$，则称 x 为 B 的**最小上界或上确界（least upper bound）**，记作 LUB(B)；

(b) 假设元素 x 是集合 B 的下界，如果对于 B 的所有下界 a 都有 $a \leqslant x$，则称 x 为 B 的**最大下界或下确界（greatest lower bound）**，记作 GLB(B)。

例 3.61 设集合$\{1, 2, 3, \cdots, 12\}$上的整除关系的哈塞图如图 3－37 (a)所示，则：

(a) 集合 $B_1 = \{2, 4, 6\}$的上界是 12，下界是 1 和 2，上确界是 12，下确界是 2。

(b) 集合 $B_2 = \{2, 3, 5\}$不存在上界和上确界，下界是 1，下确界是 1。

例 3.62 设偏序集$(\{2, 3, 5, 12, 18\}, |)$的哈塞图如图 3－37 (b)所示，则：

(a) 集合 $B_1 = \{12, 18\}$不存在上界和上确界，下界是 2, 3，但不存在下确界。

(b) 集合 $B_2 = \{2, 5\}$不存在上界和上确界，也不存在下界和下确界。

图 3－37 例 3.61、例 3.62 用图

从上面两个例子中可以看到，对于有限偏序集，即使上界、下界都存在，上确界、下确界也不一定存在，而且如果存在也不一定属于 B；但是上（下）确界如果存在，则唯一。

定理 3.29 假设$(A, \leqslant)$为偏序集，$B \subseteq A$，则 B 的上(下)确界若存在则必定唯一。

课前自测题

习题 3.195（判断题）已知偏序集的哈塞图如图 3－38 所示，则$\{d, e, g\}$不存在上确界。

习题 3.196（判断题）已知偏序集的哈塞图如图 3－38 所示，则 b 是$\{d, e, g\}$的下确界。

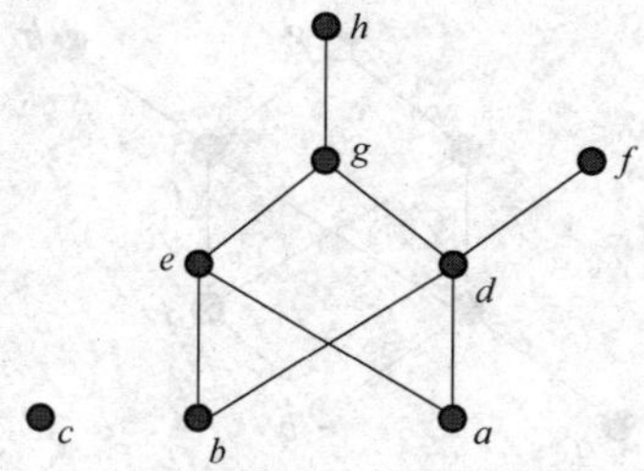

图 3－38　习题 3.195、习题 3.196 用图

习题 3.197　令 $A=\{1, 2, 3, 4, 5, 6\}$，$B=\{2, 3, 4\}$，下述哪个偏序集满足 $\text{LUB}(B)=5$？（　　）

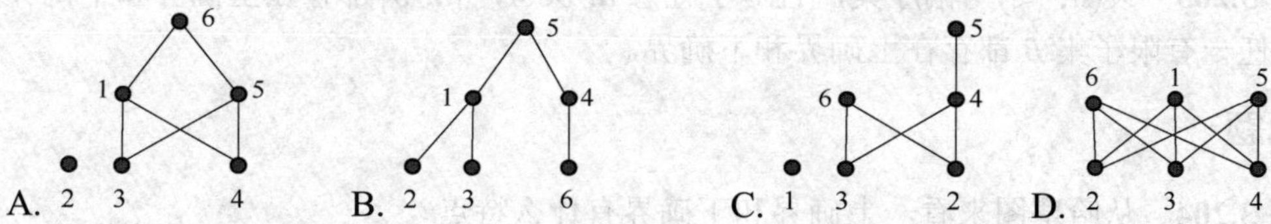

图 3－39　习题 3.197 用图

习题 3.198　令 $A=\{1, 2, 3, 4, 5, 6\}$，$B=\{3, 4, 6\}$，下述哪个偏序集满足 $\text{GLB}(B)=2$？（　　）

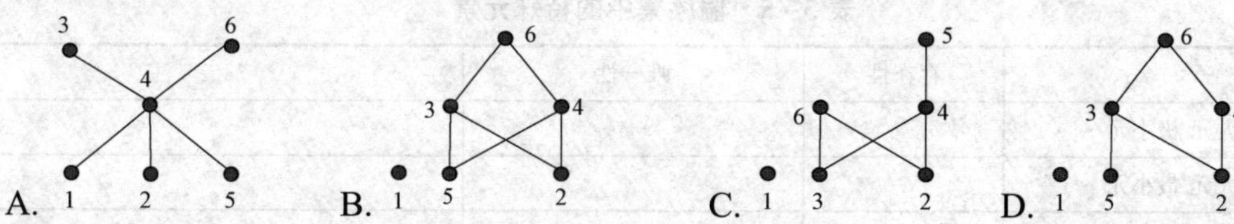

图 3－40　习题 3.198 用图

习题 3.199　在偏序集$(D_{90}, |)$中，$\{6, 15, 9\}$的下确界是（　　）。

A. 3　　B. 1　　C. 45　　D. 54

课堂练习题

习题 3.200　已知偏序集的哈塞图如图 3－41 所示，求集合 $B_1=\{2, 3, 6\}$，$B_2=\{2, 3, 5\}$，$B_3=\{3, 5\}$，$B_4=\{6, 15\}$，$B_5=\{1, 7\}$的上确界、下确界。

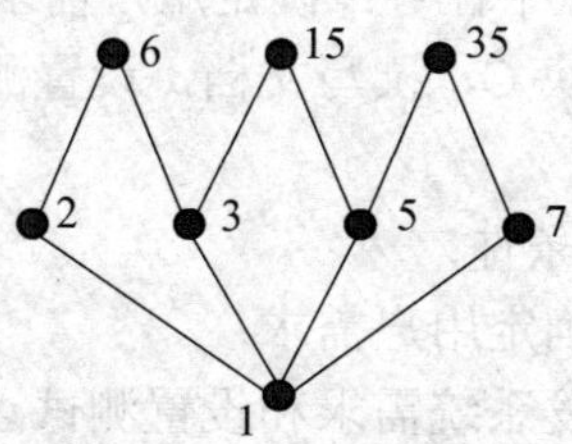

图 3－41　习题 3.200 用图

习题 3.201　已知偏序集的哈塞图如图 3－42 所示，求集合 $B_1=\{b, c, d\}$，$B_2=\{c, e, d\}$，$B_3=\{c, e, f\}$，$B_4=\{f, g, h\}$的上确界、下确界。

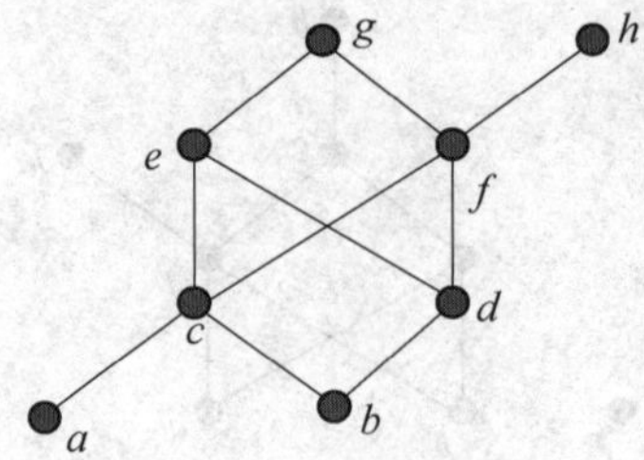

图 3-42　习题 3.201 用图

习题 3.202　证明定理 3.29。

习题 3.203　设$(A, \leqslant)$为偏序集，且对于任意 $a, b \in A$，$\{a, b\}$都存在上确界和下确界，证明：A 的任一有限子集 B 都存在上确界和下确界。

讨论题

习题 3.204　从哈塞图来看，上确界和下确界有什么特点？

习题 3.205　假设$(A, \leqslant)$为偏序集，$B \subseteq A$，讨论什么情况下 B 的上（下）确界属于 B。

习题 3.206　假设$(A, \leqslant)$为偏序集，$B \subseteq A$，请根据之前的讨论，将表 3-5 补充完整。

表 3-5　偏序集中的特殊元素

	存在性	唯一性	备　注
极大元/极小元			
最大元/最小元			
B 的上界/下界			若存在______（一定/不一定）属于 B
B 的上确界/下确界			若存在______（一定/不一定）不属于 B

3.24　拓扑排序

知识点

假设一个软件项目包括以下 12 个任务：确定用户需求，写出功能需求，开发系统需求，开发模块 A，开发模块 B，开发模块 C，撰写文档，设置测试点，模块集成，α测试，β测试，完成交付。

但是各个任务要满足以下限制条件：

(1) 写出功能需求之前需要先确定用户需求；

(2) 写出功能需求之后才能开发系统需求和设置测试点；

(3) 开发模块 A、开发模块 B、开发模块 C 及撰写文档之前都先要开发系统需求；

(4) 三个模块都开发完成之后才可进行模块集成；

(5) 只有当模块集成和撰写文档都完成后，才可以开始进行α测试；

(6) α测试和设置测试点后方能进行β测试；

(7) 如果没有进行β测试，那么不能完成交付。

于是，各个环节及其先后关系可以表示为一个偏序关系 R 的哈塞图（如图 3－43 所示，忽略掉向上或向斜上的箭头）。

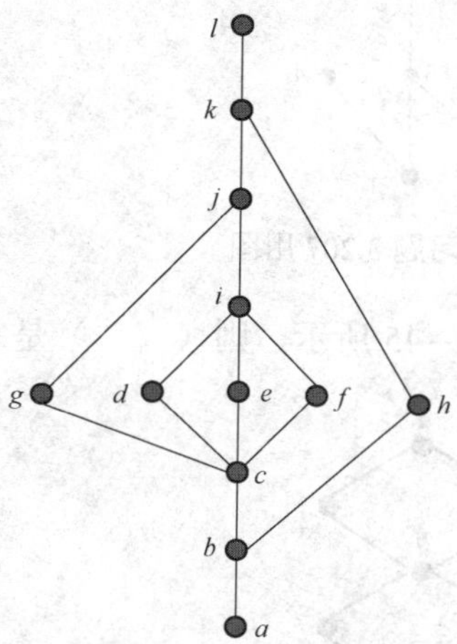

a	确定用户需求
b	写出功能需求
c	开发系统需求
d	开发模块A
e	开发模块B
f	开发模块C
g	撰写文档
h	设置测试点
i	模块集成
j	α测试
k	β测试
l	完成交付

图 3－43　各环节先后关系图

如果各项任务不能并行开展（每次只能完成一项任务），而且做事的先后顺序要受到前述诸约束，那么就需要求一个全序关系 R'，使得若$(a, b)\in R$，则有$(a, b)\in R'$。

定义 3.29　假设$(A, \leqslant)$是偏序集，对其进行**拓扑排序**（**topological sorting**）是指将其扩张成一个全序集$(A, \prec)$，使得$\leqslant\subseteq\prec$，即对于任意 $a, b\in A$，若 $a\leqslant b$ 则 $a\prec b$。

注：有时也将 A 的元素在$\prec$意义下"从小到大"逐一列出所形成的序列称作$(A, \leqslant)$的一个拓扑排序。

例 3.63　设 $R=\{(a, b), (a, c), (a, a), (b, b), (c, c)\}$是集合 $A=\{a, b, c\}$上的偏序关系，则 a, b, c 和 a, c, b 都是(A, R)的拓扑排序，这也说明一般情况下可行的拓扑排序不唯一。

拓扑排序的算法为：

拓扑排序 TopologicalSorting ($(\boldsymbol{A}, \boldsymbol{R})$)

输入：偏序集(A, R)

输出：A 的元素在$\prec$意义下"从小到大"逐一列出所形成的序列

1. $B\leftarrow A$，$S\leftarrow R$，$L\leftarrow\Lambda$

2. While $|B|>0$ **do**

2.1　从 B 中选择一个极小元 x 加入队列 L

2.2　$B\leftarrow B-\{x\}$

2.3　$S\leftarrow S-\{(x, a)|a\in A\}$

3. Return L

由于 A 是有限集合，因此步骤 2.1 一定可以实行。另外，每次执行步骤 2.2 都使得$|B|$减少 1，故而上述算法一定会终止。

回到软件项目的问题，其拓扑排序之一即是 $a, b, c, d, e, f, g, h, i, j, k, l$。

课前自测题

习题 3.207（判断题） 图 3−44 所表示的偏序集的一个拓扑排序是：2, 1, 4, 5, 3。

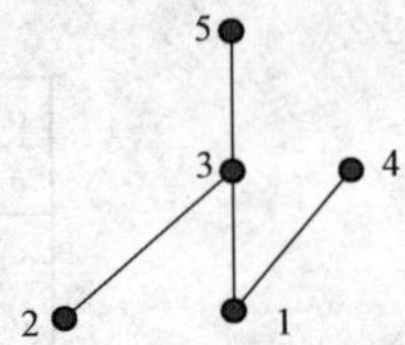

图 3−44 习题 3.207 用图

习题 3.208 已知偏序集的哈塞图如图 3−45 所示，则（ ）是它的一个拓扑排序。

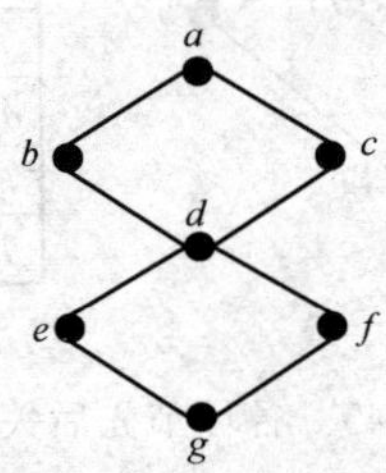

图 3−45 习题 3.208 用图

A. a, b, c, d, e, f, g　　B. b, e, a, d, g, c, f

C. g, f, e, d, c, b, a　　D. f, c, g, d, a, e, b

习题 3.209 设 $A=\{1, 2, 3, 4, 5\}$, $R=I_A\cup\{(1, 2), (1, 3), (1, 5), (2, 5), (3, 5)\}$，则（ ）不是$(A, R)$的一个拓扑排序。

A. 1, 2, 3, 4, 5　　B. 1, 3, 2, 4, 5　　C. 4, 1, 3, 2, 5　　D. 4, 1, 2, 5, 3

课堂练习题

习题 3.210 已知偏序集的哈塞图如图 3−46 所示，请给出它的一个拓扑排序。

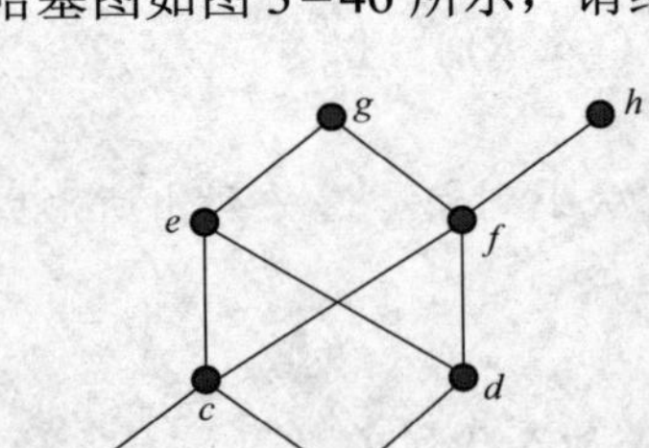

图 3−46 习题 3.210 用图

习题 3.211 小明同学准备组织一次演讲比赛，有如下环节（未排序）：

(a) 购买奖品和装饰物；　　(b) 申请经费；

(c) 确定比赛地点；　　(d) 进行彩排；

(e) 确定参赛人员；　　(f) 确定演讲主题；

(g) 租借服装；
(h) 开始现场比赛；
(i) 确定比赛时间；
(j) 确定比赛嘉宾。

但是要满足以下限制条件：

(1) 确定演讲主题之后才能确定演讲比赛的时间；
(2) 确定主题之后才能准备申请经费；
(3) 在确定选手是否能参加之前先要确定比赛时间；
(4) 购买何种装饰物须由比赛地点确定；
(5) 只有当选手确定之后，才能去借服装、租场地和确定要邀请的嘉宾；
(6) 如果申请经费没有成功，那么不能去购买奖品和装饰品；
(7) 在彩排之前需要借服装和确定地点；
(8) 比赛只有当嘉宾都邀请成功、已购买奖品而且彩排过才能进行。

如果小明每次只能做一件事，而且做事的先后顺序要受到前述诸约束，那么请为他安排一个执行方案。

讨论题

习题 3.212 什么情况下偏序集的拓扑排序是唯一的？

习题 3.213 当偏序集用关系矩阵形式表示的时候，如何进行拓扑排序？

3.25 函数的定义

知识点

定义 3.30 设 f 为集合 A 到 B 的二元关系，若对于任意 $x\in \text{Dom}(f)$ 都存在唯一的 $y\in \text{Ran}(f)$ 使得 $(x, y)\in f$ 成立，则称 f 为**函数(function)**，此时记 $y=f(x)$，称 x 为**自变量**（**independent variable**），y 为 f 在 x 的**值**（**value**）或 x 在 f 作用下的**像**（**image**）。函数也称作**映射**（**mapping**）或**变换**（**transformation**）。

当 $A=A_1\times A_2\times\cdots\times A_n$ 时，一般也将 $f((x_1, x_2,\cdots, x_n))$ 简记为 $f(x_1, x_2,\cdots, x_n)$。

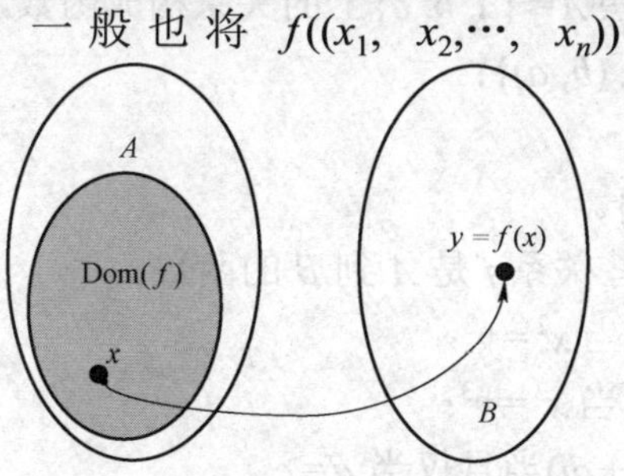

图 3-47 函数

例 3.64 $R_1=\{(1, 1), (2, 2), (3, 3), (4, 4), (5, 3)\}$是一个函数，而 $R_2=\{(1, 1), (2, 2), (3, 3), (3, 5), (4, 4)\}$不是函数，因为 $R_2(3)=\{3, 5\}$。

在函数 R_1 中，$R_1(1)=1, R_1(2)=2, R_1(3)=3, R_1(4)=4, R_1(5)=3$，于是 R_1 也可以写作 $R_1=\{(1, R_1(1)), (2, R_1(2)), (3, R_1(3)), (4, R_1(4)), (5, R_1(5))\}$。

例 3.65 设 $A=B=\mathbb{R}$，则 $f(x)=2x-1$，$g(x)=\sqrt{x}$，$h(x)=\dfrac{1}{x}$ 都是函数。

注意，两个函数 f 和 g 相等当且仅当满足下面两个条件：

(1) $\mathrm{Dom}(f)=\mathrm{Dom}(g)$；

(2) 对于任意 $x\in\mathrm{Dom}(f)=\mathrm{Dom}(g)$，都有 $f(x)=g(x)$。

例如：函数 $f(x)=(x^2-4)/(x+2)$ 和 $g(x)=x-2$ 不相等，因为 $\mathrm{Dom}(f)\subset\mathrm{Dom}(g)$。

定义 3.31 设 A，B 是非空集合，f 是 A 到 B 的一个关系，如果对每个 $x\in A$，存在唯一的 $y\in B$，使得 $(x, y)\in f$，则称 f 为 **A 到 B 的函数**，记作 f: $A\to B$。此时也称函数 f 是**处处定义的**（**everywhere defined**）。

注：对于 A 到 B 的函数 f，$\mathrm{Dom}(f)=A$，$\mathrm{Ran}(f)\subseteq B$。

例 3.66 设 $A=B=\mathbb{R}$，则 $f(x)=2x-1$ 是 $\mathbb{R}$ 到 $\mathbb{R}$ 的函数；而 $g(x)=\sqrt{x}$ 和 $h(x)=\dfrac{1}{x}$ 则都不是。

定义 3.32 设函数 f: $A\to B$, $A_1\subseteq A$，则称 $f(A_1)=\{f(x)\mid x\in A_1\}$ 为 **A_1 在 f 下的像**（**image of A_1 under f**），$f(A)$ 称为函数的**像**（**image**）。

例 3.67 设函数 f: $\mathbb{Z}^+\to\mathbb{Z}^+$ 定义为 $f(n)=n+1$，则有 $f(\{2, 3\})=\{3, 4\}$。

下面定义一些常用的函数。

定义 3.33 (1) 设 f: $A\to B$，如果存在 $c\in B$ 使得对所有的 $x\in A$ 都有 $f(x)=c$，则称 f: $A\to B$ 是**常值函数**。

(2) 设 A 是非空集合，称 A 上的恒等关系 I_A 为 A 上的**恒等函数**（**identity function**），也记作 1_A，即对于所有的 $x\in A$，$1_A(x)=x$。

例 3.68 定义函数 g 为 $g(x)=4$，则 g 是 $\mathbb{C}$ 到 $\mathbb{C}$ 的常值函数。

课前自测题

习题 3.214 以下哪个关系构成 $\{1, 2, 3\}$ 到 $\{a, b, c, d\}$ 的函数？（　　）

A. $\{(1,a), (1,b), (2,c), (3,d)\}$　　B. $\{(1,a), (3,d)\}$

C. $\{(1,a), (2,a), (3,d)\}$　　D. $\{(1,a), (2,b), (3,c), (3,d)\}$

习题 3.215 判断以下哪些 $A=\{a, b, c\}$ 上的关系构成函数，哪些构成 A 上的函数。

(a) $R=\{(a, b), (a, c), (b, b), (b, a)\}$；

(b) $R=\{(a, b), (b, b)\}$；

(c) $R=\{(a, b), (b, b), (c, c)\}$。

习题 3.216 判断以下哪些关系 f 是 A 到 B 的函数：

(a) $A=B=\mathbb{R}$，xfy 当且仅当 $x^2=y^2$；

(b) $A=B=\mathbb{R}$，xfy 当且仅当 $x^3=y^3$；

(c) $A=B=\mathbb{C}$，$(a+bi)f(c+di)$ 当且仅当 $a=c$。

课堂练习题

习题 3.217 假设 f 和 g 都是集合 A 到集合 B 的函数，证明：$f\cap g$ 也是函数。

习题 3.218 设 f: $\mathbb{Z}^+\to\mathbb{Z}^+$，定义为

$$f(x)=\begin{cases} x/2 & \text{若}x\text{为偶数} \\ x+1 & \text{若}x\text{为奇数} \end{cases}$$

令 $A=\{1, 2\}, B=\{3\}$，计算 $f(A), f(B)$。

习题 3.219　设 f 是从集合 X 到 Y 的函数，f^{-1} 是 f 作为关系的逆关系。令 $S=\{f^{-1}(\{y\}) \mid y\in Y\}$，证明：$S$ 是 X 的一个划分。

讨论题

习题 3.220　如果一个 A 到 B 的关系是函数，则它的关系矩阵和关系图有什么特点？

习题 3.221　将集合 A 到集合 B 的所有函数的集合记为 B^A，称为**指数集**，即 $B^A=\{f \mid f: A\to B\}$。如果设 A，B 都是有限集合，$|A|=m$，$|B|=n$，请计算 $|B^A|$。

习题 3.222　设 R 是 A 上的等价关系，定义从 A 到 A/R 的函数 $g: A\to A/R$，对任意 $a\in A$，$g(a)=[a]$，即将元素映到该元素所在的等价类，称 g 是从 A 到商集 A/R 的**典范映射（canonical map）**或**自然映射**。

(a) 计算 $A=\{1, 2, 3\}$ 上的等价关系 $R=\{(1, 1), (1, 3), (2, 2), (3, 1), (3, 3)\}\cup I_A$ 所确定的典范映射。

(b) 计算 $A=\{1, 2, 3\}$ 上的等价关系 I_A 所确定的典范映射。

(c) 假设集合 $A=\{a, b, c, d, e, f\}$ 上划分 $\{\{a, c, f\}, \{b, d\}, \{e\}\}$ 决定的等价关系为 R，计算 A/R 的典范映射。

3.26　函数的性质

知识点

定义 3.34　设函数 $f: A\to B$，

(a) 若 $\mathrm{Ran}(f)=B$，则称 f 是**满射（surjection）**或**映上（maponto）的**，此时也即对于任意 $y\in B$，都存在 $x\in A$ 使得 $f(x)=y$；

(b) 若任意 $y\in \mathrm{Ran}(f)$ 都存在唯一的 $x\in A$ 使得 $f(x)=y$，则称 $f: A\to B$ 是**单射（injection）**或**一一（one-to-one）的**；

(c) 若 f 既是满射又是单射，则称 f 是**双射（bijection）**或**一一对应（one-to-one correspondence）的**。

注意，f 是单射另有如下两个等价定义：

(a) 对于任意 $a, b\in A$ 满足 $a\neq b$，均有 $f(a)\neq f(b)$；

(b) 如果 $a, b\in A$ 满足 $f(a)=f(b)$，则 $a=b$。

函数的性质如图 3-48 所示。

例 3.69　函数 $f: \mathbb{Z}^+\to \mathbb{Z}^+$，定义为 $f(1)=1, f(n)=n-1\ (n>1)$。f 是满射，即对于任意 $y\in \mathbb{Z}^+$，有 $f(y+1)=y$，但不是单射（$f(1)=f(2)=1$），从而 f 不是双射。

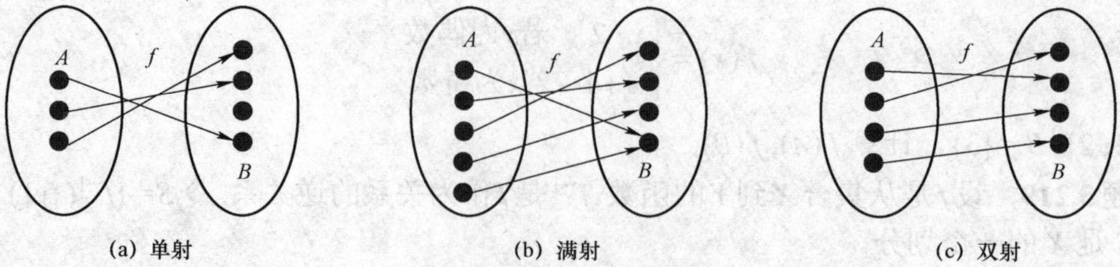

图 3-48　函数的性质

例 3.70　函数 g：$\mathbb{R} \to \mathbb{R}$，定义为 $g(x)=x^2+4x-5$。g 不是单射（$g(0)=g(-4)=-5$），g 也不是满射（g 在 $x=-2$ 取得最小值 -9），从而 g 不是双射。

例 3.71　函数 h：$\mathbb{R} \to \mathbb{R}$，定义为 $h(x)=3x-2$。h 是单射，即若 $3x_1-2=3x_2-2$，则必然有 $x_1=x_2$；h 是满射，即对于任意 $y\in\mathbb{R}$，有 $h\left(\dfrac{y+2}{3}\right)=y$；从而 h 是双射。

例 3.72　设 A 是非空集合，A 上的恒等函数 1_A 既是单射又是满射，从而是双射。

课前自测题

习题 3.223（判断题）　实数集合到实数集合的函数 $f(x)=x^3-x$ 是单射。

习题 3.224　判断下面函数是否为单射、满射、双射。

(a) f：$\mathbb{Z}^+ \to \mathbb{R}$，$f(x)=\ln x$；

(b) f：$\mathbb{R} \to \mathbb{R}$，$f(x)=|x|$；

(c) f：$\mathbb{N}\times\mathbb{N} \to \mathbb{N}$，$f(x, y)=x+y$；

(d) f：$\mathbb{N}\times\mathbb{N} \to \mathbb{N}\times\mathbb{N}$，$f(x, y)=(x+y, x-y)$；

(e) f：$\mathbb{R}\times\mathbb{R} \to \mathbb{R}\times\mathbb{R}$，$f(x, y)=(x+y, x-y)$。

课堂练习题

习题 3.225　证明函数 f：$\mathbb{Z}^+\times\mathbb{Z}^+ \to \mathbb{Z}^+$ 是双射，其中 $f(m, n)=(m+n-2)(m+n-1)/2+m$。

习题 3.226　假设有函数 f：$A\to B$，g：$C\to D$，

(a) $A\times C$ 到 $B\times D$ 的关系 $f\times g$ 定义为 $f\times g((x, y))=(f(x), g(y))$，证明：$f\times g$ 是 $A\times C$ 到 $B\times D$ 的函数。

(b) 证明：若 f 和 g 都是单射，则 $f\times g$ 也是单射。

(c) 证明：若 f 和 g 都是满射，则 $f\times g$ 也是满射。

(d) 证明：若 f 和 g 都是双射，则 $f\times g$ 也是双射。

习题 3.227　对于以下集合 A 和 B，构造从 A 到 B 的双射函数：

(a) $A=(0, 1)$，$B=(5, 25)$（二者都是实数集上的开区间）；

(b) $A=\{a, b, c\}$，$B=\{$张三, 李四, 王五$\}$；

(c) $A=\mathbb{R}$，$B=\mathbb{R}^+$。

讨论题

习题 3.228　讨论函数性质在关系矩阵和关系图中的体现。

习题 3.229　(a) 给出一个 $\mathbb{Z}^+$ 到 $\mathbb{Z}^+$ 的既非单射又非满射的函数的例子；

(b) 给出一个 $\mathbb{Z}^+$ 到 $\mathbb{Z}^+$ 的是单射但不是满射的函数的例子；

(c) 给出一个 $\mathbb{Z}^+$ 到 $\mathbb{Z}^+$ 的非单射但是是满射的函数的例子；

(d) 给出一个 $\mathbb{Z}^+$ 到 $\mathbb{Z}^+$ 的既是单射又是满射的函数的例子。

习题 3.230　假设 f: $A \to B$，$C, D \subseteq A$，

(a) 证明 $f(C \cap D) \subseteq f(C) \cap f(D)$；

(b) 举反例说明 $f(C \cap D) = f(C) \cap f(D)$ 不是永真的；

(c) 说明对于什么函数上述等式为真。

习题 3.231　设 A 是非空集合，R 是 A 上的一个等价关系，证明：恒等关系 I_A 所确定的典范映射是双射，而其他的典范映射只是满射。

习题 3.232　假设 A 和 B 是两个有限集，函数 f: $A \to B$，证明：

(a) 若 f 是单射，则 $|A| \leqslant |B|$；

(b) 若 f 是满射，则 $|B| \leqslant |A|$。

习题 3.233　假设 A 和 B 是两个有限集合，证明如下结果：

(a) 若 $|A| < |B|$，则必然存在从 A 到 B 的单射函数，必然不存在从 A 到 B 的满射函数；

(b) 若 $|A| > |B|$，则必然存在从 A 到 B 的满射函数，必然不存在从 A 到 B 的单射函数；

(c) 若 $|A| = |B|$，则必然存在从 A 到 B 的双射函数；

(d) 若 $|A| = |B|$，则函数 f: $A \to B$ 是单射当且仅当 f 是满射。

习题 3.234　假设 A 是有限集合，B 是无限集合，证明：

(a) 必然不存在从 A 到 B 的满射函数；

(b) 必然不存在从 B 到 A 的单射函数。

知识扩展——集合的势

自然数和自然数的平方哪个多？1638 年，伽利略（Galileo，1564—1642）在《关于两种新科学的对话》中借三个中世纪的学者的对话提出了这个问题，并且指出：对于每个自然数，都有且只有一个平方数与之对应，所以自然数和自然数的平方应该是同样多的。

于是就产生了一个“悖论”：部分和全体同样多。当时它不仅困惑了伽利略，也使许多数学家束手无策。

1874—1894 年，康托尔（Cantor，1845—1918）圆满地解决了这个问题，其基本思想是“一一对应”。

定义 3.35　假设 A 和 B 是两个集合，如果存在 A 到 B 的双射，则称集合 A 与集合 B 是**等势的**，记作 $A \approx B$；或称 A 和 B 的**基数相等**，记作 $|A| = |B|$。

例 3.73　集合 $A = \{a, b, c\}$ 和 $B = \{1, 2, 3\}$ 是等势的。

例 3.74　自然数集 $\mathbb{N} = \{0, 1, 2, \cdots\}$ 和集合 $\left\{x^2 \mid x \in \mathbb{N}\right\} = \{0,1,4,9,\cdots\}$ 是等势的，双射函数为 $f(x) = x^2$，这样就回答了伽利略的问题，也说明有时候部分和全体的确“一样大”。

定理 3.30　集合族（集合的集合）上的等势关系是一个等价关系。

定理 3.31　有限集合不能与其任意真子集等势。

通过思考和文献调研，撰写书面报告，回答如下问题。

（a）自然数集 $\mathbb{N} = \{0, 1, 2, \cdots\}$ 和整数集 $\mathbb{Z}$ 是等势的吗？

（b）自然数集 $\mathbb{N}=\{0, 1, 2, \cdots\}$和集合 $\mathbb{N}\times\mathbb{N}$ 是等势的吗？

（c）对于任意的实数 a 和 b，$a<b$，开区间$(0, 1)$与(a, b)是等势的吗？

（d）开区间$(0, 1)$与闭区间$[0, 1]$是等势的吗？

（e）开区间$(0, 1)$与实数集 $\mathbb{R}$ 是等势的吗？

（f）开区间$(0, 1)$与$(0, 1)\times(0, 1)$是等势的吗？

（g）实数集 $\mathbb{R}$ 与复实数集 $\mathbb{C}$ 是等势的吗？

（h）自然数集 $\mathbb{N}=\{0, 1, 2, \cdots\}$和闭区间$[0, 1]$是等势的吗？

（i）自然数集 $\mathbb{N}=\{0, 1, 2, \cdots\}$和实数集 $\mathbb{R}$ 是等势的吗？

（j）什么叫作“连续统（continuum）”？

（k）什么是“连续统假设（continuum hypothesis）”？

（l）目前关于“希尔伯特第一问题”的研究进展如何？

习题 3.235 证明：$\mathbb{Z}$ 和 $2\mathbb{Z}=\left\{2x \middle| x\in\mathbb{Z}\right\}=\{0,2,-2,4,-4,\cdots\}$ 是等势的。

习题 3.236 证明：实数集 $\mathbb{R}$ 和正实数集 $\mathbb{R}^+$ 是等势的。

知识扩展——代数数和超越数

习题 3.237 证明：全体整系数多项式组成的集合是可数集。

习题 3.238 称整系数 n 次不可约多项式方程

$$a_0x^n+a_1x^{n-1}+\cdots+a_{n-1}x^1+a_n=0 \qquad (a_0\neq 0)$$

的实数根为 n 次**代数数(algebraic number)**。

(a) 证明：$\sqrt[4]{2}+1$ 是代数数。

(b) 证明：$\sqrt{2}+\sqrt{3}$ 是代数数。

(c) 全体代数数组成的集合是可数集。

习题 3.239 通常称不是代数数的实数为**超越数（transcendental number）**。证明：全体超越数组成的集合是不可数集，而且与 $\mathbb{R}$ 等势。

3.27 函数的复合

知识点

定理 3.32 设 A, B, C 是集合，f 是 A 到 B 的关系，g 是 B 到 C 的关系。若 f, g 是函数，则 $g\circ f$ 也是函数，且满足：

(a) $\mathrm{Dom}(g\circ f)=\{x|x\in\mathrm{Dom}(f)$ 且 $f(x)\in\mathrm{Dom}(g)\}$；

(b) 对于任意 $x\in\mathrm{Dom}(g\circ f)$ 有 $g\circ f(x)=g(f(x))$。

证明：由定义 3.9，若对于某个 $x\in\mathrm{Dom}(g\circ f)$存在 y_1，$y_2\in\mathrm{Ran}(g\circ f)$使得$(x, y_1)\in g\circ f$ 且$(x, y_2)\in g\circ f$，则存在 $t_1\in\mathrm{Dom}(g)$使得$(x, t_1)\in f$ 且$(t_1, y_1)\in g$，存在 $t_2\in\mathrm{Dom}(g)$使得$(x, t_2)\in f$ 且$(t_2, y_2)\in g$。由于 f 是函数，因此 $t_1=t_2$，又由于$(t_1, y_1)\in g$，$(t_2, y_2)\in g$ 且 g 是函数，有 $y_1=y_2$，因此 $f\circ g$ 为函数（如图 3－49 所示）。

(a) 由定义 3.9 即得；

(b) 由定理 3.4 即得。 □

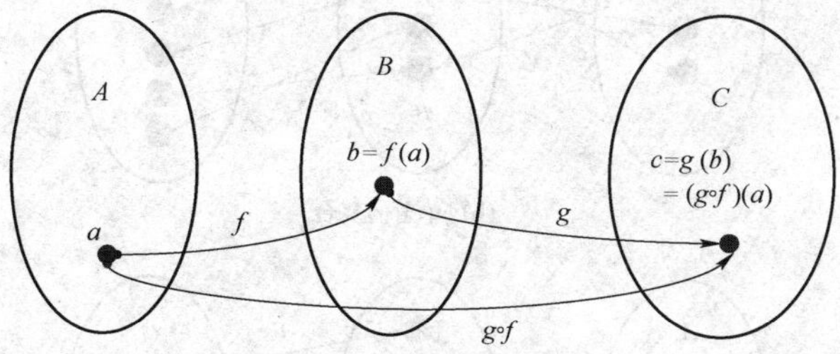

图 3－49　函数的复合

由定理 3.32 及关系复合运算的性质易得以下推论：

假设 A，B，C，D 均为非空集合，f 为 A 到 B 的关系，g 为 B 到 C 的关系，h 为 C 到 D 的关系。若 f, g, h 是函数，则 $(h\circ g)\circ f$ 和 $h\circ(g\circ f)$ 也都是函数，且 $(h\circ g)\circ f=h\circ(g\circ f)$。

例 3.75　函数 f：$\mathbb{R}\to\mathbb{R}$ 定义为 $f(x)=256x$，g：$\mathbb{R}\to\mathbb{R}$ 定义为 $g(x)=2^x$，h：$\mathbb{R}\to\mathbb{R}$ 定义为 $h(x)=x^3$，则

$$g\circ f(x)=g(f(x))=2^{f(x)}=2^{256x}$$
$$f\circ g(x)=f(g(x))=256g(x)=256\times 2^x=2^{x+8}$$
$$h\circ g\circ f(x)=h(g(f(x)))=(2^{256x})^3=2^{768x}$$

定理 3.33　假设 A，B，C 为非空集合，函数 f：$A\to B$，g：$B\to C$，则：

(a) 如果 g 和 f 都是满射，则 $g\circ f$ 也是满射；

(b) 如果 g 和 f 都是单射，则 $g\circ f$ 也是单射；

(c) 如果 g 和 f 都是双射，则 $g\circ f$ 也是双射。

证明：(a) 对于任意的 $z\in C$，因 g 是满射，故而存在 $b\in B$ 使得 $g(b)=c$。现考察 b，因 f 是满射，故而存在 $a\in A$ 使得 $f(a)=b$。于是 $g\circ f(a)=g(f(a))=g(b)=c$，从而证明了 $g\circ f$ 是满射。

(b) 假设存在 $x_1, x_2\in A$ 使得 $g\circ f(x_1)=g\circ f(x_2)$，则由 $g(f(x_1))=g(f(x_2))$ 及 g 是单射知 $f(x_1)=f(x_2)$，又由于 f 也是单射，所以 $x_1=x_2$。从而证明了 $g\circ f$ 是单射。

(c) 由(a)、(b)即得。 □

用图 3－50 说明定理 3.33 如下所示。

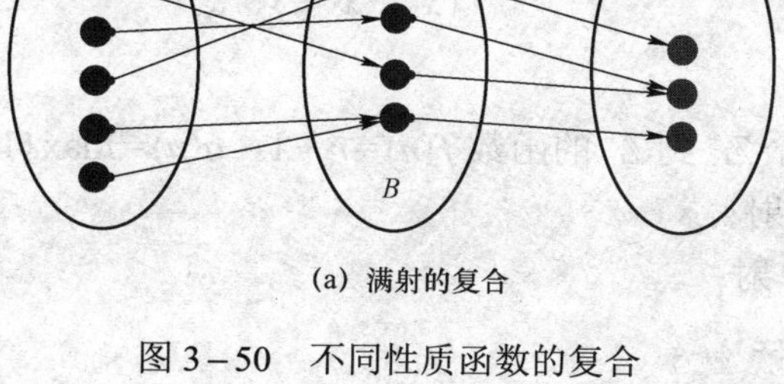

(a) 满射的复合

图 3－50　不同性质函数的复合

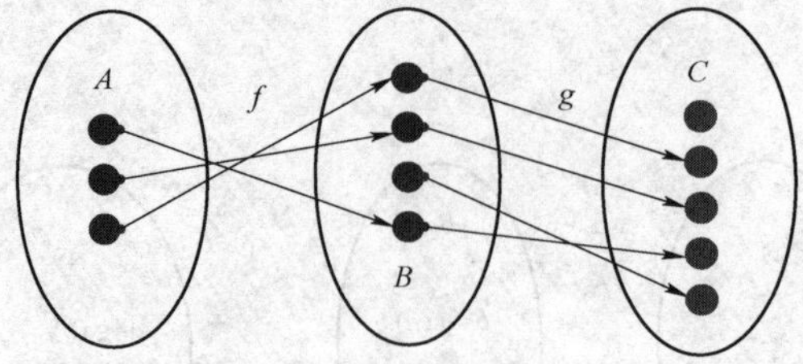

(b) 单射的复合

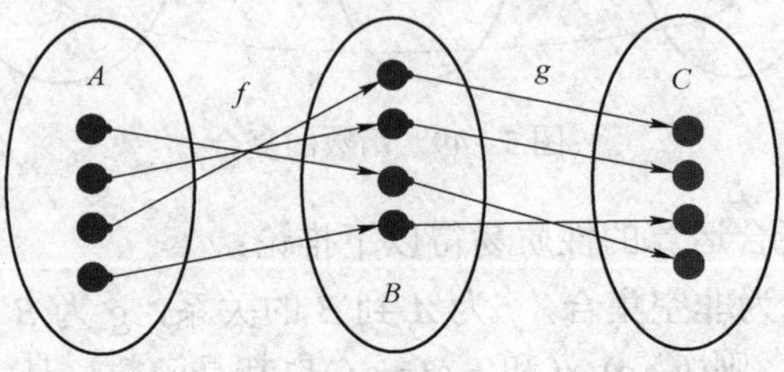

(c) 双射的复合

图 3-50　不同性质函数的复合（续）

定理 3.34　假设 A，B 为集合，函数 f: $A \to B$，则 $f = f \circ 1_A = 1_B \circ f$。

证明：由定理 3.3 即得。□

课前自测题

习题 3.240（判断题）假设实数集合到实数集合的函数 $f(x)=\cos(x)$，$g(x)=x+1$，则 $g \circ f(x)=\cos(x)+1$。

习题 3.241　假设 $f=\{(a, \alpha), (b, \alpha), (c, \beta)\}$，$g=\{(\alpha, 0), (\beta, 1)\}$，计算 $g \circ f$。

习题 3.242　设函数 f: $\mathbb{R} \to \mathbb{R}$ 定义为 $f(x)=x+1$，g: $\mathbb{R} \to \mathbb{R}$ 定义为 $g(x)=2x+1$，h: $\mathbb{R} \to \mathbb{R}$ 定义为 $h(x)=x^2+1$，计算：$g \circ f(x)$，$f \circ g(x)$，$h \circ g \circ f(x)$。

习题 3.243　设 f: $\mathbb{Z}^+ \to \mathbb{Z}^+$，定义为

$$f(x)=\begin{cases} x/2 & 若x为偶数 \\ x+1 & 若x为奇数 \end{cases}$$

请计算 $f^4(15), f^6(65)$。

课堂练习题

习题 3.244　函数 f: $\mathbb{R} \to \mathbb{R}$，$f(x)=\begin{cases} 0 & x>1 \\ x^2 & x \leqslant 1 \end{cases}$；$g$: $\mathbb{R} \to \mathbb{R}$，$g(x)=x-2$。计算 $f \circ g$，$g \circ f$。

习题 3.245　假设两个 $\mathbb{Z}^+$ 到 $\mathbb{Z}^+$ 的函数 $f(n)=n+1$，$g(n)=\max\{1, n-1\}$，证明：

(a) f 是单射而不是满射；

(b) g 是满射而不是单射；

(c) $g \circ f = 1_{\mathbb{Z}^+}$，而 $f \circ g \neq 1_{\mathbb{Z}^+}$。

讨论题

习题 3.246 定理 3.33 的逆定理是否全部成立？还是只有部分成立？具体而言，假设 A，B，C 为非空集合，函数 f: $A \to B$, g: $B \to C$，下述陈述是否成立？

(a) 若 $g \circ f$ 是单射，则 f 是单射。

(b) 若 $g \circ f$ 是单射，则 g 是单射。

(c) 若 $g \circ f$ 是满射，则 f 是满射。

(d) 若 $g \circ f$ 是满射，则 g 是满射。

(e) 若 $g \circ f$ 是双射，则 f 是双射。

(f) 若 $g \circ f$ 是双射，则 g 是双射。

3.28 逆函数

知识点

关系的逆关系仍然是关系，而函数作为关系，其逆关系却不一定也是函数。

例 3.76 设 $f = \{(1, 1), (2, 2), (3, 3), (4, 4), (5, 3)\}$ 是一个函数，而 f 的逆关系 $f^{-1} = \{(1, 1), (2, 2), (3, 3), (4, 4), (3, 5)\}$ 是一个关系但不是函数。

定义 3.36 假设 A, B 为集合，如果函数 f: $A \to B$ 作为关系的逆关系 f^{-1} 是 B 到 A 的函数，则称之为**可逆的**（**invertible**），此时称 f^{-1} 为 f 的**反函数**（**inverse function**）或**逆函数**。

定理 3.35 假设 A，B 为集合，设 f: $A \to B$，若函数 f^{-1} 存在，则：

(a) $f^{-1} \circ f = 1_A$；

(b) $f \circ f^{-1} = 1_B$。

证明：假设函数 f^{-1} 存在，对于任意 $x \in A$，由于 f 是 A 到 B 的函数，因此存在 $y \in B$，使得 $(x, y) \in f$。于是 $(x, x) \in f^{-1} \circ f$，即得 $1_A \subseteq f^{-1} \circ f$。又由于 f 和 f^{-1} 都是函数，定理 3.32 表明 $f^{-1} \circ f$ 也是函数，因此对于任意 $x \in A$，若还存在 $y \in A$ 使得 $(x, y) \in f^{-1} \circ f$，则必然有 $y = x$，即 $f^{-1} \circ f = 1_A$。

类似地，可证明 $f \circ f^{-1} = 1_B$。 □

下面一个定理给出了逆函数存在的充要条件。

定理 3.36 假设 A，B 为非空集合，函数 f: $A \to B$，则 f 可逆当且仅当 f 是双射，且 f 的逆函数若存在则也是双射。

证明：（充分性）假设 f 是双射，下面证明 f^{-1} 是 B 到 A 的函数。

因为 f 是函数，所以 f^{-1} 是关系，且由 f 是双射有 $\mathrm{Dom}(f^{-1}) = \mathrm{Ran}(f) = B$，$\mathrm{Ran}(f^{-1}) = \mathrm{Dom}(f) = A$。对于任意的 $b \in B$，若存在 $a_1, a_2 \in A$ 使得 $(b, a_1) \in f^{-1}$ 且 $(b, a_2) \in f^{-1}$，则由关系逆的定义有 $(a_1, b) \in f$ 且 $(a_2, b) \in f$，根据 f 是单射可得 $a_1 = a_2$，从而证明了 f^{-1} 是 B 到 A 的函数。

（必要性）假设 f 可逆，以下分两个步骤证明 f 是双射：(1) f 是单射：由定理 3.35，$f^{-1} \circ f = 1_A$，而 1_A 是单射，故 f 是单射。（参考习题 3.246）

(2) f 是满射：由定理 3.35，$f \circ f^{-1} = 1_B$，而 1_B 是满射，故 f 是满射。

下面证明 f^{-1} 也是双射。

① f^{-1} 是满射：由定理 3.35，$f^{-1}\circ f=1_A$，而 1_A 是满射，故 f^{-1} 是满射。

② f^{-1} 是单射：由定理 3.35，$f\circ f^{-1}=1_B$，而 1_B 是单射，故 f^{-1} 是单射。 □

注：由定理 3.36 及关系的逆运算、复合运算的性质，易得：

(a) 若函数 f：$A\to B$ 是双射，则 $(f^{-1})^{-1}=f$；

(b) 若函数 f：$A\to B$, g：$B\to C$ 均是双射，则 $(g\circ f)^{-1}=f^{-1}\circ g^{-1}$。

例 3.77 函数 h：$\mathbb{R}\to\mathbb{R}$，$h(x)=3x-2$ 是双射，因此可逆，其逆函数 $h^{-1}(x)=\dfrac{x+2}{3}$。而函数 g：$\mathbb{R}\to\mathbb{R}$，$g(x)=x^2+4x-5$ 不是双射，因此不存在 g 的逆函数。

课前自测题

习题 3.247（判断题） 区间(0,1)到 $\mathbb{R}$ 的函数 $f(x)=x^3-x$ 是可逆的。

习题 3.248 以下哪个 $\mathbb{R}^+$ 到 $\mathbb{R}$ 的函数可逆？（　　）

A. $f(x)=\sin(x)$　　B. $f(x)=\log_2(x)$　　C. $f(x)=x^2-2x$　　D. $f(x)=|x-2|$

课堂练习题

习题 3.249 设函数 f：$\mathbb{R}\times\mathbb{R}\to\mathbb{R}\times\mathbb{R}$ 定义为 $f(x,y)=(x+y,x-y)$，

(a) 证明 f 是双射；

(b) 求 f 的逆函数；

(c) 求 $f\circ f$。

讨论题

习题 3.250 试举出一个例子说明 $f\circ f=f$ 成立，其中 f：$A\to A$ 且 $f\neq 1_A$。若 f 的逆函数存在，是否还存在满足条件的 f?

3.29 在计算机中使用序列表示集合

知识点

定义 3.37 设 U 为全集，对于任意集合 $A\subseteq U$，可定义 A 的特征函数（**characteristic function**）χ_A：$U\to\{0,1\}$ 为

$$\chi_A(a)=\begin{cases}1 & a\in A\\ 0 & a\in \complement_U A\end{cases}$$

例 3.78 设全集 $U=\{0,1,\cdots,9\}$，集合 $A=\{2,4,6,8\}$，$B=\{1,2,3,4,5,6\}$，则 $A\cap B=\{2,4,6\}$，$A\cup B=\{1,2,3,4,5,6,8\}$，$A-B=\{8\}$，$\complement_U A=\{0,1,3,5,7,9\}$，$\complement_U B=\{0,7,8,9\}$，$A\oplus B=\{1,3,5,8\}$。

则有：$\chi_A(0)=0, \chi_A(1)=0, \chi_A(2)=1, \chi_A(3)=0, \chi_A(4)=1, \chi_A(5)=0, \chi_A(6)=1, \chi_A(7)=0, \chi_A(8)=1, \chi_A(9)=0$。

类似地，可定义 $\chi_{\complement_U A}$，χ_B，$\chi_{\complement_U B}$，$\chi_{A\cap B}$，$\chi_{A\cup B}$，χ_{A-B}，$\chi_{A\oplus B}$，它们在各元素的取值见表 3－6。

表 3－6　例 3.78 用表

	0	1	2	3	4	5	6	7	8	9
χ_A	0	0	1	0	1	0	1	0	1	0
$\chi_{\complement_U A}$	1	1	0	1	0	1	0	1	0	1
χ_B	0	1	1	1	1	1	1	0	0	0
$\chi_{\complement_U B}$	1	0	0	0	0	0	0	1	1	1
$\chi_{A\cap B}$	0	0	1	0	1	0	1	0	0	0
$\chi_{A\cup B}$	0	1	1	1	1	1	1	0	1	0
χ_{A-B}	0	0	0	0	0	0	0	0	1	0
$\chi_{A\oplus B}$	0	1	0	1	0	1	0	0	1	0

一般情况下，假设全集 U 的基数是 n 且其元素有一个确定的顺序，于是每一个全集的子集都一一对应着一个 n 维 0－1 向量，进而可以方便地使用计算机表示集合和进行集合间的运算。

定理 3.37　特征函数满足以下等式：

(a) 对于所有 $x\in U$，$\chi_{\complement_U A}(x)=1-\chi_A(x)$；

(b) 对于所有 $x\in U$，$\chi_{A\cap B}(x)=\chi_A(x)\chi_B(x)$；

(c) 对于所有 $x\in U$，$\chi_{A\cup B}(x)=\chi_A(x)+\chi_B(x)-\chi_A(x)\chi_B(x)$；

(d) 对于所有 $x\in U$，$\chi_{A\oplus B}(x)=\chi_A(x)+\chi_B(x)-2\chi_A(x)\chi_B(x)$；

(e) 对于所有 $x\in U$，$\chi_{A-B}(x)=\chi_A(x)(1-\chi_B(x))$。

≫ 课前自测题

习题 3.251（判断题）若 $U=\{1, 2, 3, 4\}$，$A=\{1, 2\}$，$B=\{2, 3\}$，$C=\{3, 4\}$，则 $(A\cup B)-C$ 可以表示为 1101。

习题 3.252　若 $U=\{1, 2, 3, 4, 5, 6, 7, 8\}$，$B=\{3, 6, 7\}$，$C=\{2, 3, 5, 6\}$，$D=\{1, 2, 3, 7, 8\}$，$E=\{2, 3, 4, 5, 6\}$，则可以将 $\complement_U C\cap(B\cup E)$ 表示为序列（　　）。

A. 10010010　　B. 10000010　　C. 00010010　　D. 10010000

习题 3.253　假设 $U=\{1, 2, 3, 4, 5, 6, 7, 8\}$，$A=\{2, 3, 5, 7\}$，$B=\{1, 2, 4, 8\}$，用 0－1 序列表示集合 $A\cap B$，$A\cup B$，$A-B$，$\complement_U A$，$\complement_U B$，$A\oplus B$。

≫ 课堂练习题

习题 3.254　证明定理 3.37。

习题 3.255　假设 A，B，C 为非空集合，使用特征函数证明：

(a) $(A\oplus B)\oplus C=A\oplus(B\oplus C)$；

(b) $A-(B\cup C)=(A-B)\cap(A-C)$；

(c) $A\cup(A\cap B)=A$。

讨论题

习题 3.256 表示集合的序列和第 1 章中介绍的布尔矩阵及其运算有没有什么类似之处？

3.30 地板函数与天花板函数

知识点

定义 3.38 定义在 $\mathbb{R}$ 上的**地板函数（floor function）**，也称作**下取整函数**或者**高斯函数**，其值是不超过自变量 x 的最大整数，记作 floor(x)或$\lfloor x\rfloor$。

定义 3.39 定义在 $\mathbb{R}$ 上的**天花板函数（ceiling function）**，也称作**上取整函数**，其值是不小于 x 的最小整数，记作 ceiling(x)或$\lceil x\rceil$。

例 3.79

(a) $\lfloor 7\rfloor=7, \lfloor -7\rfloor=-7, \lfloor 1.6\rfloor=1, \lfloor -1.6\rfloor=-2, \lfloor -\pi\rfloor=-4$；

(b) $\lceil 7\rceil=7, \lceil -7\rceil=-7, \lceil 1.6\rceil=2, \lceil -1.6\rceil=-1, \lfloor -\pi\rfloor=-3$。

下取整函数和上取整函数示意图如图 3-51 所示。

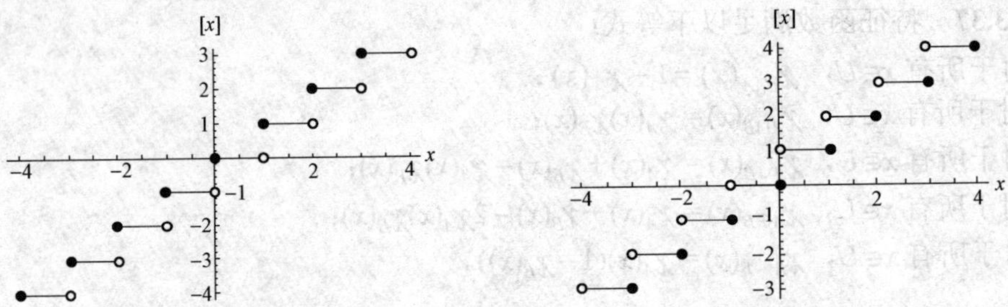

(a) 下取整函数　　(b) 上取整函数

图 3-51 下取整函数和上取整函数①

上取整函数和下取整函数具有如下性质。

定理 3.38 设 n 为任意整数，x 为实数，则：

(a) $\lfloor x\rfloor=n$ 当且仅当 $n\leqslant x<n+1$；

(b) $\lceil x\rceil=n$ 当且仅当 $n-1<x\leqslant n$；

(c) $\lfloor x\rfloor=n$ 当且仅当 $x-1<n\leqslant x$；

(d) $\lceil x\rceil=n$ 当且仅当 $x\leqslant n<x+1$；

(e) $x-1<\lfloor x\rfloor\leqslant x\leqslant\lceil x\rceil<x+1$；

(f) $\lfloor -x\rfloor=-\lceil x\rceil$；

(g) $\lceil -x\rceil=-\lfloor x\rfloor$；

(h) $\lfloor x+n\rfloor=\lfloor x\rfloor+n$；

(i) $\lceil x+n\rceil=\lceil x\rceil+n$。

① 图片来自 Wolfram MathWorld。

课前自测题

习题 3.257（判断题）$\lfloor -2.5 \rfloor \times \lceil -3.5 \rceil = 9$。

习题 3.258　$\lfloor \lceil \log_2 3 \rceil - \pi \rfloor =$______________。

习题 3.259　$\lceil \lfloor \log_2 3 \rfloor - \pi \rceil =$______________。

习题 3.260　若 x 是实数但是不是整数，则$\lceil x \rceil - \lfloor x \rfloor =$________。

习题 3.261　若 x 是实数但是不是整数，则$\lfloor x+1 \rfloor - \lceil x \rceil =$________。

课堂练习题

习题 3.262　证明：若 n 是整数，则 $n = \lceil n/2 \rceil + \lfloor n/2 \rfloor$。

习题 3.263　证明：对于任一整数 n，$\lfloor n/2 \rfloor \times \lceil n/2 \rceil = \lfloor n^2/4 \rfloor$成立。

习题 3.264　证明：若 n 是奇数，则$\lceil n^2/4 \rceil = (n^2+3)/4$。

讨论题

习题 3.265

(a) 对于哪些实数 x, y 而言，$\lfloor x+y \rfloor = \lfloor x \rfloor + \lfloor y \rfloor$？

(b) 对于哪些实数 x, y 而言，$\lceil x+y \rceil = \lceil x \rceil + \lceil y \rceil$？

(c) 对于哪些实数 x, y 而言，$\lceil x+y \rceil = \lceil x \rceil + \lfloor y \rfloor$？

第4章 图与树

1736年，数学家欧拉（Leonhard Euler，1707—1783）解决了著名的哥尼斯堡七桥问题，从而奠定了图论的基础。1847年，物理学家基尔霍夫（Gustav Robert Kirchhoff，1824—1887）把图论应用于电路网络的研究，引进了“树”的概念，开创了图论应用于工程科学的先例。

限于篇幅，本章仅介绍图和树的基本概念、性质及典型应用和算法。

章节结构图

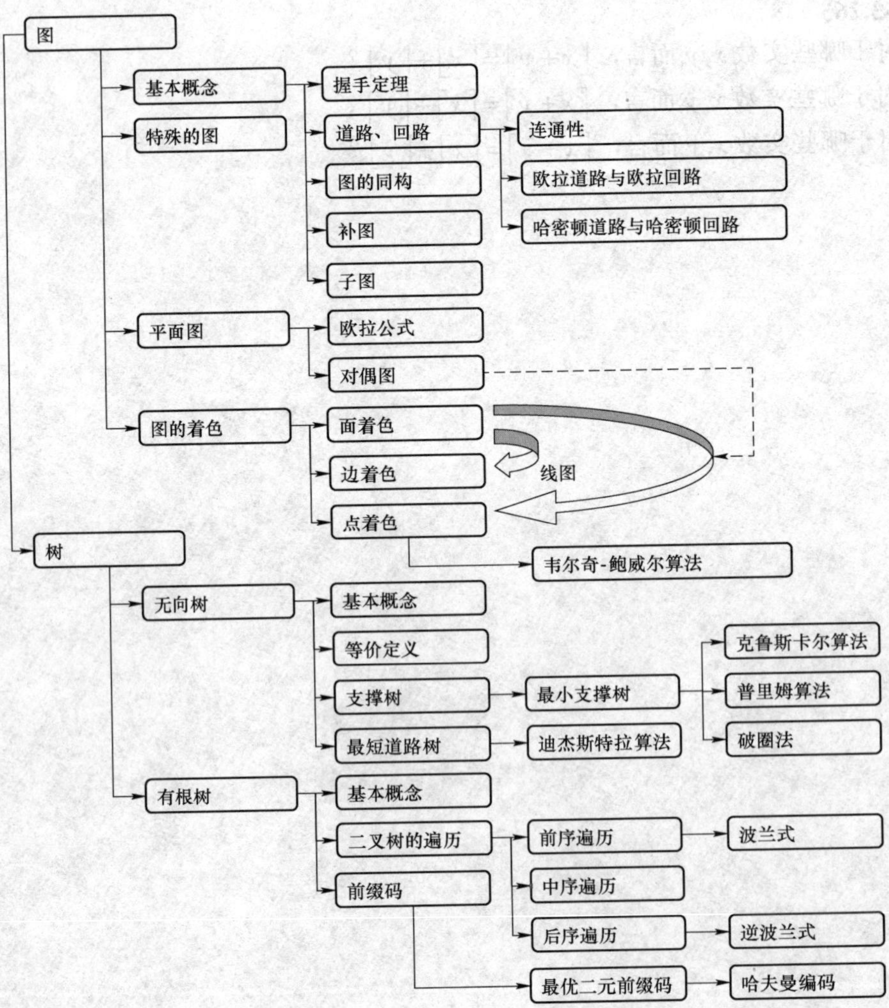

4.1　无向图和有向图

知识点

本章中的“图”是关系图这一概念的扩展。

定义 4.1　一个无向图（**undirected graph**，或 **graph**）G 指一个三元组(V, E, γ)，其中：

(1) $V=\{v_1, v_2, \cdots, v_n\}$是一个有限集合，称作**顶点集**，其元素称作**顶点**（**vertex**）或**结点**，$|V|$称作为 G 的**阶**；

(2) $E=\{e_1, e_2, \cdots, e_m\}$是一个有限集合，称作**边集**，其元素称作**边**（**edge**）；

(3) γ是 E 到 V 的元素个数为 1 或 2 的子集全体的一个函数，即对于任意 $e\in E$，有 $\gamma(e)=\{u, v\}\subseteq V$（$u$ 和 v 不必互异），此时 u 和 v 称作边 e 的**端点**（**end point**）。

定义 4.2　假设 $G=(V, E, \gamma)$为无向图，$e\in E$，若 $\gamma(e)=\{u, v\}$，则称 e 是 u 与 v 之间的一条边，称 u 和 v 是**邻顶点**（**adjacent vertices**），并称边 e 分别与 u 和 v **相关联**；若 $u=v$，则称 e 为一个**自环**或简称**环**（**loop**）。

定义 4.3　假设 $G=(V, E, \gamma)$为无向图，若 G 的两条边 e_1 和 e_2 都与同一个顶点关联，则称 e_1 和 e_2 是**邻接的**（**adjacent**）或**相邻的**。

定义 4.4　假设 $G=(V, E, \gamma)$为无向图，若 G 中关联同一对顶点（允许相同）的边多于一条，则称这些边为**重边**或**平行边**（**parallel edges**），这些边的条数称作重边的**重数**。

定义 4.5　不存在自环和重边的无向图称为**简单图**。

定义 4.6　假设 $G=(V, E, \gamma)$为无向图，$v\in V$，顶点 v 的**度数**（**degree**）$\deg(v)$是 G 中与 v 关联的边的数目（自环在计度数时为 2）。

定义 4.7　假设 $G=(V, E, \gamma)$为无向图，G 中度数为零的顶点称为**孤立顶点**（**isolated vertex**）；图中度数为 k 的顶点称为 **k 度点**；图中度数为奇数的顶点称为**奇度点**，图中度数为偶数的顶点称为**偶度点**。

例 4.1　在图 4－1 中，无向图 $G=(V, E, \gamma)$，其中 $V=\{v_1, v_2, v_3, v_4, v_5\}$，$E=\{e_1, e_2, e_3, e_4, e_5, e_6\}$，$\gamma(e_1)=\{v_1\}$，$\gamma(e_2)=\{v_1, v_2\}$，$\gamma(e_3)=\{v_1, v_3\}$，$\gamma(e_4)=\{v_2, v_3\}$，$\gamma(e_5)=\{v_2, v_3\}$，$\gamma(e_6)=\{v_3, v_4\}$。$\deg(v_1)=4$，$\deg(v_2)=3$，$\deg(v_3)=4$，$\deg(v_4)=1$，$\deg(v_5)=0$；$v_1$ 和 v_3 是相邻顶点，且是 e_3 的两个端点；v_1 和 v_4 是不相邻的顶点；v_5 是孤立顶点；e_4 和 e_5 是重边；e_1 和 e_3 是邻接边；e_2 和 e_6 不相邻；e_1 是环。

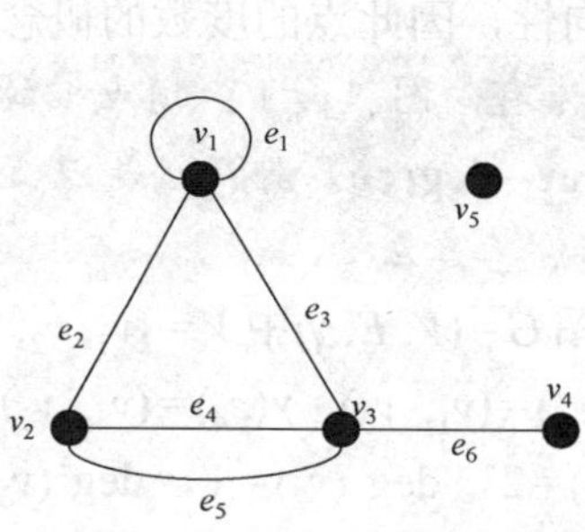

图 4－1　例 4.1 用图

若无特殊说明，约定用 n 表示图 G 的顶点数，用 m 表示图 G 的边数，一个边数为 m 的 n 阶图可简称为 (n, m) – 图。例如图 4–1 是一个 $(5, 6)$ – 图。

例 4.2 图 4–1 所示的图不是简单图，而图 4–2 所示的图是简单图。

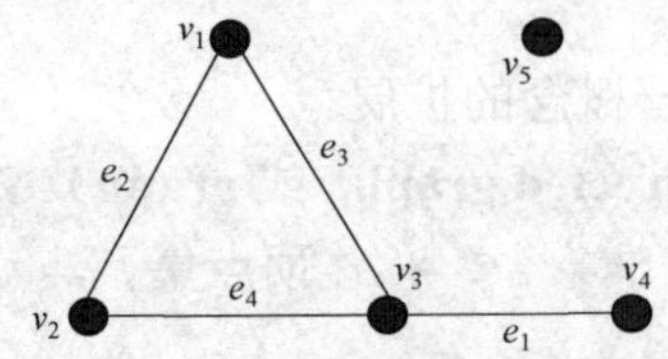

图 4–2 例 4.2 用图

对于无向简单图而言，由于每条边可以使用顶点对唯一表示，因此可以用 $\gamma(e)$ 代表 e，例如图 4–2 表示的图也可以简写作 $G=(V, E)$，其中 $V=\{v_1, v_2, v_3, v_4, v_5\}$，$E=\{\{v_3, v_4\}, \{v_1, v_2\}, \{v_1, v_3\}, \{v_2, v_3\}\}$，有时也将边 $\{u, v\}$ 简写为 uv（此时将 uv 和 vu 视作等同）。

现实世界中的很多问题都可以表示为图，例如用顶点来表示城市，如果两个城市之间有往返航班可以直达，就用边将表示这两个城市的点连接起来，就形成了一个图；再如用顶点表示仓库，如果两个仓库之间存在物资运输则用边将它们对应的顶点相连，就构成了仓库间的物流图。

和生活中或几何中的“图”不同，图论研究的对象——“图”的顶点是可以任意游走的，边也可以拉伸，表示顶点的圆点和表示边的线的形状、相对位置没有实际意义，我们关心的是其间的关系。所以一个图的图形表示法可能不是唯一的，从几何上看来完全不同的图可能代表了相同的图。

如果边存在方向，就得到了有向图。

定义 4.8 一个有向图（**directed graph**, 或 **digraph**）G 指一个三元组 (V, E, γ)，其中：

(1) $V=\{v_1, v_2,\cdots, v_n\}$ 是一个有限集合，称作**顶点集**，其元素称作**顶点**或**结点**；

(2) $E=\{e_1, e_2,\cdots, e_m\}$ 是一个有限集合，称作**边集**，其元素称作**边**；

(3) γ 是 E 到 $V\times V$ 的一个函数，对于任意 $e\in E$，若 $\gamma(e)=(u, v)\in V\times V$，则 u 称作边 e 的**始点**，v 称作边 e 的**终点**。

在本章中如不加特殊声明，所提及的“图”均泛指无向图和有向图，即它既可以表示无向图，又可以表示有向图。

在有向图中，由于边存在方向性，因此点的度数的概念稍有不同。

定义 4.9 假设 $G=(V, E, \gamma)$ 为有向图，$v\in V$，顶点 v 的**入度**（**in–degree**）$\deg^-(v)$ 是以 v 为终点的有向边的数目，**出度**（**out–degree**）$\deg^+(v)$ 是以 v 为始点的有向边的数目，顶点 v 的**度数** $\deg(v)=\deg^-(v)+\deg^+(v)$。

例 4.3 如图 4–3 所示，有向图 $G=(V, E, \gamma)$ 中 $V=\{v_1, v_2, v_3, v_4, v_5\}$，$E=\{e_1, e_2, e_3, e_4, e_5, e_6\}$，$\gamma(e_1)=(v_1, v_1)$，$\gamma(e_2)=(v_2, v_1)$，$\gamma(e_3)=(v_1, v_3)$，$\gamma(e_4)=(v_3, v_2)$，$\gamma(e_5)=(v_2, v_3)$，$\gamma(e_6)=(v_3, v_4)$。$\deg^+(v_1)=2$，$\deg^-(v_1)=2$，$\deg^+(v_2)=2$，$\deg^-(v_2)=1$，$\deg^+(v_3)=2$，$\deg^-(v_3)=2$，$\deg^+(v_4)=0$，$\deg^-(v_4)=1$，$\deg^+(v_5)=0$，$\deg^-(v_5)=0$。

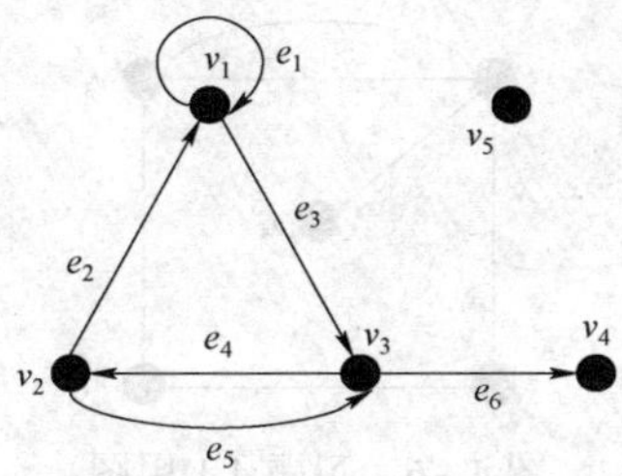

图 4-3　例 4.3 用图

例如城市间的道路如果有单行线，那么就应该将其抽象为有向图模型；再如图 4-4 所示的程序流程图，也可以抽象为有向图模型。

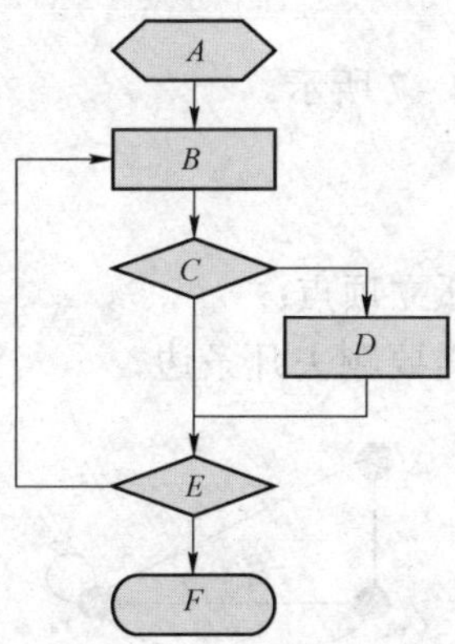

图 4-4　程序流程图

定义 4.10　假设 $G=(V, E, \gamma)$为图，W 是 E 到 $\mathbb{R}$ 的一个函数，则称(G, W)是一个**赋权图**（**weighted graph**），对于 $e\in E$，$W(e)$称作边 e 的**权重**（**weight**）或简称**权**。

在赋权图中，习惯上将边的权重标在边的旁边，例如图 4-5 就是一个赋权图。

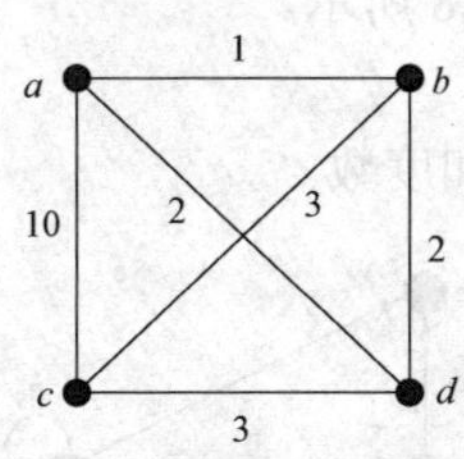

图 4-5　赋权图示例

定义 4.11　假设 $G=(V, E, \gamma)$为图，假设 L 为标号的集合，则"对顶点进行标号"指的是一个函数 f: $V\to L$，而"对边进行标号"指的是一个函数 g: $E\to L$。对图中的顶点和/或边进行"标号"的结果称作**标号图**（**labeled graph**）。

赋权图是一种对边进行标号的标号图。

课前自测题

习题 4.1　关于图 4-6，以下哪个陈述是正确的？（　　）

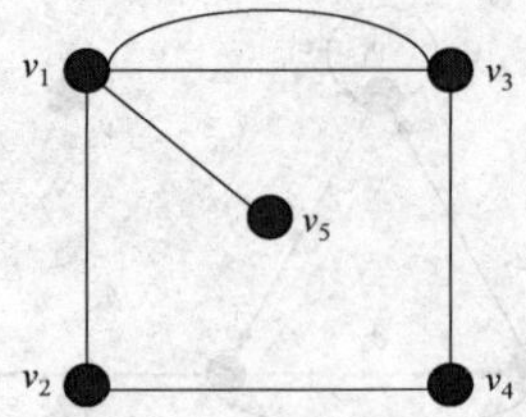

图 4-6　习题 4.1 用图

A. 它是简单图　　　　B. 图中无孤立顶点

C. 图中没有重边　　　　D. 图中存在自环

课堂练习题

习题 4.2　已知无向图 G 如图 4-7 所示。

(a) 求其顶点数和边数；

(b) 写出其各顶点的度数；

(c) 指出图 G 中的重边、环、孤立顶点；

(d) 要使图 G 成为简单图至少需要删去几条边？

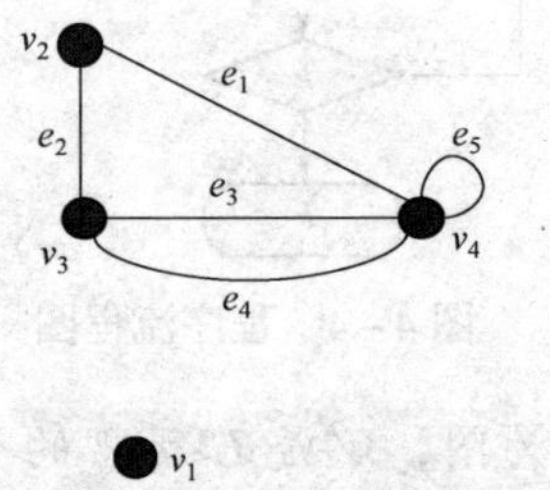

图 4-7　习题 4.2 用图

习题 4.3　已知有向图 G 如图 4-8 所示。

(a) 求其顶点数和边数；

(b) 写出其各顶点的出度、入度和度数。

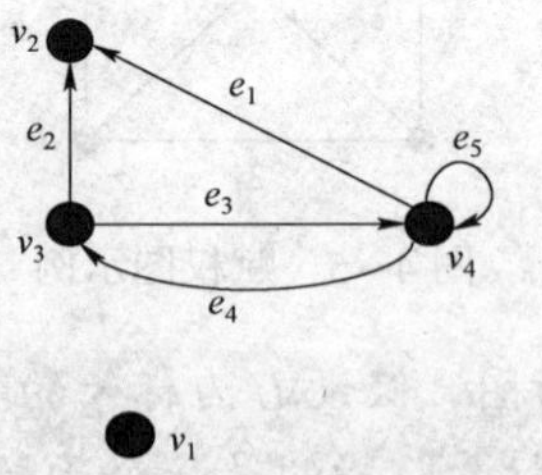

图 4-8　习题 4.3 用图

讨论题

习题 4.4　如果一个无向简单图有 24 条边，且各个顶点的度数相同，那么它一共可能有多少个顶点？

4.2　握手定理

知识点

下面介绍图论中最基本的定理，它是欧拉在解决“哥尼斯堡七桥问题”时建立的第一个图论结果。

定理 4.1（图论基本定理/握手定理）假设 $G=(V, E, \gamma)$为无向图，则有 $\sum_{v\in V}\deg(v)=2|E|$，即所有顶点度数之和等于边数的两倍。

证明：可使用归纳法证明。

(1) 当边数为 0 时，每个顶点都是孤立顶点，因此 $\sum_{v\in V}\deg(v)=0=2|E|$ 成立。

(2) 每增加一条边时，该边的两个端点（可能是同一个顶点）的度数都增加 1，因此 $\sum_{v\in V}\deg(v)$ 增加 2，$|E|$增加 1。

由(1)、(2)可知定理成立。 □

例 4.4　在图 4-1 中，$\deg(v_1)=4, \deg(v_2)=3, \deg(v_3)=4, \deg(v_4)=1, \deg(v_5)=0$；$4+3+4+1+0=12=2\times|E|$。

推论　在任何无向图中，奇数度的顶点数必是偶数。

证明：设 V_o 和 V_e 分别是图 G 的奇度点集合和偶度点集合。则由定理 4.1 有 $\sum_{v\in V}\deg(v)=\sum_{v\in V_o}\deg(v)+\sum_{v\in V_e}\deg(v)=2|E|$。

由于 $\sum_{v\in V_e}\deg(v)$ 是偶数之和，所以 $\sum_{v\in V_o}\deg(v)=2|E|-\sum_{v\in V_e}\deg(v)$ 必然也是偶数，而只有偶数个奇数的和才为偶数，即$|V_o|$必须是偶数。 □

例 4.5　不存在每个顶点都是奇数度数的 7 阶图。

证明：如果每个顶点都是奇数度数，那么就和定理 4.1 的推论矛盾。 □

定理 4.2　对于任意有向图(V,E,γ)，有 $\sum_{v\in V}\deg^+(v)=\sum_{v\in V}\deg^-(v)=|E|$。

证明：任何一条有向边，在计算顶点度数时均提供一个出度和一个入度。因此，任意有向图出度之和等于入度之和且等于边数。 □

课前自测题

习题 4.5　在某个无向图中，边数为 7，图中除了一个点的度数是 2 之外，其他顶点度数都是 3，那么图中一共有________个顶点。

习题 4.6　7 阶无向图 G 中有 1 个 2 度顶点、3 个 3 度顶点、2 个 4 度顶点、1 个 5 度顶点，则 G 的边数是________。

习题 4.7　具有 13 条边的无向图 G 中有 3 个 2 度顶点、2 个 3 度顶点、1 个 4 度顶点和若干个 5 度顶点，则 G 的阶数是________。

习题 4.8 无向图 G 的边数为 16，G 有 3 个 4 度顶点、4 个 3 度顶点，其余顶点度数均小于 3，则 G 至少有________个顶点。

课堂练习题

习题 4.9 已知无向图 G 如图 4-9 所示，写出各顶点的度数，并验证握手定理及其推论。

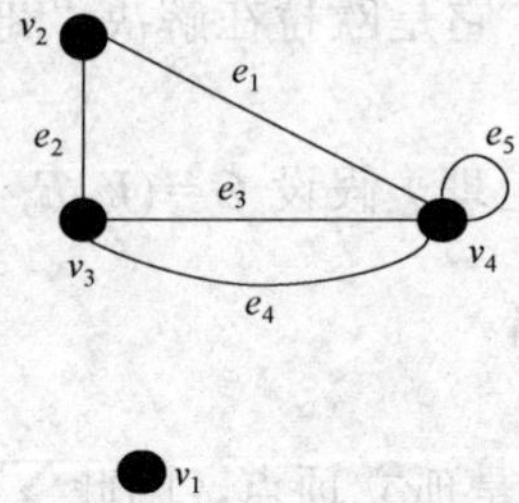

图 4-9 习题 4.9 用图

习题 4.10 已知有向图 G 如图 4-10 所示，写出各顶点的出度、入度和度数，并验证握手定理。

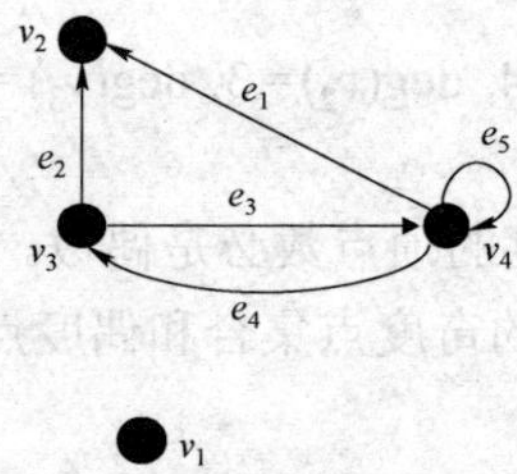

图 4-10 习题 4.10 用图

习题 4.11 假设(n, m)-图 G 中，每个顶点的度数不是 k 就是 $k+1$，且 G 中有 N 个 k 度顶点，试用 n, m, k 表示 N 的值。

习题 4.12 设图 G 有 n 个顶点、$n+1$ 条边，证明：G 中至少有一个顶点度数大于等于 3。

习题 4.13 有 n 个人，每个人恰好有 3 个朋友，证明：n 是偶数。

习题 4.14 证明：任意 n（$n \geqslant 2$）个人之中，不认识另外奇数个人的人数为偶数。

讨论题

习题 4.15 9 阶无向图 G 中顶点度数不是 5 就是 6，证明：G 中至少有 5 个 6 度顶点或者至少有 6 个 5 度顶点。

习题 4.16 证明：如果简单图 G 的所有顶点度数都大于 2，则 G 的边数不可能是 7。

4.3 特殊的图

知识点

下面介绍几类常用的特殊图。

定义 4.12　假设 $G=(V, E, \gamma)$为无向图，若 G 中所有顶点都是孤立顶点，则称 G 为**零图**（**null graph**）或**离散图**（**discrete graph**）；若$|V|=n$，$|E|=0$，则称 G 为 n 阶零图。

定义 4.13　所有顶点的度数均相等的无向图称为**正则图**（**regular graph**），所有顶点的度数均为 k 的正则图称为 ***k*** **度正则图**，也记作 ***k*** **-正则图**。零图视作零度正则图。

例 4.6　图 4-11(a)、(b)、(c)、(d)都是 3 度正则图。

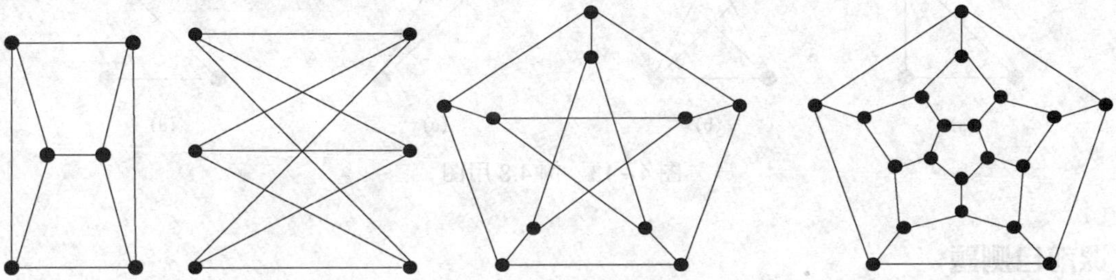

(a)　(b)　(c)　(d)

图 4-11　例 4.6 用图

定义 4.14　任意两个相异顶点都相邻的简单图称为**完全图**（**complete graph**），n 阶完全图记为 K_n。

显然，K_n 是$(n-1)$度正则图。

例 4.7　图 4-12 是一些常用的完全图。

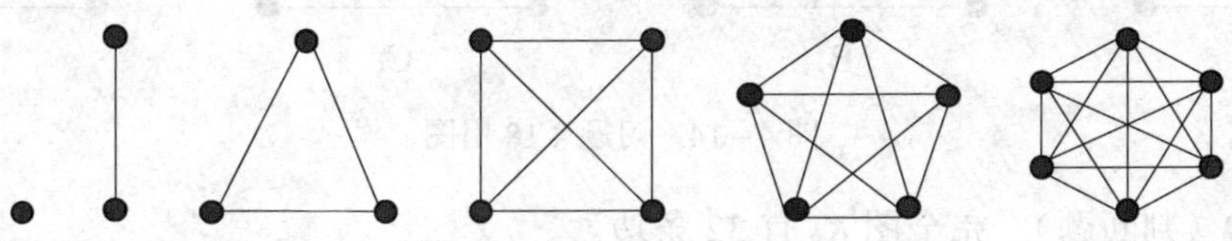

K_1　K_2　K_3　K_4　K_5　K_6

图 4-12　例 4.7 用图

定理 4.3　n 阶完全图中的边数是 $\frac{1}{2}n(n-1)$。

证明：因为完全图中每点的度都是 $n-1$，故 $\sum\limits_{v\in V}\deg(v)=n(n-1)$，于是由定理 4.1，边数为 $\frac{1}{2}n(n-1)$。 □

定义 4.15　若简单图 $G=(V, E)$的顶点集 V 存在一个划分$\{V_1, V_2\}$使得 G 中任一条边的两端一个属于 V_1，另一个属于 V_2，则称 G 是**二部图**（**bipartite graph**），此时也可以将 G 写作 $G=(V_1, V_2, E)$。如果 V_1 中的每个顶点都与 V_2 中每个顶点相邻，则称 G 是**完全二部图**（**complete bipartite graph**），记作 $K_{r,s}$，其中 $r=|V_1|$，$s=|V_2|$。

例 4.8　在图 4-13 中，(a)不是二部图，(b)、(c)和(d)都是二部图，(b)是完全二部图 $K_{3,3}$，(c)是完全二部图 $K_{2,4}$，而(d)不是完全二部图。

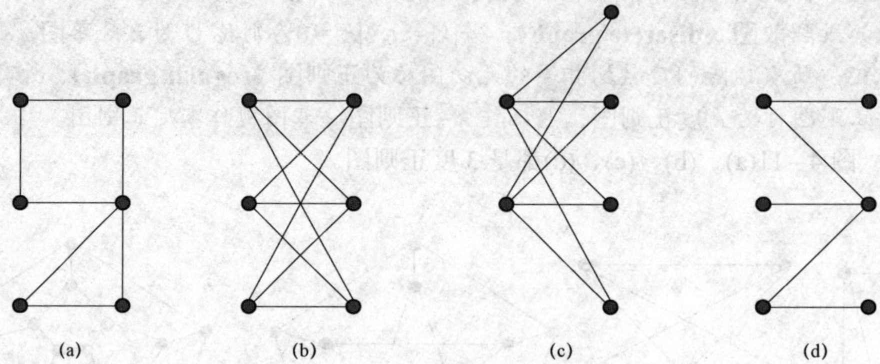

图 4－13　例 4.8 用图

课前自测题

习题 4.17　画出完全二部图 $K_{1,3}$、$K_{2,3}$ 和 $K_{2,2}$。

习题 4.18（多项选择题）　图 4－14 中，（　　）是二部图。

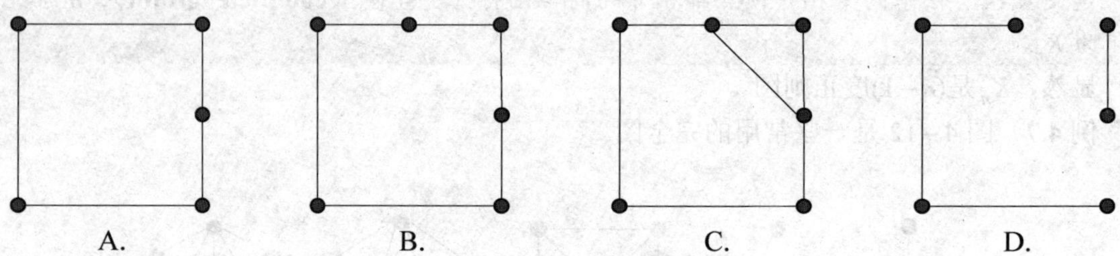

图 4－14　习题 4.18 用图

习题 4.19（判断题）　完全图 K_8 有 32 条边。

习题 4.20　完全二部图 $K_{4,5}$ 有________条边。

习题 4.21　有 16 条边的 2－正则图有________个顶点。

课堂练习题

习题 4.22　完全二部图 $K_{r,s}$ 中有多少条边？

习题 4.23　n 阶 k 度正则图中有多少条边？

习题 4.24　由完全二部图 $K_{r,s}$（$r \geqslant 1, s \geqslant 1$）产生完全图 K_n（$n=r+s$）需要增加多少条边？

讨论题

习题 4.25　n 满足什么条件时，完全图 K_n 是二部图？

习题 4.26　将有向图 G 的边的方向去掉得到的无向图称作 G 的**基图**，基图是完全图的有向图，称作**竞赛图**。证明：竞赛图中所有顶点的入度平方之和等于所有顶点的出度平方之和。

（提示：利用$(\deg^-(v))^2=(n-1-\deg^+(v))^2$）

4.4 图的同构

知识点

一个图的图形表示不一定是唯一的，有很多表面上看来不同的图之间的差别仅在于顶点和边的名称的差异，而从邻接关系的意义上看，它们本质上都是一样的，可以把它们看成是同一个图的不同表现形式。这就是图的同构概念。

定义 4.16 设 $G_1=(V_1, E_1, \gamma_1)$和 $G_2=(V_2, E_2, \gamma_2)$是两个无向图，如果存在 V_1 到 V_2 的双射 f 和 E_1 到 E_2 的双射 g，满足对于任意的 $e\in E_1$，若 $\gamma_1(e)=\{u, v\}$，则 $\gamma_2(g(e))=\{f(u), f(v)\}$，则称 G_1 和 G_2 是**同构的**（**isomorphic**），并记之为 $G_1\cong G_2$。

将定义叙述改为"满足对于任意的 $e\in E_1$，若 $\gamma_1(e)=(u, v)$，则 $\gamma_2(g(e))=(f(u), f(v))$"，则该定义也适用于有向图。

例 4.9 图 4－15 中(a)和(b)是同构的，点集之间的双射函数是 $f(v_1)=a, f(v_2)=b, f(v_3)=c, f(v_4)=d, f(v_5)=e$，边集之间的双射函数是 $g(e_i)=E_i(i=1, 2,\cdots, 5)$。

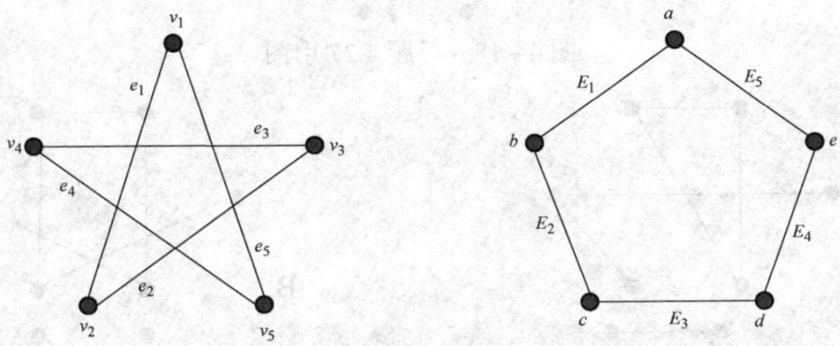

(a) (b)

图 4－15 例 4.9 用图

图之间的同构关系是一等价关系。由于我们感兴趣的是图的结构和性质，因此在本书中不区别同构的图，即只考虑等价类中的代表元素，而不再标出图的全部顶点名称和边的名称。

例 4.10 图 4－16 中(a)、(b)和(c)是同构的，称作**彼得松图**（**Peterson graph**）。

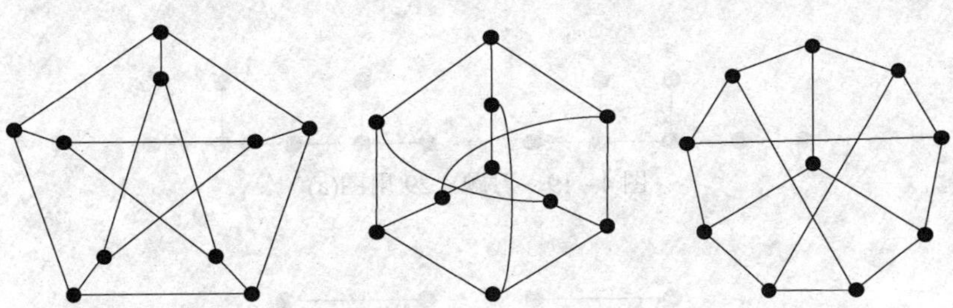

(a) (b) (c)

图 4－16 例 4.10 用图

例 4.11 画出所有不同构的具有 5 个顶点、3 条边的简单图。

解：如图 4－17 所示。

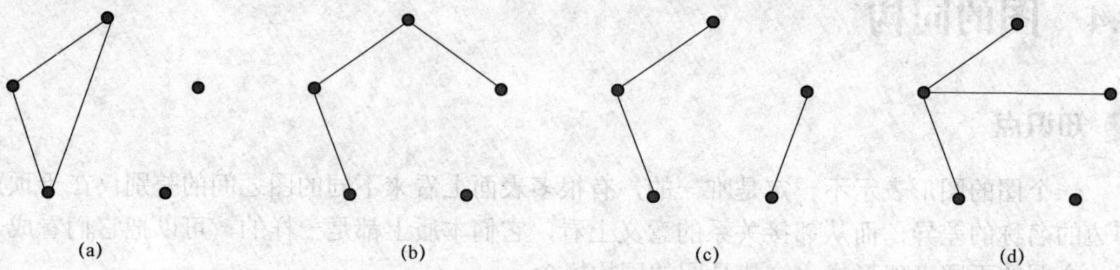

图 4－17　例 4.11 用图

课前自测题

习题 4.27　(　　) 与图 4－18 同构。

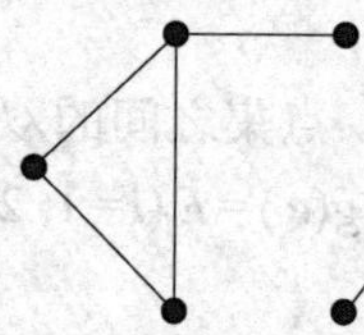

图 4－18　习题 4.27 用图

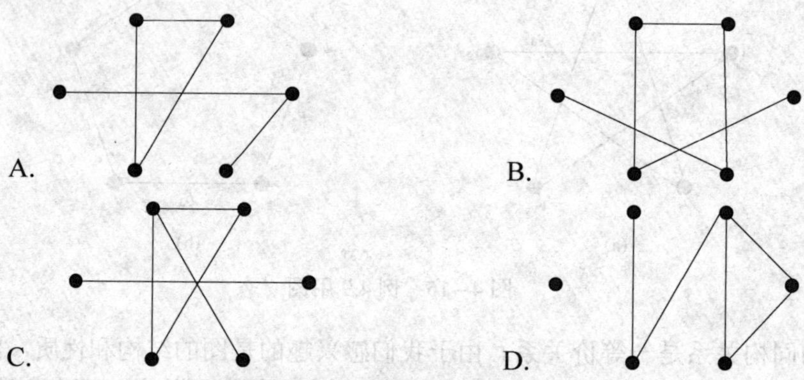

习题 4.28　有________个不同构的 6 阶 2 度正则图。

习题 4.29　判断下述各组中两图是否同构。

(a)

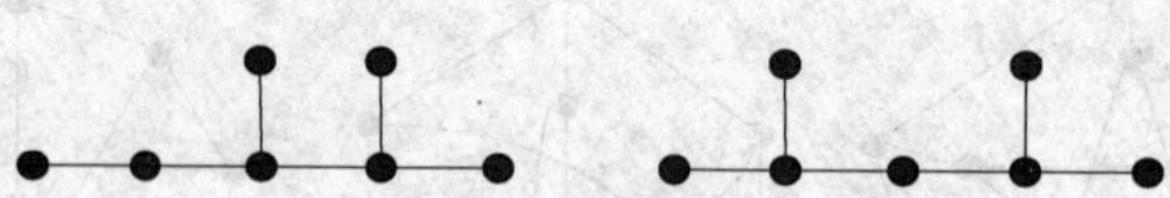

图 4－19　习题 4.29 用图(a)

(b)

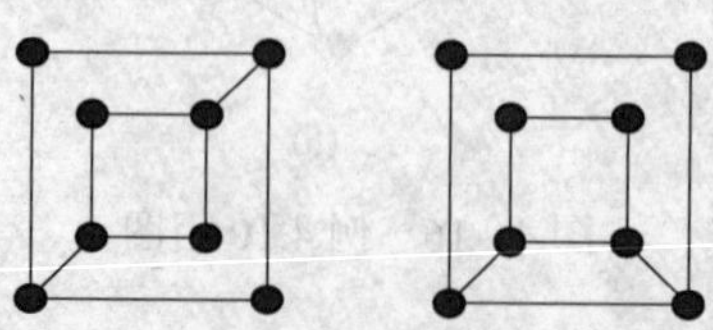

图 4－20　习题 4.29 用图(b)

(c)

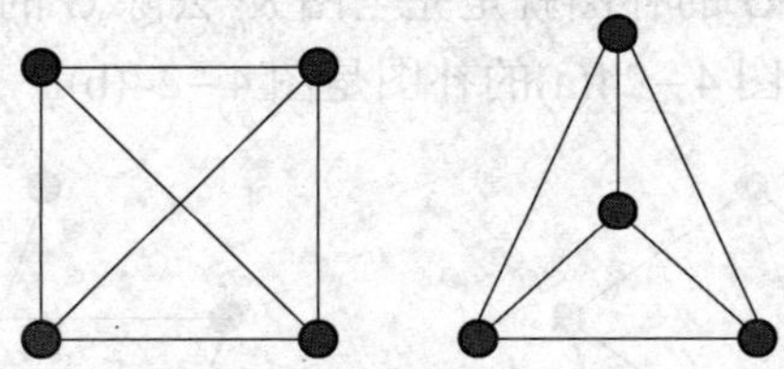

图 4－21　习题 4.29 用图(c)

(d)

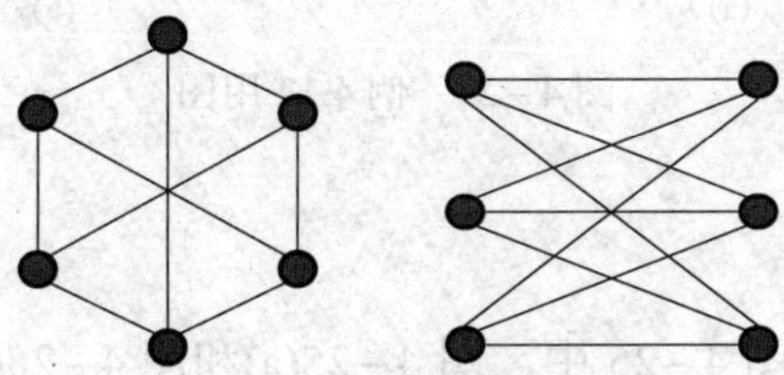

图 4－22　习题 4.29 用图(d)

(e)

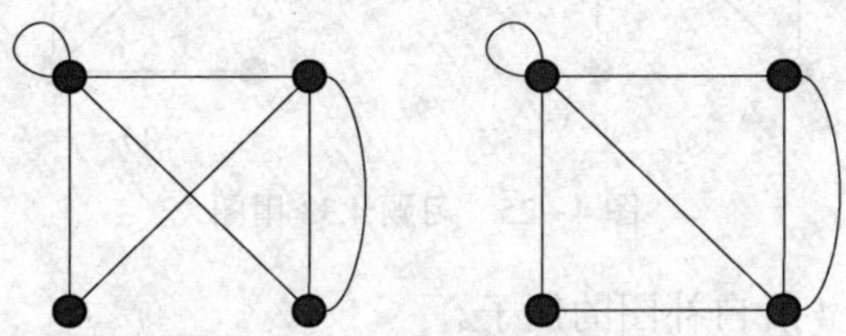

图 4－23　习题 4.29 用图(e)

课堂练习题

习题 4.30　画出所有不同构的(4, 3)－简单图。

习题 4.31　画出所有不同构的(5, 4)－简单图。

讨论题

习题 4.32　已知 3 度正则图 G 的阶数 n 与边数 m 满足 $m=2n-3$，证明：G 只有两种非同构的情况。

4.5　补图

知识点

定义 4.17　假设 $G=(V, E)$是一个 n 阶简单图，令 $E'=\{\{u, v\} \mid u, v\in V,\ u\neq v,\ \{u, v\}\notin E\}$，则称$(V, E')$为 G 的补图（**complement of a graph**），记作 $\overline{G}=(V, E')$。若 G 与 $\overline{G}$ 同构，则称 G

是自补图（**self-complementary graph**）。

从直观上说，n 阶简单图 G 的补图就是完全图 K_n 去除 G 的边集后得到的图。

例 4.12　在图 4－24 中，图 4－24(a)的补图是图 4－24(b)。

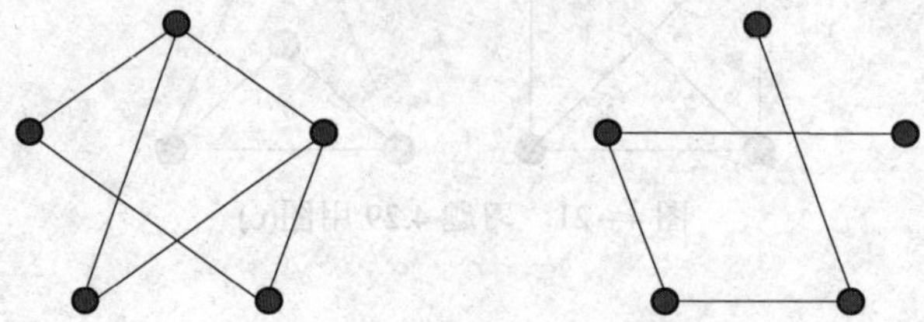

(a)　　(b)

图 4－24　例 4.12 用图

课前自测题

习题 4.33（判断题）　在图 4－25 中，图 4－25(a)和图 4－25(b)互为补图。

(a)　　(b)

图 4－25　习题 4.33 用图

习题 4.34　给出 1 个 4 阶自补图的例子。

习题 4.35　给出 2 个 5 阶自补图的例子。

课堂练习题

习题 4.36　求图 4－26 中各图的补图。

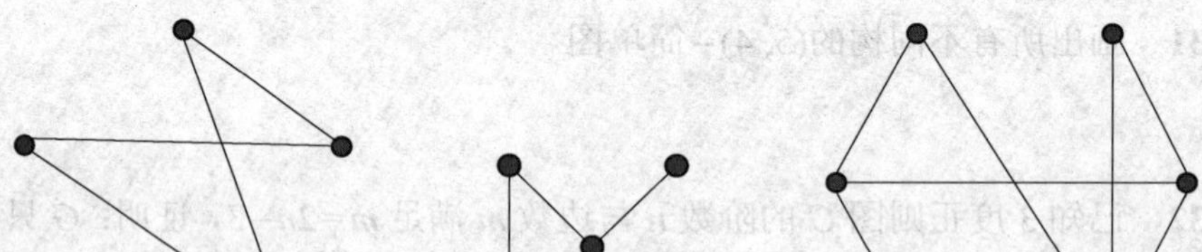

(a)　　(b)　　(c)

图 4－26　习题 4.36 用图

习题 4.37　假设 G 是 n（$n\geqslant 2$）阶 k－正则图，证明：$\overline{G}$ 也是正则图。

习题 4.38　假设 n 阶简单图 G 有 m 条边，G 的补图 $\overline{G}$ 有多少条边？

习题 4.39　假设 G 是 n 阶自补图，计算 G 的边数。

习题 4.40 假设 G 是 n 阶自补图，证明：或者 n 是 4 的倍数，或者 n 模 4 余 1。

4.6 子图

知识点

定义 4.18 设 $G=(V_1, E_1, \gamma_1)$和 $H=(V_2, E_2, \gamma_2)$是两个图，若满足 $V_2 \subseteq V_1$，$E_2 \subseteq E_1$ 及 $\gamma_2 = \gamma_1|_{E_2}$，即对于任意 $e \in E_2$，有 $\gamma_2(e)=\gamma_1(e)$，则称 H 是 G 的**子图**（**subgraph**）。当 $V_2=V_1$时，称 H 是 G 的**生成子图**或**支撑子图**。

定义 4.19 设 $H=(V_2, E_2, \gamma_2)$是 $G=(V_1, E_1, \gamma_1)$的子图，若 $E_2=\{e|\gamma_1(e)=\{u, v\}\subseteq V_2\}$，即 E_2 包含了图 G 中 V_2之间的所有边，则称 H 是 G 的**导出子图**。

例 4.13 在图 4-27 中，H_1 是 G 的子图，H_2 是 G 的导出子图，H_3 是 G 的支撑子图，H_4 不是 G 的子图。

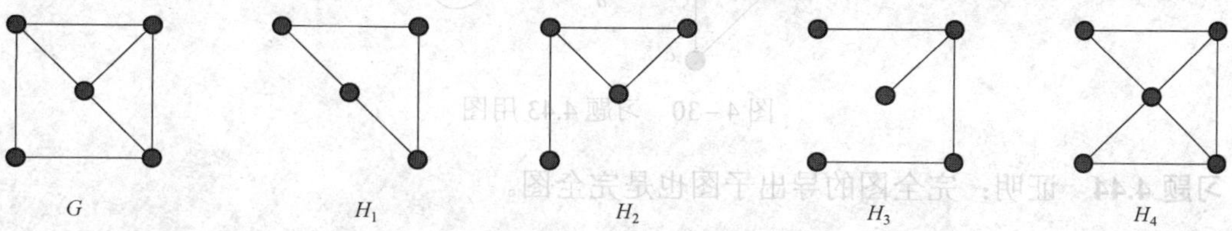

图 4-27 例 4.13 用图

下面介绍构造子图的几种常用方法。

定义 4.20 设 v 是图 G 的一个顶点，从 G 中删去顶点 v 及其关联的全部边以后得到的图，称为 G 的**删点子图**，记为 $G-v$。显然，它是 G 的导出子图。

定义 4.21 设 e 是图 G 的一条边，从 G 中删去边 e 之后得到的图称为 G 的**删边子图**，记为 $G-e$。显然，它是 G 的支撑子图。

例 4.14 图 4-28(a)为图 G，图 4-28(b)为图 $G-v$，图 4-28(c)为图 $G-e$。

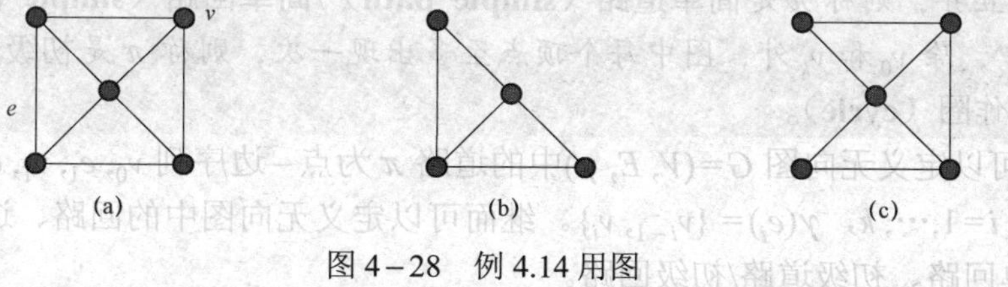

图 4-28 例 4.14 用图

课前自测题

习题 4.41 图 4-29(a)与图 4-29(b)的关系是：（ ）

A. 图 4-29(b)是图 4-29(a)的支撑子图，也是导出子图
B. 图 4-29(b)是图 4-29(a)的支撑子图，但不是导出子图
C. 图 4-29(b)不是图 4-29(a)的支撑子图，但是导出子图
D. 图 4-29(b)既不是图 4-29(a)的支撑子图，也不是导出子图

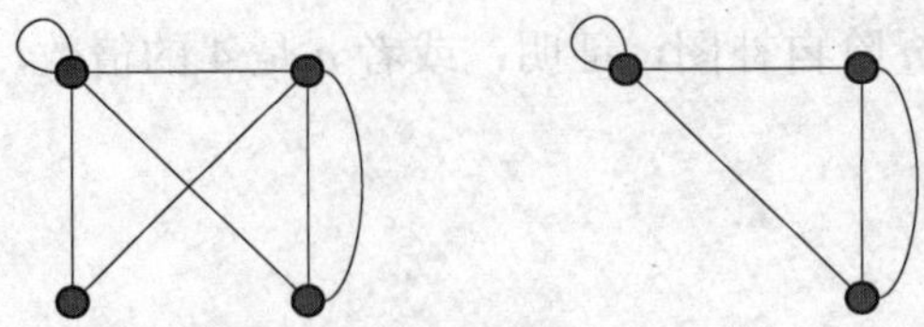

(a)　　(b)

图 4-29　习题 4.41 用图

课堂练习题

习题 4.42　画出 K_4 的所有不同构的子图和生成子图，指出哪些是自补图。

习题 4.43　求图 4-30 的所有 3 阶子图、4 阶导出子图和支撑子图。

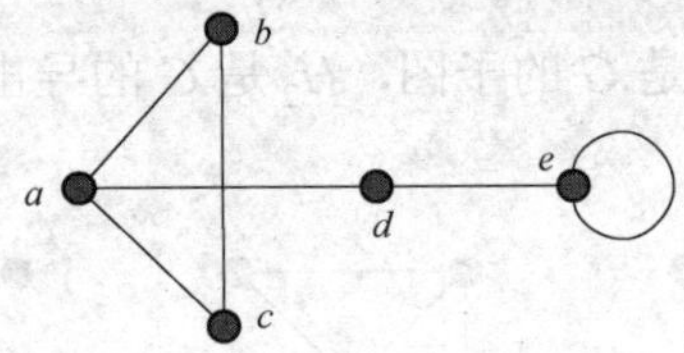

图 4-30　习题 4.43 用图

习题 4.44　证明：完全图的导出子图也是完全图。

4.7　道路、回路与连通性

知识点

定义 4.22　有向图 $G=(V, E, \gamma)$中的一条道路(**path**)π是指一个点-边序列 $v_0, e_1, v_1, e_2, \cdots, v_{k-1}, e_k, v_k$，满足对于所有 $i=1, \cdots, k$，$\gamma(e_i)=(v_{i-1}, v_i)$，称 π 是从 v_0 到 v_k 的道路。如果 $v_0=v_k$，则称 π 是**回路**（**circuit**）。v_0 称为 π 的**起点**，v_k 称为 π 的**终点**，k 称为 π 的**长度**。如果在道路/回路 π 中各边互异，则称 π 是**简单道路**（**simple path**）/**简单回路**（**simple circuit**）。如果在道路/回路 π 中，除 v_0 和 v_k 外，图中每个顶点至多出现一次，则称 π 是**初级道路**/**初级回路**。初级回路也称作圈（**cycle**）。

类似地，可以定义无向图 $G=(V, E, \gamma)$中的道路 π 为点-边序列 $v_0, e_1, v_1, e_2, \cdots, v_{k-1}, e_k, v_k$，满足对于所有 $i=1, \cdots, k$，$\gamma(e_i)=\{v_{i-1}, v_i\}$。继而可以定义无向图中的回路、道路端点、长度、简单道路/简单回路、初级道路/初级回路。

对于简单图而言，由于每条边可以使用顶点对唯一表示，因此道路 $v_0, e_1, v_1, e_2, \cdots, v_{k-1}, e_k, v_k$ 也可以仅用顶点序列 $v_0, v_1, \cdots, v_k$ 表示。

例 4.15　在图 4-31 中，$v_2, e_2, v_1, e_1, v_1, e_3, v_3$ 是一条简单道路但不是初级道路，v_4, e_6, v_3, e_3, v_1 是一条初级道路，v_3, e_4, v_2, e_5, v_3 是一条简单回路。

定理 4.4　假设简单图 G 中每个顶点的度数都大于 1，则 G 中存在回路。

证明：假设 π: $v_0, v_1, \cdots, v_{k-1}, v_k$ 是图 G 中最长的一条初级道路，显然 v_0 和 v_k 都不会与不在道路 π 上的任何顶点相邻，否则将可以产生更长的一条道路。但是 $\deg(v_0)>1$，因此必定存

在 π 上的顶点 v_i 与 v_0 相邻，于是产生了回路，如图 4－32 所示。□

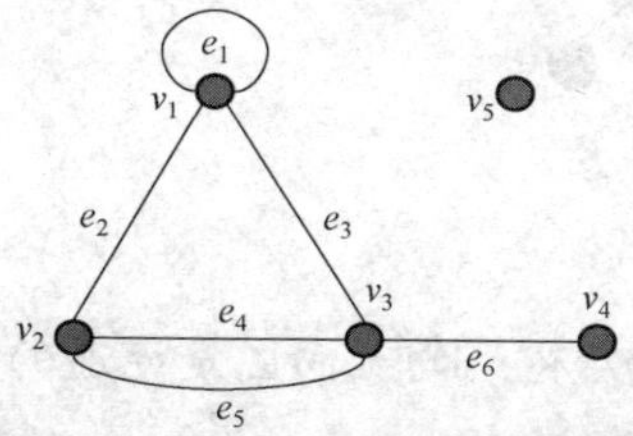

图 4－31　例 4.15 用图

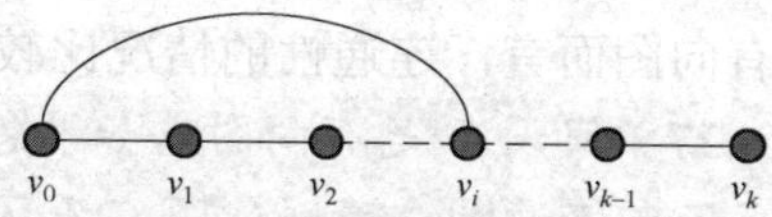

图 4－32　定理 4.4 用图

定义 4.23　假设 u 和 v 是无向图或有向图 G 中的两个顶点，如果 $u=v$ 或者图中存在从 u 到 v 的道路，则称 u 到 v 是**可达的**（**reachable**），否则称 u 到 v 是**不可达的**。

易见，可达性是无向图的顶点集上的一个等价关系。

例 4.16　在图 4－33 中，v_1 到 v_4 是可达的，v_4 到 v_1 是不可达的。

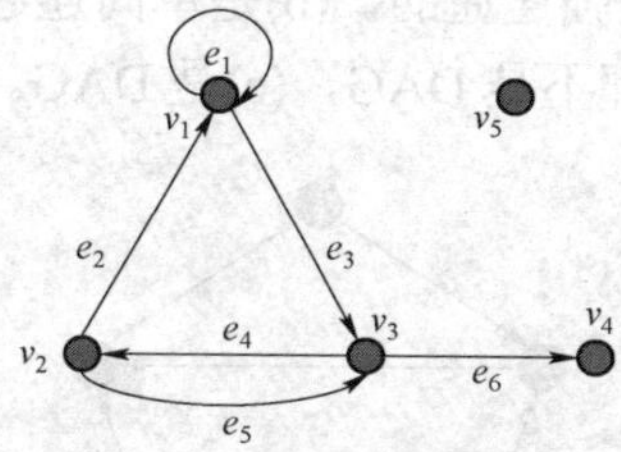

图 4－33　例 4.16 用图

定义 4.24　假设 G 是无向图，如果图中任意两相异点之间都存在道路，则称 G 为**连通的**（**connected**）或**连通图**，否则称图 G 是**不连通的**（**disconnected**）。定义一阶简单图也是连通图。

定义 4.25　假设无向图 G 的顶点集 V 在可达关系下的等价类为 $\{V_1, V_2, \cdots, V_k\}$，则 G 关于 V_i 的导出子图称作图 G 的一个**连通分支**（**connected component**），其中 $i=1, 2, \cdots, k$。

连通图是只有一个连通分支的无向图。

例 4.17　图 4－34 是有 4 个连通分支的非连通图。

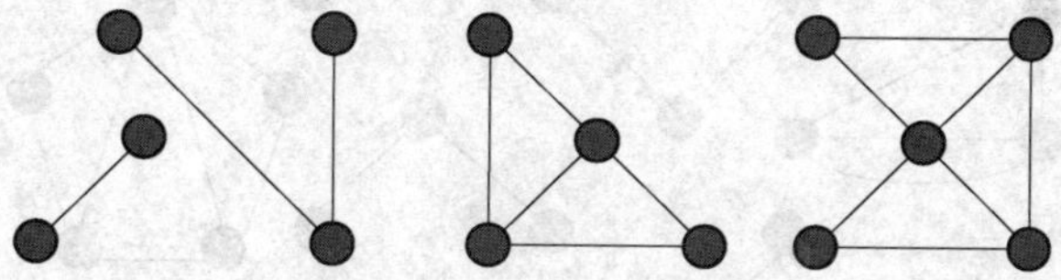

图 4－34　例 4.17 用图

定义 4.26　假设 $G=(V, E, \gamma)$ 是连通图，若 $e\in E$，且 $G-e$ 不连通，则称 e 是图 G 中一条**割边**或**桥**（**bridge**）。

注意，图中每条悬挂边都是桥。

例 4.18　图 4－35 中，e_1, e_5, e_6 都是桥，而 e_2, e_3, e_4 都不是桥。

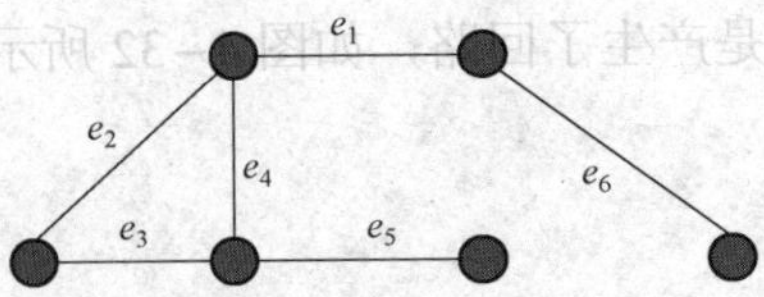

图 4－35　例 4.18 用图

对于有向图而言，连通性的情况比较复杂。

定义 4.27　假设 G 是有向图，如果忽略图中边的方向后得到的无向图是连通的，则称 G 为**连通的**或**有向连通图**，否则称图 G 是**不连通的**。

定义 4.28　假设 G 是有向连通图，如果对于图中任意两个顶点 u 和 v，u 到 v 和 v 到 u 都是可达的，则称 G 为**强连通的**（**strongly connected**）；如果对于图中任意两个顶点 u 和 v，u 到 v 和 v 到 u 至少两者之一是可达的，则称图 G 是**单向连通的**。

强连通图必是单向连通图，单向连通图必是有向连通图。但这两个命题反过来并不成立。

定义 4.29　假设 G 是有向图，如果图中不存在有向回路，则称 G 为**有向无环图**(**directed acyclic graph**)，简记作 **DAG**。

例 4.19　在图 4－36 中，(a)是强连通的，(b)是单向连通的但不是强连通的，(c)是有向连通的但不是单向连通的；(a)和(b)都不是 DAG，(c)是 DAG。

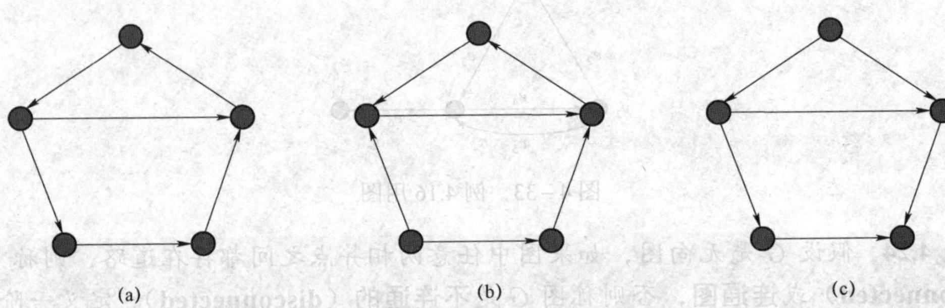

图 4－36　例 4.19 用图

课前自测题

习题 4.45　图 4－37 的连通分支数是________。

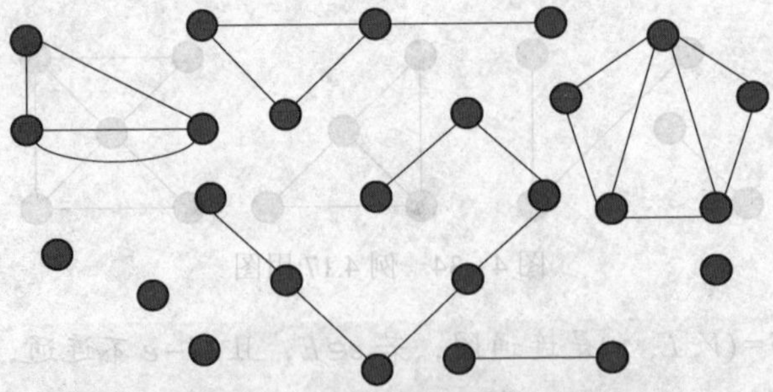

图 4－37　习题 4.45 用图

习题 4.46（判断题）　图 4－38 是强连通的，但不是 DAG。

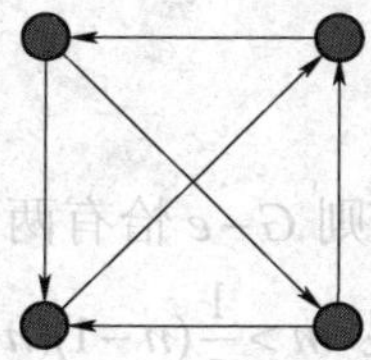

图 4－38 习题 4.46 用图

习题 4.47 已知无向图 G 如图 4－39 所示，指出图中所有的桥。

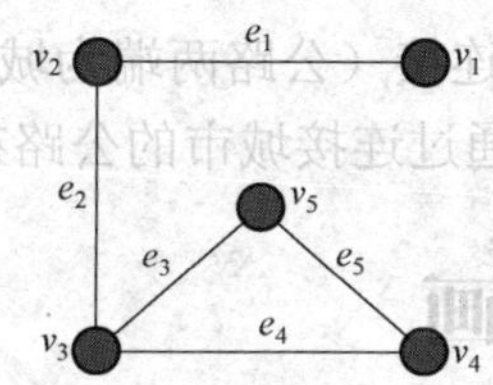

图 4－39 习题 4.47 用图

习题 4.48 已知无向图 G 如图 4－40 所示，求 v_2 到 v_3 的所有简单道路、初级道路。

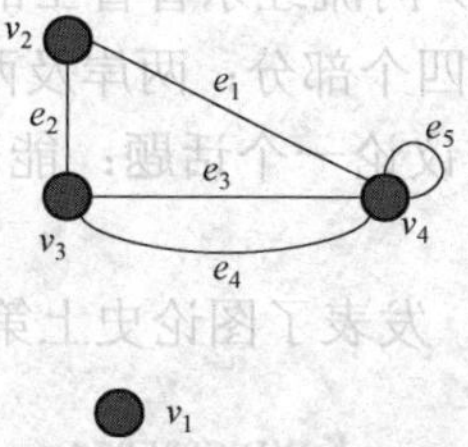

图 4－40 习题 4.48 用图

习题 4.49 判断图 4－41 中各有向图是否连通，是否是单向连通的，是否是强连通的。

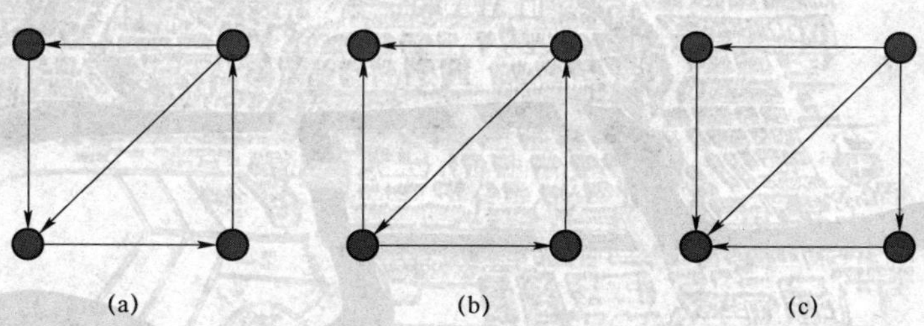

图 4－41 习题 4.49 用图

课堂练习题

习题 4.50 假设无向连通图 G 中存在初级回路，证明：删除该回路中任何一边后，图仍然是连通的。

习题 4.51 假设 G 为 n 阶无向连通图，证明：G 至少有 $n-1$ 条边。（提示：使用归纳法）

习题 4.52 寻找 3 个 5 阶有向图 G_1, G_2, G_3，满足：G_1 是强连通的，G_2 是单向连通的但不是强连通的，G_3 是有向连通的但不是单向连通的。

习题 4.53 举例说明有向图中顶点之间的可达关系既无对称性，也无反对称性。

讨论题

习题 4.54 证明：如果边 e 是桥，则 $G-e$ 恰有两个连通分支。

习题 4.55 设(n, m)–简单图 G 满足 $m>\frac{1}{2}(n-1)(n-2)$：

(a) 证明 G 是连通图；

(b) 构造一个 $m=\frac{1}{2}(n-1)(n-2)$ 的非连通简单图。

习题 4.56 n 个城市由 k 条公路连接（公路两端为城市，中间不通过其他任何城市），证明：若 $k>(n-1)(n-2)/2$，则总可以通过连接城市的公路在任何两个城市之间旅行。

4.8 欧拉图的定义与刻画

知识点

18 世纪时，普列戈利亚（Pregel）河流经东普鲁士的哥尼斯堡（Königsberg，今名加里宁格勒，属俄罗斯）将该市陆地分成了四个部分：两岸及两个河心岛。陆地间共有七座桥相通，如图 4–42 所示。当时的居民一直在议论一个话题：能否从任何一块陆地出发，通过每座桥一次且仅一次，最后又返回出发点？

欧拉在 1736 年解决了这一问题，发表了图论史上第一篇重要文献，标志着图论的开端。

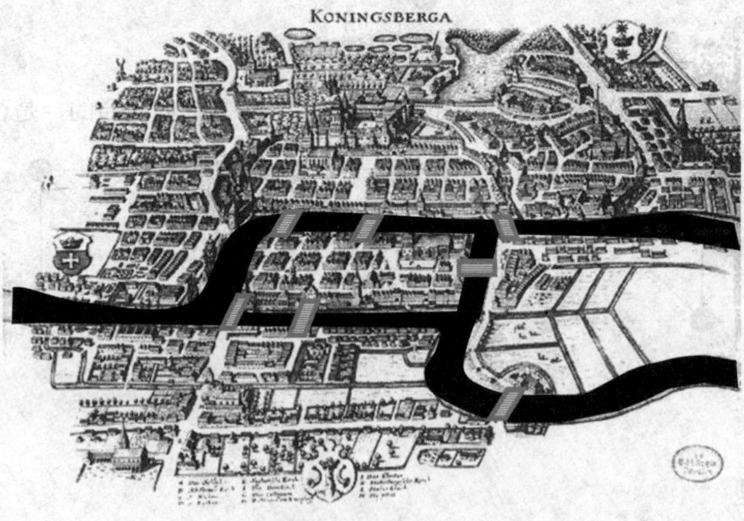

图 4–42 哥尼斯堡七桥（图片来源：维基百科）

欧拉注意到行人在同一块陆地内部如何行走与问题无关，因此他用顶点 a, b, c, d 分别表示四块陆地，用边来表示连接陆地的桥。这样，他就将这个实际问题转化为在图 4–43 中寻找包括每条边一次且仅一次的回路。本节即介绍解决这一问题的相关概念和方法。

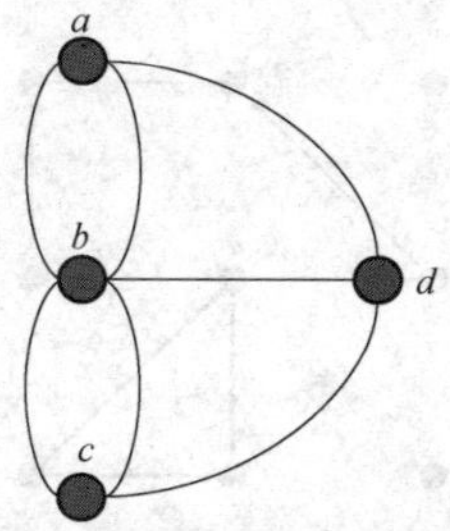

图 4－43 哥尼斯堡七桥的抽象图

定义 4.30 通过图 G 中每条边一次且仅一次的道路称作该图的一条欧拉道路（**Eulerian path**）；通过图 G 中每条边一次且仅一次的回路称作该图的一条**欧拉回路**（**Eulerian circuit**）；存在欧拉回路的图称为**欧拉图**（**Eulerian graph**）。

欧拉道路是经过所有边的简单道路，欧拉回路是经过所有边的简单回路。

例 4.20 在图 4－44 中，(a)存在欧拉回路，(b)不存在欧拉回路但是存在欧拉道路，(c)不存在欧拉道路。

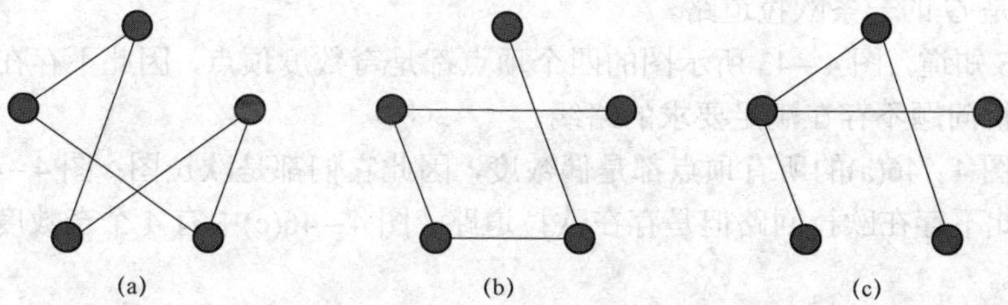

图 4－44 例 4.20 用图

1736 年，欧拉给出了欧拉道路/回路存在的必要条件；1873 年，希尔霍尔策（Carl Hierholzer）首次给出了刻画欧拉图的充要条件。

定理 4.5 无向图 G 是欧拉图当且仅当 G 是连通的而且所有顶点都是偶数度。

证明：（必要性）假设无向图 G 是欧拉图，即图中存在欧拉回路，则沿着该回路朝一个方向前进时，经一条边进入某顶点后必定经由另一条边离开，因此每个顶点都和偶数条边关联，即各顶点的度都是偶数。

（充分性）设连通图 G 的顶点都是偶数度，采用构造法证明欧拉回路的存在性。从任意点 v_0 出发，构造 G 的一条简单回路 C：由于各顶点的度数均是偶数，因此不可能停留在某点 $v_i \neq v_0$ 上而不能继续向前构造，最终一定能够回到 v_0，构成简单回路 C，如图 4－45(a)中加粗边所示。

若 C 包含了 G 中的所有边，它即是 G 的欧拉回路。否则，从 G 中删去 C 的各边及孤立顶点（如果存在），得到 G_1，显然 G_1 中各顶点的度仍然是偶数。由于原图是连通的，C 和原图的其他部分必然有公共顶点 u。从这一点出发，在原图的剩余部分中重复上述步骤即得到回路 C'，如图 4－45(b)中加粗边所示。将 C 和 C' 连接起来得到包含边数比原来更多的 G 的一条简单回路，如图 4－45(c)中加粗边所示。不断重复上述构造过程，最终可以构造出包含图 G 所有边的回路，即 G 的一条欧拉回路。 □

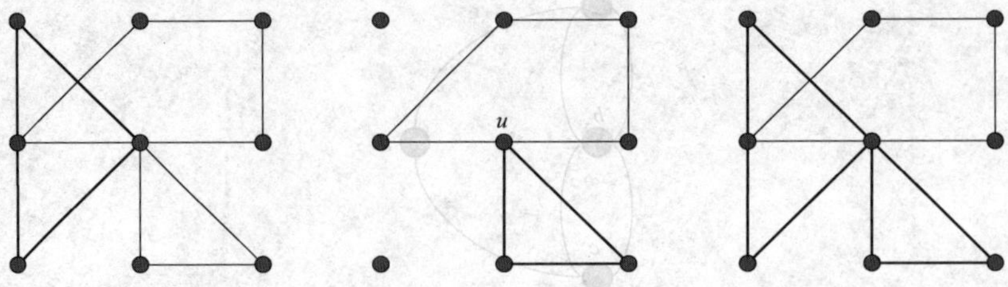

(a) (b) (c)

图 4－45 定理 4.5 用图

定理 4.6 无向图 G 存在欧拉道路当且仅当 G 是连通的而且 G 中奇数度顶点不超过两个。

证明：（必要性）设连通图 G 含有一条欧拉道路 L，则在 L 中除起点与终点外，其余每个顶点都与偶数条边相关联，因此，G 中最多有两个奇数度的顶点。

（充分性）若 G 没有奇数度顶点，则由定理 4.5，G 存在欧拉回路，其就是一条欧拉道路。

若 G 有两个奇数度顶点 u 和 v，则在图 G 中添加边 uv 得到 G'，由定理 4.5，G'存在欧拉回路 C。从 C 中去掉边 uv，则得到一条简单道路 L，其两个端点是 u 和 v，并且包含了 G 的全部边，即 L 是 G 的一条欧拉道路。 □

由定理 4.6 知道，图 4－43 所示图的四个顶点都是奇数度顶点，因此不存在欧拉道路，所以哥尼斯堡七桥问题不存在满足要求的路线。

例 4.21 图 4－46(a)的所有顶点都是偶数度，因此它们都是欧拉图；图 4－46(b)有 2 个奇数度顶点，因此不存在欧拉回路但是存在欧拉道路；图 4－46(c)中有 4 个奇数度顶点，因此不存在欧拉道路。

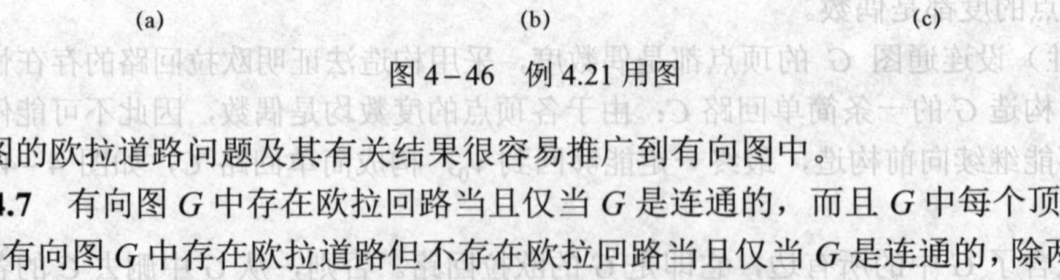

(a) (b) (c)

图 4－46 例 4.21 用图

无向图的欧拉道路问题及其有关结果很容易推广到有向图中。

定理 4.7 有向图 G 中存在欧拉回路当且仅当 G 是连通的，而且 G 中每个顶点的入度都等于出度。有向图 G 中存在欧拉道路但不存在欧拉回路当且仅当 G 是连通的，除两个顶点外，其余每个顶点的入度都等于出度，而且这两个顶点中一个顶点的入度比出度大 1，另一顶点的入度比出度小 1。

此定理的证明与定理 4.5、定理 4.6 的证明类似。

例 4.22 图 4－47(a)存在欧拉回路，图 4－47(b)不存在欧拉回路但是存在欧拉道路，图 4－47(c)不存在欧拉道路。

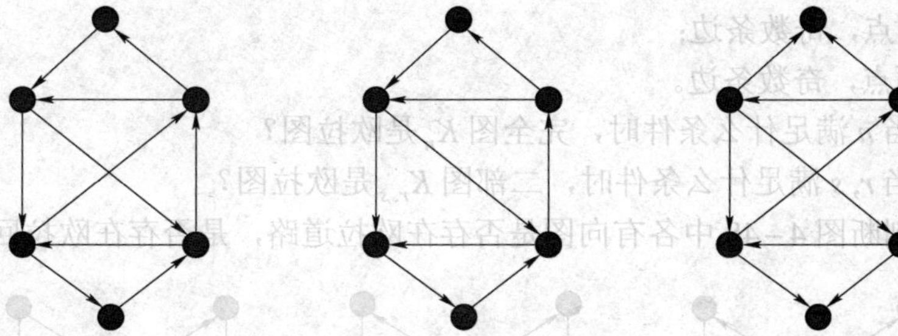

(a)　　　(b)　　　(c)

图 4－47　例 4.22 用图

课前自测题

习题 4.57　（　　）存在欧拉回路。

A. 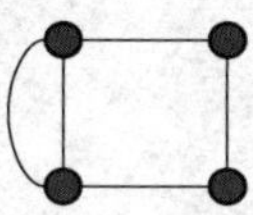

B. 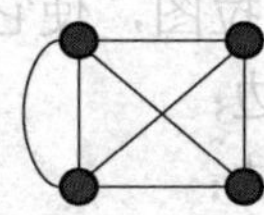

C. 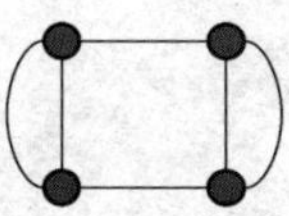

D. 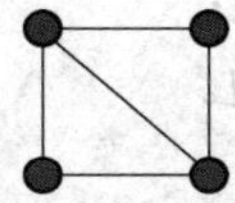

习题 4.58　（　　）存在欧拉回路。

A. 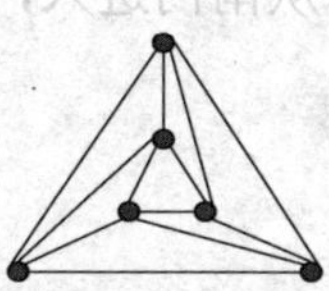

B. 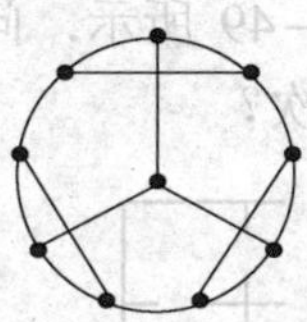

C. 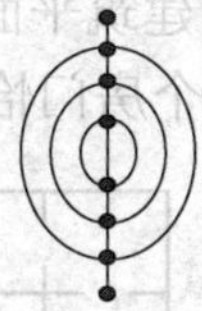

D. 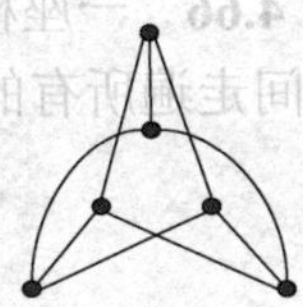

习题 4.59　（　　）存在欧拉回路。

A. 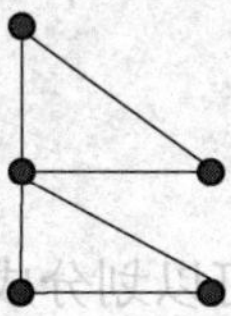

B. 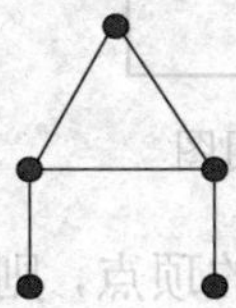

C. 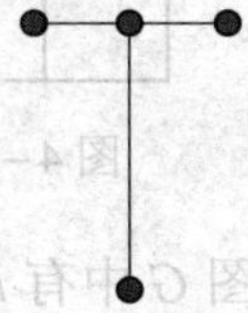

D. 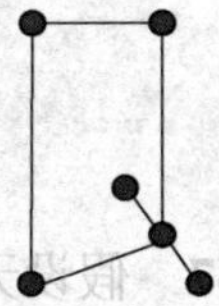

习题 4.60　（　　）不存在欧拉道路。

A. 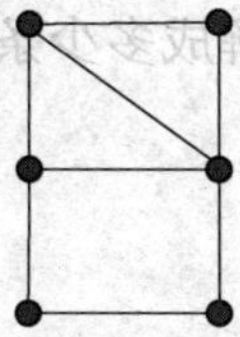

B. 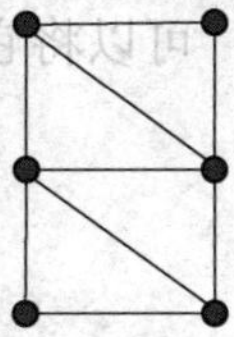

C. 

D. 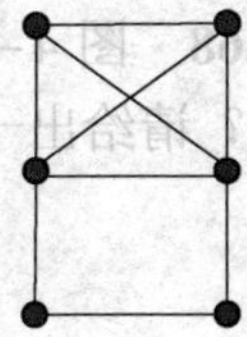

课堂练习题

习题 4.61　给出一个无向欧拉图，使它具有：

(a) 偶数个顶点，偶数条边；

(b) 奇数个顶点，偶数条边；

(c) 偶数个顶点，奇数条边；

(d) 奇数个顶点，奇数条边。

习题 4.62 当 n 满足什么条件时，完全图 K_n 是欧拉图？

习题 4.63 当 r, s 满足什么条件时，二部图 $K_{r,s}$ 是欧拉图？

习题 4.64 判断图 4-48 中各有向图是否存在欧拉道路，是否存在欧拉回路。

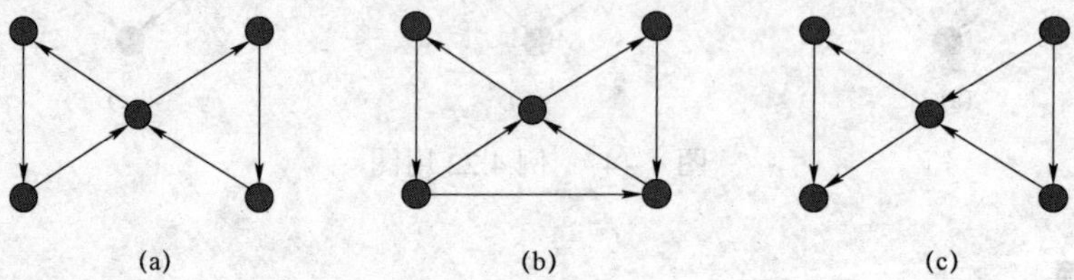

图 4-48 习题 4.64 用图

习题 4.65 画一个有向欧拉图，使它具有：

(a) 偶数个顶点，偶数条边；

(b) 奇数个顶点，偶数条边；

(c) 偶数个顶点，奇数条边；

(d) 奇数个顶点，奇数条边。

讨论题

习题 4.66 一座楼房底层的建筑平面图如图 4-49 所示．问：能否从南门进入，北门离开，这期间走遍所有的房间且每个房门恰好经过一次？

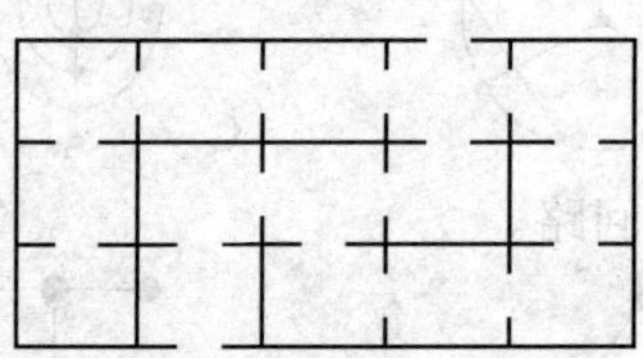

图 4-49 习题 4.66 用图

习题 4.67 假设无向连通图 G 中有 k 个度为奇数的顶点，则 G 的边集可以划分成多少条不相交的简单道路？即可以几笔画成？

习题 4.68 图 4-50 所示图中有 8 个奇数度顶点，可以将它的边集分解成多少条不相交的简单道路？请给出一个具体方案。

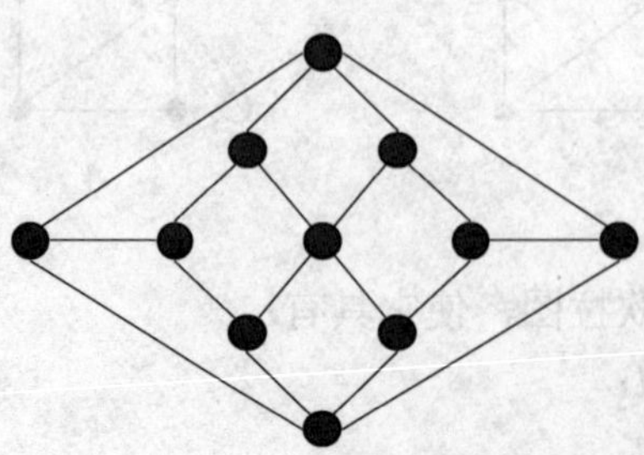

图 4-50 习题 4.68 用图

习题 4.69　证明：若有向图 G 是欧拉图，则它一定是强连通的。其逆命题成立吗？

4.9 哈密顿图

知识点

1857 年，爱尔兰数学家哈密顿（William Rowan Hamilton，1805—1865）发明了“周游世界”玩具：用一个正十二面体的 20 个顶点代表世界上 20 个大城市，30 条棱表示这些城市之间的交通线路，如图 4－51(a)所示。要求游戏者从任意一个城市（顶点）出发，沿棱行走，经过每个城市一次且只经过一次，最终返回出发地。

后来由于立体的玩具不太好用，又诞生了它的木板状的版本，如图 4－51(b)所示。

问题的实质是：在图 4－51(b)所示的连通图中，是否存在包含所有顶点的初级回路？这个问题的解（之一）由图 4－51(c)给出。更重要的是，由此引出了哈密顿道路和哈密顿回路的概念。

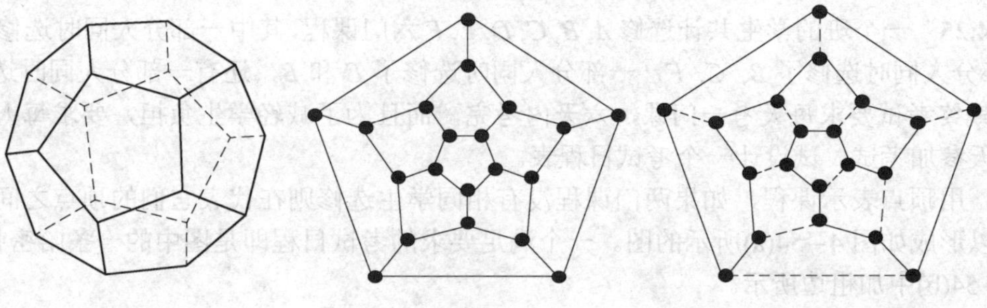

(a)　(b)　(c)

图 4－51 “周游世界”玩具

定义 4.31　通过图 G 中每个顶点一次且仅一次的道路称作该图的一条哈密顿道路（**Hamiltonian path**）；通过图 G 中每个顶点一次且仅一次的回路称作该图的一条哈密顿回路（**Hamiltonian circuit**）；存在哈密顿回路的图称为**哈密顿图**（**Hamiltonian graph**）。

由定义可以看出，图 G 中是否存在自环和重边不影响哈密顿道路/回路的存在性，因此之后只须考虑简单图的情况。

哈密顿图中一定不存在悬挂边；存在哈密顿道路的图中不存在孤立顶点。

例 4.23　在图 4－52 中，(a)存在哈密顿回路，(b)不存在哈密顿回路但是存在哈密顿道路，(c)不存在哈密顿道路。

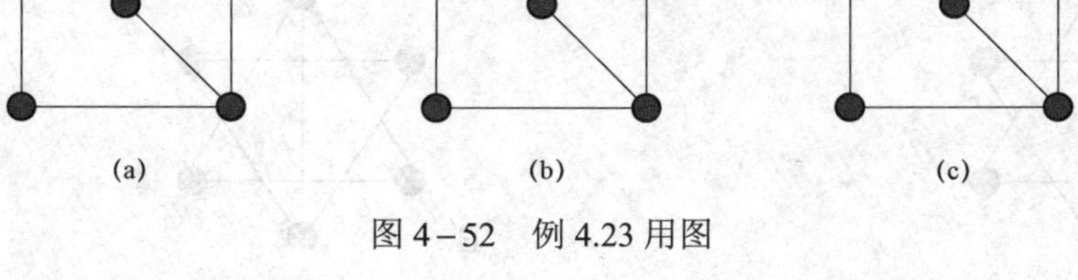

(a)　(b)　(c)

图 4－52　例 4.23 用图

例 4.24 完全二部图 $K_{3,4}$（如图 4－53(a)所示）中没有哈密顿回路。

解：将图中顶点分为两类（在图 4－53(b)中分别用实心顶点和空心顶点表示），如果图中存在哈密顿回路，它一定是两种顶点交错出现的初级回路。但在图 4－53(b)中，实心顶点有三个，空心顶点有四个，无法组成满足要求的初级回路。因此，G 中没有哈密顿回路。

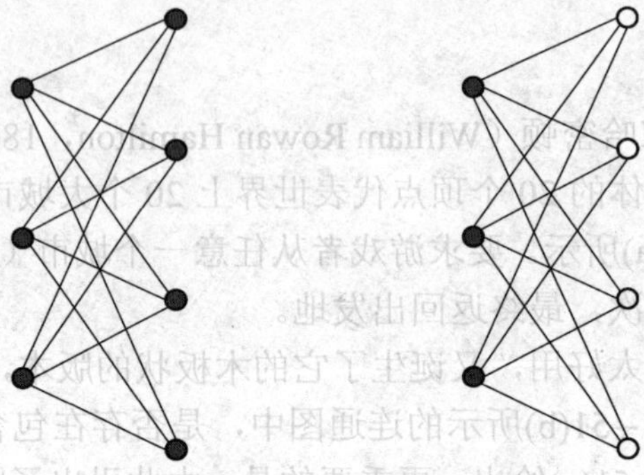

(a)　　(b)

图 4－53　例 4.24 用图

例 4.25　一个班的学生共计选修 A, B, C, D, E, F 六门课程，其中一部分人同时选修了 D, C, A，一部分人同时选修了 B, C, F，一部分人同时选修了 E 和 B，还有一部分人同时选修了 A 和 B。期终考试要求每天考一门课，六天内考完，而且为了减轻学生负担，要求每人都不会连续两天参加考试，试设计一个考试日程表。

解：用顶点表示课程，如果两门课程没有相同学生选修则在代表它们的顶点之间连一条边，可以形成如图 4－54(a)所示的图。一个满足要求的考试日程即是图中的一条哈密顿道路，如图 4－54(b)中加粗边所示。

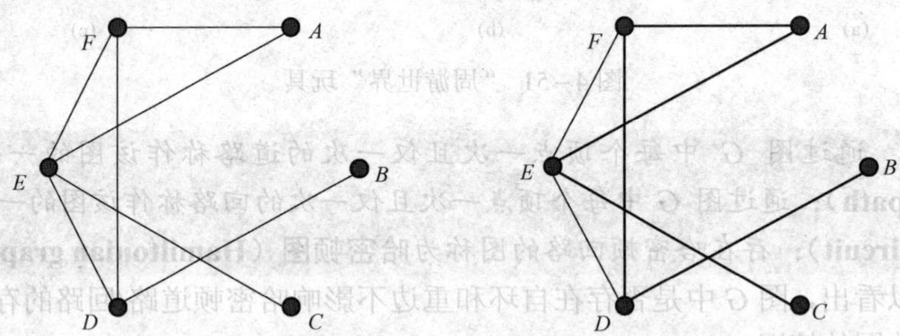

(a)　　(b)

图 4－54　例 4.25 用图

课前自测题

习题 4.70（多项选择题）　（　　）存在哈密顿回路。

A.

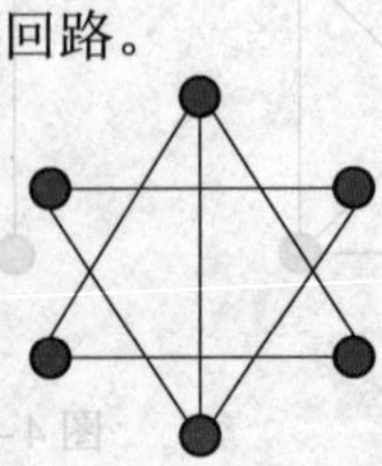

B.

C. 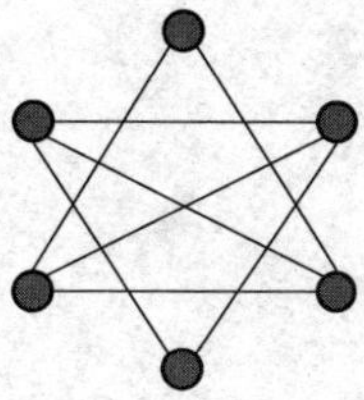

D. 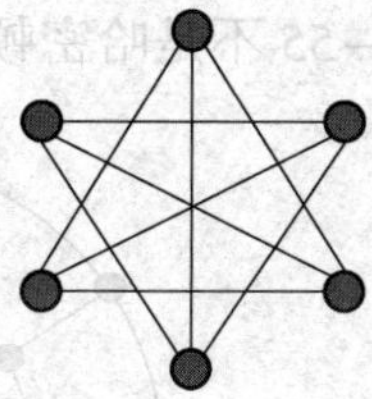

习题 4.71 （　　）存在哈密顿回路。

A. 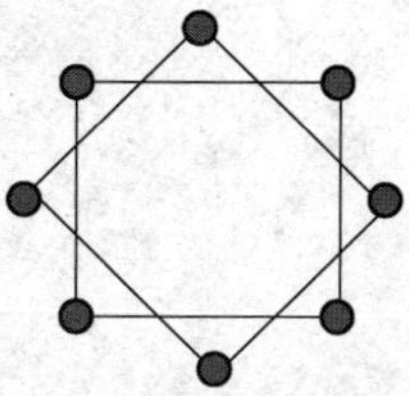

B. 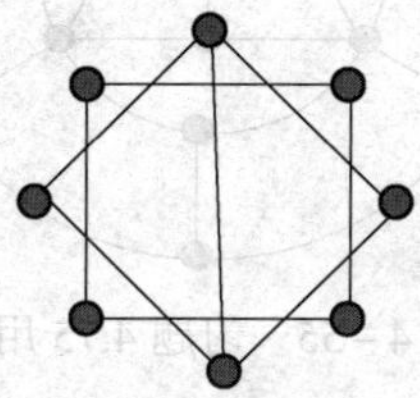

C. 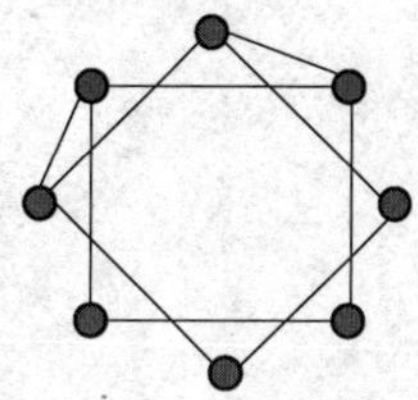

D. 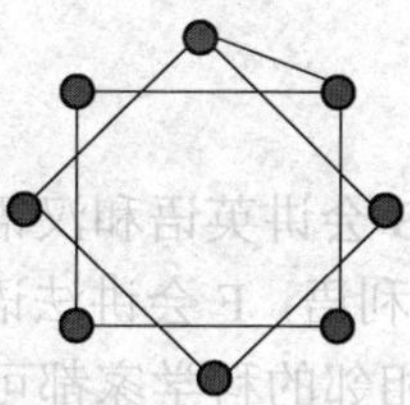

E. 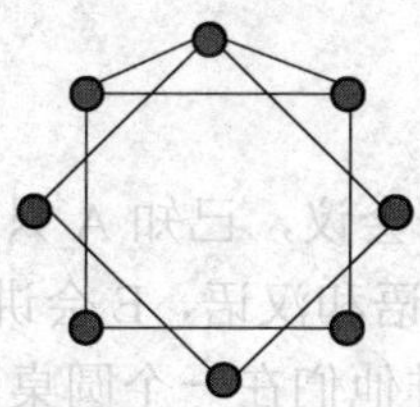

习题 4.72 （　　）存在哈密顿道路但是不存在哈密顿回路。

A. 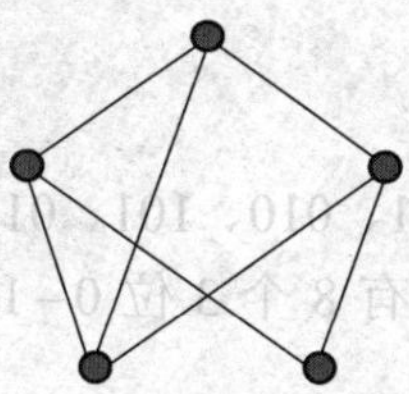

B. 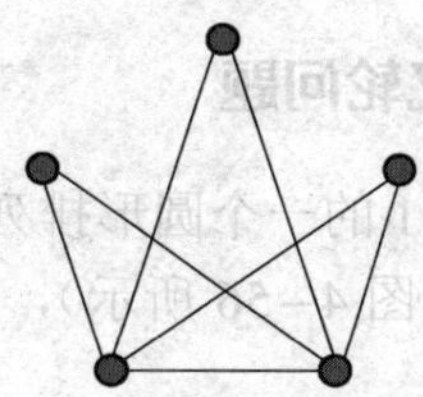

C. 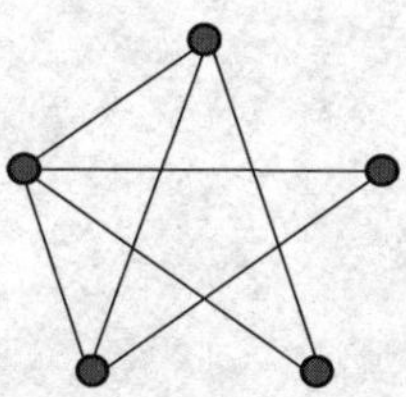

D. 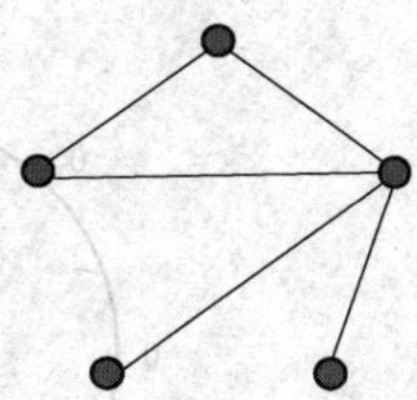

课堂练习题

习题 4.73

(a) 画出一个图，使其具有欧拉回路和哈密顿回路。

(b) 画出一个图，使其具有欧拉回路，但不具有哈密顿回路。

(c) 画出一个图，使其不具有欧拉回路，但具有哈密顿回路。

(d) 画出一个图，使其既不具有欧拉回路，也不具有哈密顿回路。

习题 4.74 给出一个哈密顿图，使它具有：

(a) 偶数个顶点，偶数条边；

(b) 奇数个顶点，偶数条边；

(c) 偶数个顶点，奇数条边；

(d) 奇数个顶点，奇数条边。

习题 4.75 说明图 4-55 不是哈密顿图。

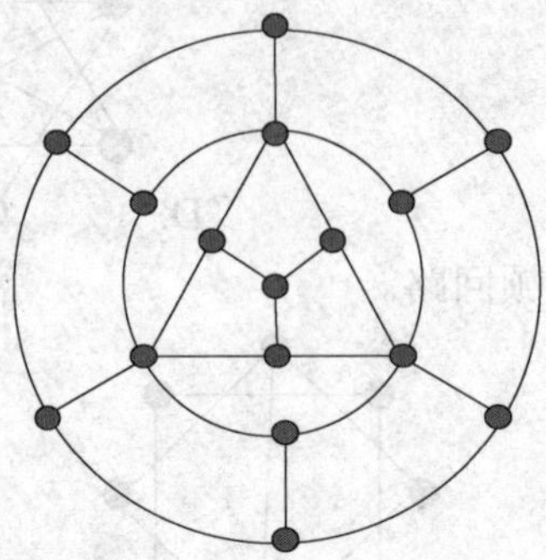

图 4-55 习题 4.75 用图

讨论题

习题 4.76 有七名科学家参加一个会议，已知 A 只会讲英语，B 会讲英语和汉语，C 可以讲英语、意大利语和俄语，D 会讲日语和汉语，E 会讲德语和意大利语，F 会讲法语、日语和俄语，G 会讲德语和法语。可否安排他们在一个圆桌围坐，使得相邻的科学家都可以使用相同的语言交流？

知识扩展——记忆轮问题

考虑 4 个 0 和 4 个 1 的一个圆形排列，使得每个 3 元组 000、001、010、101、011、111、110、100 依次出现（如图 4-56 所示），称其为存储器轮。它描述所有 8 个 3 位 0-1 串只需要 8 位数字。

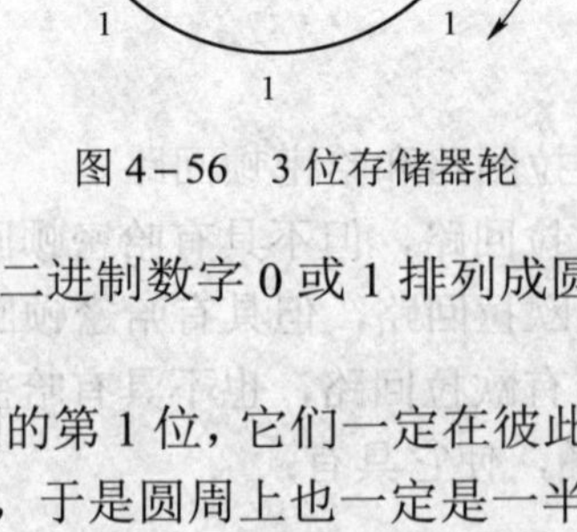

图 4-56 3 位存储器轮

将这个问题一般化：将 2^n 个二进制数字 0 或 1 排列成圆，使得这 2^n 个相邻的 n 元组包括所有的 2^n 个 n 位二进制序列。

考虑这 2^n 个 n 位二进制序列的第 1 位，它们一定在彼此不同的位置，而且恰好填满圆周。同时，它们一定是一半 0 一半 1，于是圆周上也一定是一半 0 一半 1，也即这 2^n 个二进制数字中有 2^{n-1} 个 0 及 2^{n-1} 个 1。

当 $n=3$ 时，方法之一是将三元组 xyz 作为顶点，从顶点 xyz 到顶点 yzw 引一条有向边，形成一个有向图（如图 4-57(a)所示），之后在图中寻找哈密顿回路即可（如图 4-57(b)中粗线所示，可导出如图 4-56 所示的存储器轮）。

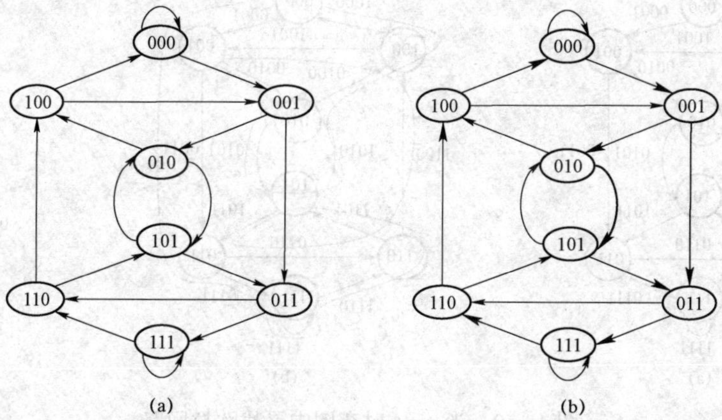

图 4-57　当 $n=3$ 时在图中寻找哈密顿回路

下面提出两个问题：

(a) 当 $n=4$ 时，存在这样的存储器轮吗？

(b) 是否对于任意的 $n\geqslant1$ 都存在存储器轮？

然而当 $n\geqslant4$ 时，图的规模较大，而哈密顿回路的构造又缺乏有效算法，因此上述方法不具有可操作性。

1946 年，古德（I. J. Good）在一篇关于数论的论文中，使用不同的数学模型解决了这个问题。

例如当 $n=3$ 时，三元组 xyz 作为顶点“xy”到顶点“yz”的有向边（参看图 4-58(a)），所生成的有向图如图 4-58(b)所示，因为它所有顶点的入度都等于出度，所以它是一个有向欧拉图。其中一条欧拉回路是 000→001→010→101→011→111→110→100，对应着图 4-56 所示的存储器轮。

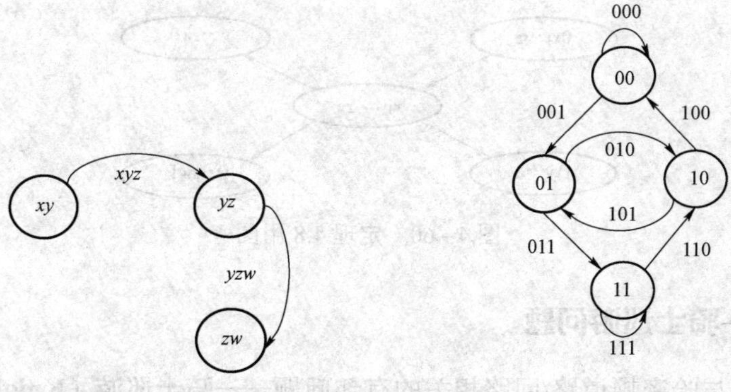

图 4-58　当 $n=3$ 时在图中寻找欧拉回路

当 $n=4$ 时，可以构造如图 4-59(a)所示的有向图，其中存在一条欧拉回路如图 4-59(b)所示，可以得到如图 4-59(c)所示的存储器轮。

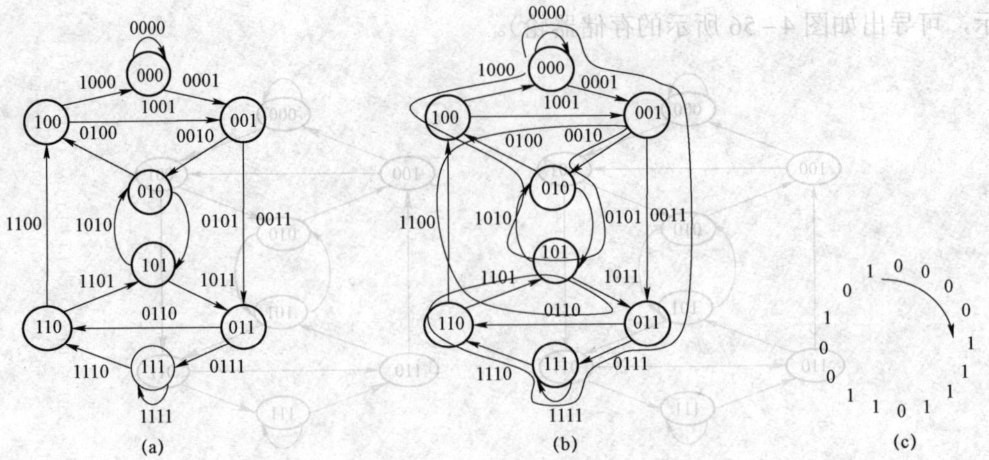

图 4-59　当 $n=4$ 时在图中寻找欧拉回路

定理 4.8　对于任意正整数 n，都存在存储器轮。

证明：$n=1$ 的情况很容易验证。

当 $n\geqslant 2$ 时，构造 2^{n-1} 个顶点 $a_1a_2\cdots a_{n-1}\in\{0,1\}^{n-1}$。每个顶点 $a_1a_2\cdots a_{n-1}$ 有 2 条入边 $0a_1a_2\cdots a_{n-2}\xrightarrow{0a_1a_2\cdots a_{n-1}}a_1a_2\cdots a_{n-1}$、$1a_1a_2\cdots a_{n-2}\xrightarrow{1a_1a_2\cdots a_{n-1}}a_1a_2\cdots a_{n-1}$ 和 2 条出边 $a_1a_2\cdots a_{n-1}\xrightarrow{a_1a_2\cdots a_{n-1}0}a_2a_3\cdots a_{n-1}0$、$a_1a_2\cdots a_{n-1}\xrightarrow{a_1a_2\cdots a_{n-1}1}a_2a_3\cdots a_{n-1}1$（参看图 4-60），因此所有顶点的入度和出度都等于 2。

在任意两个顶点 $a_1a_2\cdots a_{n-1}$ 和 $b_1b_2\cdots b_{n-1}$ 之间，存在道路 $a_1a_2\cdots a_{n-1}\to a_2\cdots a_{n-1}b_1\to a_3\cdots a_{n-1}b_1b_2\to\cdots\to b_1b_2\cdots b_{n-1}$，因此该图是连通的。

由以上结果可以得到：该图是欧拉图，每一条欧拉回路对应一个存储器轮。□

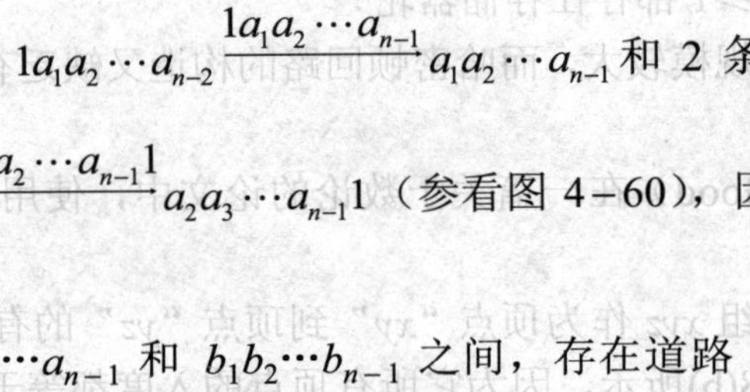

图 4-60　定理 4.8 用图

知识扩展——骑士巡游问题

下面介绍一个与哈密顿道路/回路相关的有趣问题——**骑士巡游（Knight's tour）**：在 8×8 的国际象棋盘某一位置上放置一个棋子马（亦称骑士），然后采用国际象棋中“马走日字”的规则前进，要求经过棋盘上每个小格子一次且仅一次。根据是否要求棋子马最终回到出发点又可以把骑士巡游问题分为骑士巡游道路问题和骑士巡游回路问题。例如，图 4-61(a)是一个骑士巡游道路，图 4-61(b)是一个骑士巡游回路。

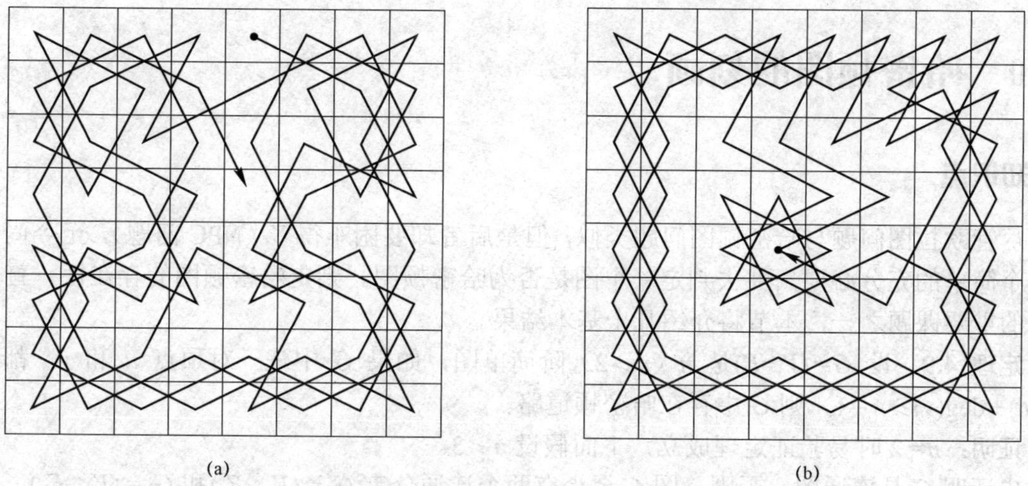

图 4－61　骑士巡游道路和骑士巡游回路

而后人们又把骑士巡游问题推广到一般的 $m\times n$（$m\leqslant n$）棋盘上，施文克（Schwenk）证明除了以下三种情况外，$m\times n$（$m\leqslant n$）棋盘上都存在骑士巡游回路：

(1) m 和 n 都是奇数且 $n\neq 1$；

(2) $m=1, 2, 4$；

(3) $m=3$ 而且 $n=4, 6, 8$。

虽然骑士巡游回路的存在性已经得到了证明，但它的构造算法仍是一个活跃的课题。

知识扩展——旅行商问题

另一个与哈密顿回路相关的问题是**旅行商问题（traveling salesman problem，TSP）**，又称作旅行推销员问题、货郎担问题。问题的描述是：有一位推销员，要到 n 个城市推销商品，这 n 个城市两两之间的距离是已知的，他希望找到一条最短的路线，走遍所有的城市，最后再回到他出发的城市。使用图论的语言描述就是：给定一个权值都为正数的赋权完全图，求各边权值和最小的哈密顿回路。

图 4－62 中的一条各边权值和最小的哈密顿回路是 a, b, c, d, a，权值和为 9。

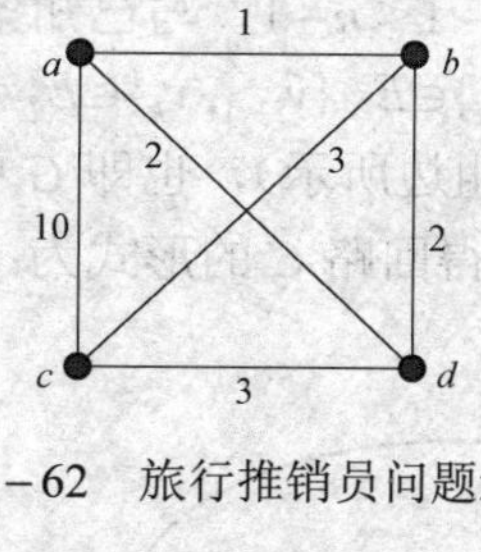

图 4－62　旅行推销员问题示例

旅行商问题在现实生活中有很多的应用领域，如规划最合理、高效的道路交通，以减少拥堵；更好地规划物流，以减少运营成本；在互联网环境中更好地设置结点，以利于信息流动等。但是旅行商问题也是一个著名的难题（NPC 问题），至今尚没有有效的解决方法，因此为之设计高效的近似算法始终是最优化领域和算法领域的研究热点。

4.10 哈密顿图的刻画

知识点

尽管欧拉图问题与哈密顿图问题类似，但是后者却要困难得多（NPC 问题），至今尚未找到一个简单的充分必要条件去判定一个图是否为哈密顿图。判定哈密顿图的存在性一直是图论中的重要课题之一，本节将介绍几个基本结果。

定理 4.9 设 $G=(V, E)$是 n（$n\geqslant 2$）阶简单图，如果 G 中任一对顶点 u 和 v，都满足 $\deg(u)+\deg(v)\geqslant n-1$，则 G 中存在哈密顿道路。

证明：$n=2$ 时易验证定理成立，下面假设 $n\geqslant 3$。

先证明 G 是连通图。否则，图 G 至少有两个连通分支 $G_1=(V_1, E_1)$和 $G_2=(V_2, E_2)$，任取 $v_1\in V_1, v_2\in V_2$，得 $\deg(v_1)+\deg(v_2)\leqslant |V_1|-1+|V_2|-1=n-2$，与条件矛盾。

接下来，采用构造法证明图 G 存在哈密顿道路。假设 π: $v_1, v_2,\cdots, v_{k-1}, v_k$ 是图 G 中最长的一条初级道路（易知 $k\geqslant 3$），显然 v_1 和 v_k 都不会与不在道路 π 上的任何顶点相邻，否则将可以产生更长的一条道路。

若 $k=n$，则该初级道路经过了 G 的全部顶点，即是 G 中的一条哈密顿道路。

若 $k<n$，下面证明因此必定存在比 π 更长的初级回路，由而导致矛盾。

先证明必定存在 $1<i\leqslant k$ 使得$\{v_1, v_i\}\in E$，$\{v_{i-1}, v_k\}\in E$，如图 4－63 所示。

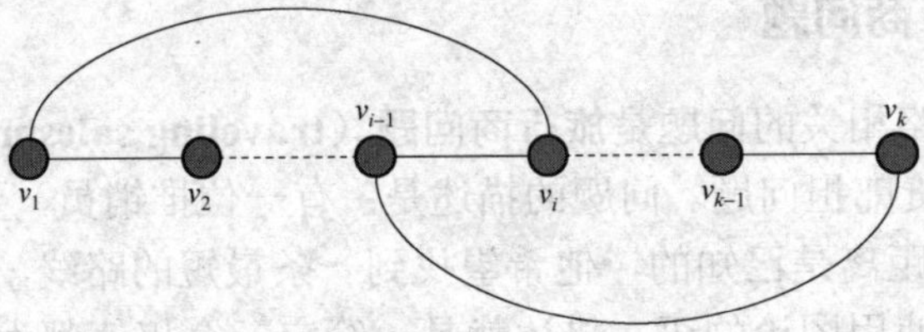

图 4－63 证明定理 4.9 用图 1

如若不然，假设与 v_1 相邻的顶点为 v_{i_1}，v_{i_2}，$\cdots$，v_{i_t}，则 v_k 必定与 v_{i_1-1}，v_{i_2-1}，$\cdots$，v_{i_t-1} 不相邻，于是 $\deg(v_1)+\deg(v_k)\leqslant t+(k-1-t)=k-1<n-1$，与已知条件矛盾。

因此必定存在 $1<i\leqslant k$ 使得$\{v_1, v_i\}\in E$, $\{v_{i-1}, v_k\}\in E$，于是可以得到初级回路 $v_1, v_2,\cdots, v_{i-1}, v_k, v_{k-1},\cdots, v_i, v_1$（如图 4－64 中的加粗边所示），也即 G 中存在仅经过这 k 个顶点的初级回路 C。不妨对 C 上的顶点重新编号，使得回路 C 的形式为：$v_1, v_2,\cdots, v_{k-1}, v_k, v_1$（如图 4－65(a) 所示）。

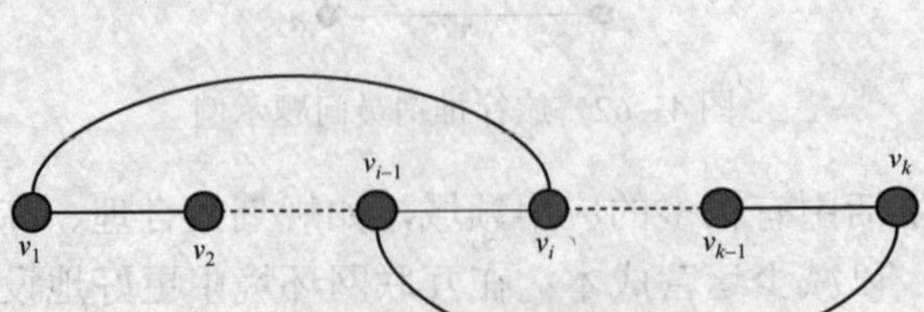

图 4－64 证明定理 4.9 用图 2

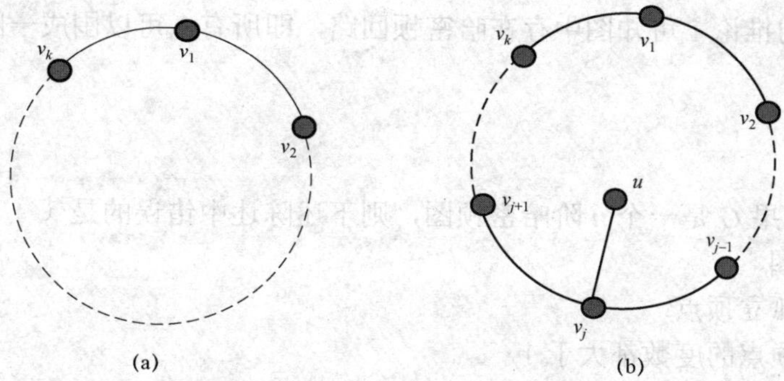

图 4–65　证明定理 4.9 用图 3

之后证明存在比 π 更长的初级道路，由而导致矛盾。

因为 G 是连通图且 $k<n$，所以一定存在 C 之外的顶点与 C 中某点相邻，不妨假设顶点 u 与 v_j 相邻，于是可以得到长度为 $k+1$ 的初级道路。$v_{j+1}, v_{j+2},\cdots, v_k, v_1, v_2,\cdots, v_j, u$（如图 4–65(b) 中加粗边所示）。 □

定理 4.10　设 $G=(V, E)$是 n（$n\geqslant 3$）阶简单图，如果 G 中任一对顶点 u 和 v，都满足 $\deg(u)+\deg(v)\geqslant n$，则 G 是哈密顿图。

证明：由定理 4.9，G 中存在哈密顿道路：$v_1, v_2,\cdots, v_{k-1}, v_n$（必要时对顶点重新编号）。类似于定理 4.9 的证明过程，可得到必定存在 $1<i\leqslant n$ 使得$\{v_1, v_i\}\in E$，$\{v_{i-1}, v_n\}\in E$，并由此可以构造一条哈密顿回路。 □

推论 1　设 $G=(V, E)$是 n（$n\geqslant 3$）阶简单图，如果 G 中任一顶点的次数都至少是 $n/2$，则 G 是哈密顿图。

例 4.26　当 $n>2$ 时，完全图 K_n 是哈密顿图。

推论 2　设 G 是一(n, m)简单图，若 $m\geqslant(n^2-3n+6)/2$，则 G 是哈密顿图。

证明：如果图中存在 2 个顶点 u, v 使得 $\deg(u)+\deg(v)<n$，则在图 G 中删去这 2 个点，构成 $n-2$ 阶简单图 G'。G'中的边数为 $m'\geqslant m-(\deg(u)+\deg(v))>(n^2-3n+6)/2-n=(n-2)(n-3)/2$。与 G'是简单图矛盾。

因此，G 中任一对顶点 u 和 v，都满足 $\deg(u)+\deg(v)\geqslant n$，由定理 4.10，$G$ 是哈密顿图。 □

注意上述结果都是充分条件，不满足这些条件的图也可能是哈密顿图，例如图 4–66 所示图显然是哈密顿图，但是它每个顶点的度数都是 2，不满足定理 4.10 的条件。

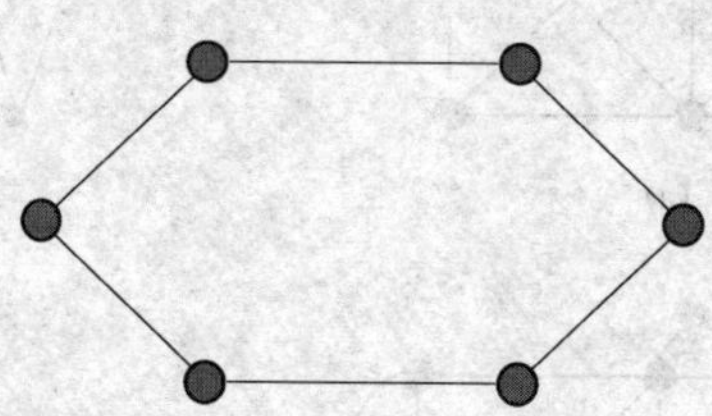

图 4–66　哈密顿图

例 4.27　10 个人围坐一个圆桌，每个人都至少和其余的 5 个人是朋友，请问能否安排座位使得每个人左右两边的人都是他的朋友。

证明：以每个人为一顶点，朋友之间加边，便构成一个图 G。由于每个人都至少和其余 5 个人是朋友，因此每个顶点的度数都至少是 5。

由定理 4.10 的推论 1 可知图中存在哈密顿回路，即所有人可以围成一圈，使相邻者是朋友。 □

课前自测题

习题 4.77 如果 G 是一个 n 阶哈密顿图，则下述陈述中错误的是（　　）。

A. G 是连通图

B. G 不存在孤立顶点

C. G 中每个顶点的度数都大于 1

D. G 中每个顶点的度数都大于等于 $n/2$

习题 4.78 如果简单无向连通(n, m)-图 G 的边数满足 $m=(n^2-3n+4)/2$，G 是否一定是哈密顿图？说明理由。

习题 4.79 当 r, s 满足什么条件时，二部图 $K_{r,s}$ 是哈密顿图？

课堂练习题

习题 4.80 某工厂生产由 6 种不同颜色的纱制成的双色布，已知在生产的品种中，每种颜色至少和其他 5 种颜色中的 3 种颜色搭配，证明：可以挑出 3 种双色布，它们恰有 6 种不同的颜色。

4.11 平面图

知识点

定义 4.32 如果可以将无向图 G 画在平面上，使得除端点处外，各边彼此不相交，则称 G 是**具有平面性的图**，或简称为**平面图**（**plane graph**），否则称 G 是**非平面图**。

容易看出，图 G 中是否存在自环和重边不影响图的平面性，因此之后只须考虑简单图的情况。

例 4.28 图 4-67(a)、(b)都是平面图，可分别画为图 4-67(c)、(d)的形式。

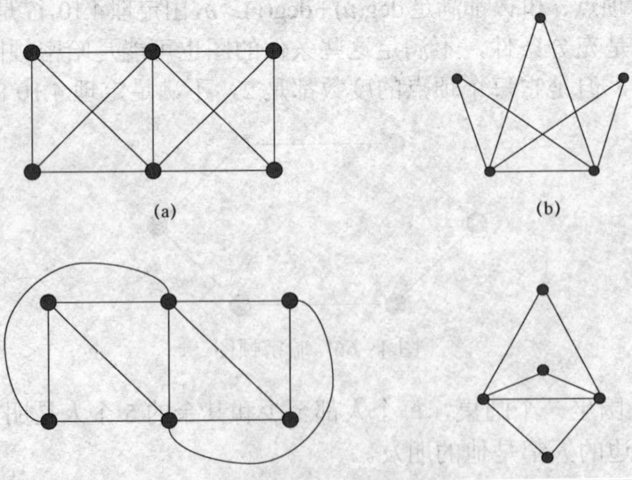

图 4-67 例 4.28 用图

例 4.29　图 4-68(a)、(b)都是非平面图，无论怎么画，都会有一条边与其他边相交（如图 4-68(c)、(d)所示）。（有关这一结论的更严格证明，将在定理 4.14 给出。）

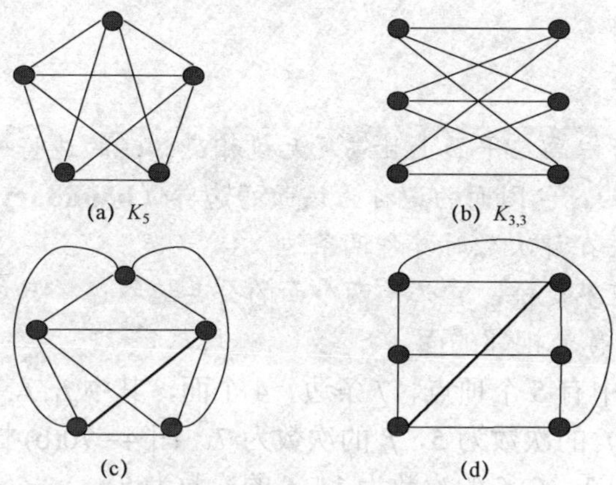

图 4-68　例 4.29 用图

课前自测题

习题 4.81　(　　) 不是平面图。

A. 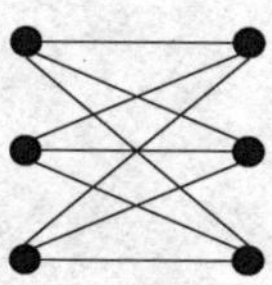　B. 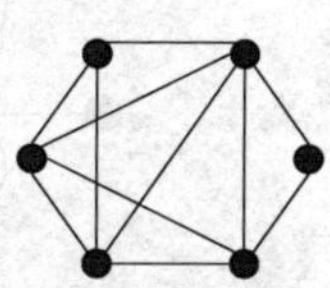　C. 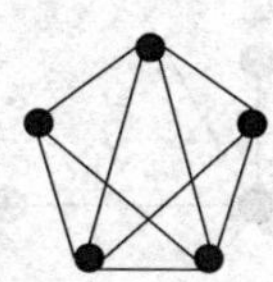　D. 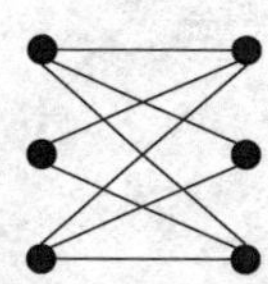

习题 4.82　(　　) 不是平面图。

A. 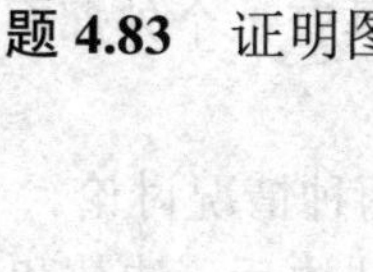　B. 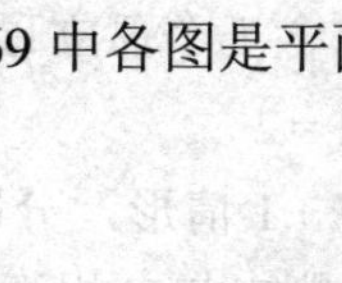　C. 　D. 

课堂练习题

习题 4.83　证明图 4-69 中各图是平面图。

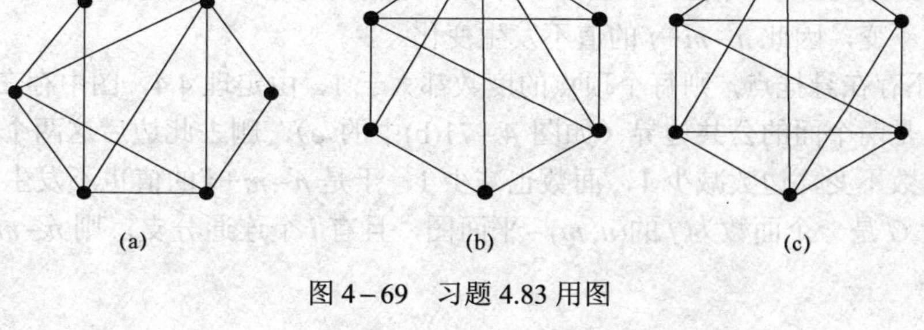

图 4-69　习题 4.83 用图

4.12 欧拉公式

知识点

定义 4.33 设图 G 可以画在平面上且满足无边相交，G 的边将平面划分为若干个封闭区域，称之为 G 的**面**（**face**），包围面的边称为该面的**边界**（**boundary**），面的边界中的边数称为面的**次数**（**degree**）（桥在计次数时算作两条边）。

定义 4.34 若一条边不是桥，它必是两个面的公共边界；桥只能是一个面的边界。两个以一条边为公共边界的面称为**相邻的面**。

例 4.30 图 4－70(a)中有 5 个顶点、7 条边、4 个面，其中 f_1,f_2,f_3 称为内部面，f_4 称为外部面，f_1, f_2 的次数为 1，f_3 的次数为 5，f_4 的次数为 7。图 4－70(b)中有 4 个顶点、7 条边、5 个面，其中 f_1,f_2 的次数为 2，f_3,f_4 的次数为 1，f_5 的次数为 8。

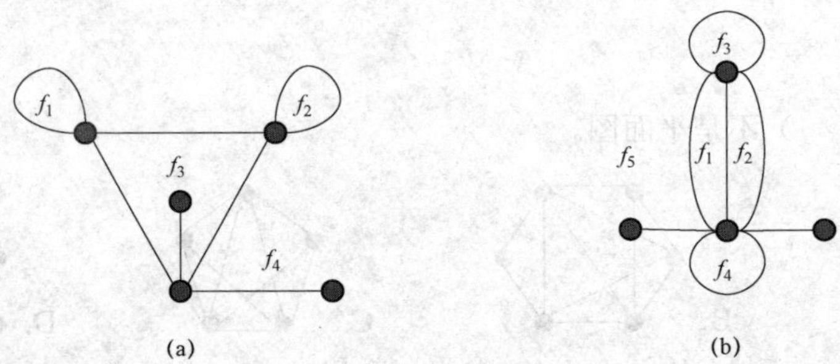

图 4－70 例 4.30 用图

连通平面图 G 的顶点数 n、边数 m 和面数 f 具有如下数值特点。

定理 4.11 平面图 G 的所有面的次数之和等于边数的两倍。

定理 4.12（欧拉公式） 设 G 是一个面数为 f 的 (n, m)－连通平面图，则

$$n-m+f=2$$

证明：对图的边数 m 作归纳。

(1) 当 $m=0$ 时，由于 G 是连通图，因此 G 只包含 1 个孤立顶点，具有 1 个外部面。于是

$$n-m+f=1-0+1=2$$

(2) 假设当 $m=k$ 时，欧拉公式成立。对于 $m=k+1$ 情形，分以下两种情况讨论。

① 图中存在悬挂点（如图 4－71(a)中的 v），则删去与之相连的悬挂边后，边数和点数都减少 1 而面数不变，因此 $n-m+f$ 的值不发生变化。

② 图中不存在悬挂点，则每个顶点的度数都大于 1，由定理 4.4，图中存在回路 C，C 上任一边都一定是两个面的公共边界（如图 4－71(b)中的 e），删去此边后这两个面合并为一个面，因此顶点数不变，边数减少 1，面数也减少 1，于是 $n-m+f$ 的值也不发生变化。 □

推论 设 G 是一个面数为 f 的 (n, m)－平面图，且有 l 个连通分支，则 $n-m+f=l+1$。

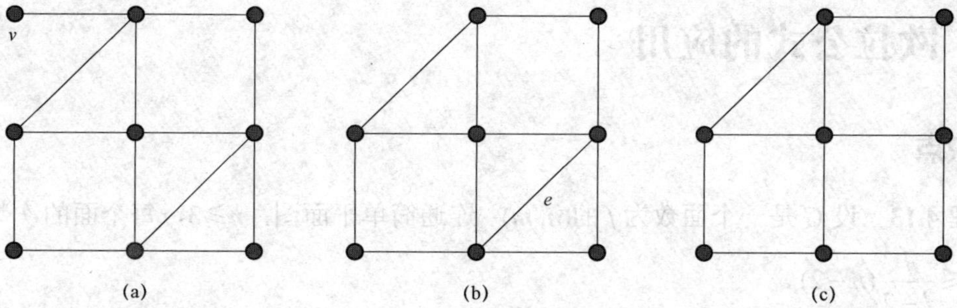

图 4－71　定理 4.12 用图

证明：假设这 l 个分支是 $G_1, G_2,\cdots, G_l$，并设 G_i 的顶点数、边数和面数分别是 n_i，m_i，f_i，显然有 $\sum_{i=1}^{l} n_i = n$ 和 $\sum_{i=1}^{l} m_i = m$，此外由于外部面是各个连通分支共用的，因此 $\sum_{i=1}^{l} f_i = f + l - 1$。

由于每个 G_i 都是平面连通图，因此有欧拉公式 $n_i - m_i + f_i = 2$，于是有

$$n - m + f = \sum_{i=1}^{l} n_i - \sum_{i=1}^{l} m_i + \sum_{i=1}^{l} f_i + 1 - l = \sum_{i=1}^{l} (n_i - m_i + f_i) + 1 - l = 2l + 1 - l = l + 1$$ □

≫ 课前自测题

习题 4.84　令 G 为(24, 40)－连通平面图，则 G 的面数是________。

习题 4.85　令 G 为一个面数为 16 的 40 阶连通平面图，则 G 有________条边。

习题 4.86　令 G 为 n 阶连通平面图，若 G 中只存在一个回路，则 G 有________条边。

≫ 课堂练习题

习题 4.87　计算下述各图的顶点数、边数、面数、每个面的次数，并验证定理 4.11 和定理 4.12。

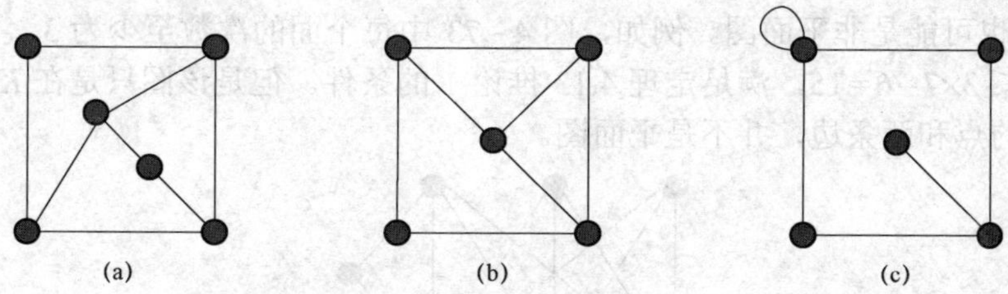

图 4－72　习题 4.87 用图

习题 4.88　令 G 是一个面数为 f 的(v, e)－连通平面图，若 $v=e$，则 $f=$________。

习题 4.89　令 G 是一个面数为 f 的(v, e)－连通平面图，若 $v=f$，则 $e=$________。

习题 4.90　证明定理 4.11。

习题 4.91　已知具有 4 个连通分支的平面图 G 有 8 个面、15 条边，求 G 的阶数。

4.13 欧拉公式的应用

≫ 知识点

定理 4.13 设 G 是一个面数为 f 的 $(n, m)-$连通简单平面图，$n \geqslant 3$，每个面的次数至少是 l，则 $m \leqslant \frac{l}{l-2}(n-2)$。

证明：由定理 4.11 有 $l \cdot f \leqslant 2m$，代入欧拉公式可得：$2=n-m+f \leqslant n-m+\frac{2}{l}m$，整理即得 $m \leqslant \frac{l}{l-2}(n-2)$。□

推论 1 设 G 是一个面数为 f 的 $(n, m)-$连通简单平面图且 $n \geqslant 3$，则 $m \leqslant 3n-6$。

证明：由于 G 是简单图，而且 $n \geqslant 3$，因此每个面的次数至少为 3，代入定理 4.13 的公式中即得。□

推论 2 设 G 是一个面数为 f 的 $(n, m)-$连通简单平面图，$n \geqslant 3$ 且每个面的次数至少是 4，则 $m \leqslant 2n-4$。

推论 3 在任何简单连通平面图中，至少存在一个度数不超过 5 的顶点。

证明：若全部顶点的度数均大于 5，则由握手定理有 $6n \leqslant 2m$，即 $3n \leqslant m$。再由推论 1 得到 $3n \leqslant 3n-6$，产生矛盾。□

利用定理 4.13 及其推论可以判定某些图是非平面图。

定理 4.14 K_5 和 $K_{3,3}$ 都是非平面图。

证明：(a) 假设简单图 K_5 是平面图，则由推论 1 应有 $10=m \leqslant 3n-6=3\times5-6=9$，产生矛盾，因此 K_5 不是平面图。

(b) 假设二部图 $K_{3,3}$ 是平面图，其中最短的回路长度为 4，因此每个面的次数至少是 4，由推论 2 应有 $9=m \leqslant 2n-4=2\times6-4=8$，产生矛盾。□

注意定理 4.13 及其推论只是图可平面性的必要条件，而非充分条件；换言之，即使满足定理 4.13 的图也可能是非平面图。例如，图 4－73 中每个面的次数至少为 3，点数 $n=7$，边数 $m=11$，$11 \leqslant 3\times7-6=15$，满足定理 4.13 推论 1 的条件。但是该图只是在 $K_{3,3}$ 基础上增加一个度数为 2 的点和两条边，并不是平面图。

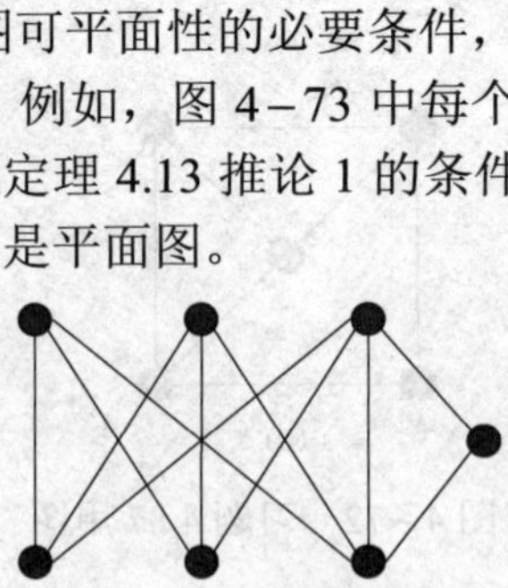

图 4－73 非平面图

因此上述方法只可用来判别某个图是非平面图，而不能用来断定一个图是平面图。

≫ 课前自测题

习题 4.92 设简单连通平面图 G 的顶点数 $n=6$ 且 $m=12$，求 G 的面数和每个面的次数。

课堂练习题

习题 4.93　证明：任何有 31 条边、12 个顶点的简单连通图都不是平面图。

习题 4.94　如果简单连通平面$(n, m)-$图 G 的阶数大于 2，证明：G 的面数 $f \leqslant 2n-4$。

习题 4.95　证明：边数 $m<30$ 的简单连通平面图 G 必定存在顶点 v 满足 $\deg(v) \leqslant 4$。

习题 4.96　设简单连通图 G 有 15 个顶点，其中 7 个顶点的度是 4，6 个顶点的度是 6，2 个顶点的度是 8，证明：G 是非平面图。

讨论题

习题 4.97　设 G 是阶数不小于 11 的简单图，证明：G 和 $\overline{G}$ 至少有一个是非平面图。

习题 4.98　设 G 是一个 3-正则的简单连通平面图，令 ϕ_k 表示由 k 条边围成的面的数目。证明：$\sum_{k=3}^{\infty}(6-k)\phi_k=12$。

4.14　对偶图

知识点

另一个与平面图相关的重要概念即是对偶图。

定义 4.35　设 G 是一个平面图，满足下列条件的图 G^* 称为 G 的**对偶图**（**dual graph**）：

(1) G 的面 f 与 G^* 中的顶点 v^* 一一对应；

(2) 若 G 中的面 f_i 和 f_j 邻接有共同边界 e，则在 G^* 中有与 e 一一对应的边 e^*，其以 f_i 和 f_j 所对应的点 v_i^* 与 v_j^* 为两端点；

(3) 若割边 e 处于 f 内，则在 G^* 中 f 所对应的点 v 有一自环 e^* 与 e 一一对应。

下面通过一个例子来说明对偶图的画法。假设平面图 G 如图 4-74 (a)所示：

(1) 在图 G 中的每个面内画一顶点（图 4-74 (b)中的空心顶点）；

(2) 在这些新的顶点之间添加边（如图 4-74 (b)中的虚线所示），每条新的边恰与 G 中的一条边相交一次。

所得的新图（包括空心顶点和虚线边）即为 G 的对偶图 G^*，整理后如图 4-74 (c)所示。

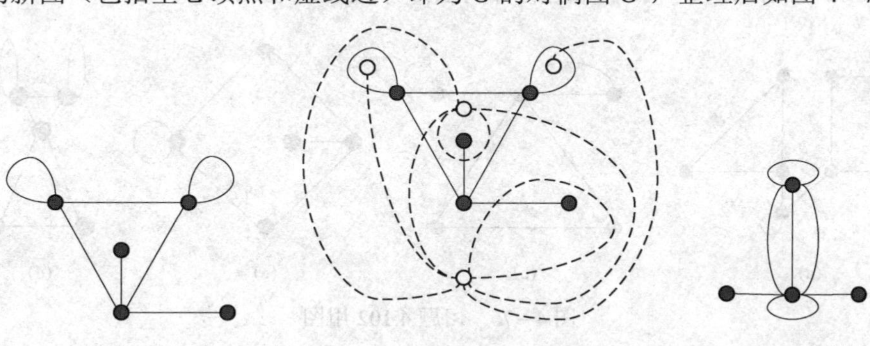

(a)　(b)　(c)

图 4-74　对偶图的画法

从这个例子中可以看出，平面图 G 的对偶图 G^* 也是平面图，而且是连通的。

而且，图 4－74 (a)和图 4－74 (c)恰是图 4－70 所示两图，它们的顶点数、边数和面数之间存在一定关系。

定理 4.15 假设 G^* 是平面连通图 G 的对偶图，n, m, f, n^*, m^*, f^* 分别是 G 和 G^* 的顶点数、边数和面数，则有：

(a) $n=f^*$；

(b) $m=m^*$；

(c) $f=n^*$；

(d) 若面 f 对应于顶点 v^*，则 f 的次数等于 v^* 的度数。

证明：(b)、(c)、(d)由对偶图的画法即得，下面证明(a)。

由于 G^* 和 G 都是平面连通图，由欧拉公式有 $n-m+f=2$ 及 $n^*-m^*+f^*=2$，又 $m=m^*$，$f=n^*$，即得 $n=f^*$。 □

课前自测题

习题 4.99 （　　）是下图的对偶图。

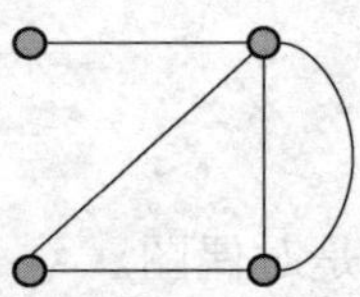

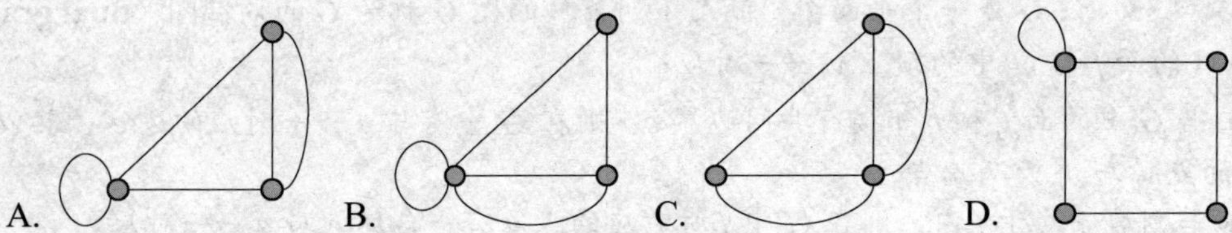

习题 4.100 令 G 为一个面数为 9 的 12 阶连通平面图，则 G 的对偶图有________条边。

课堂练习题

习题 4.101 给出平面图 G 的对偶图 G^* 是欧拉图的充要条件。

习题 4.102 画出图 4－75 中各图的对偶图，并验证定理 4.15。

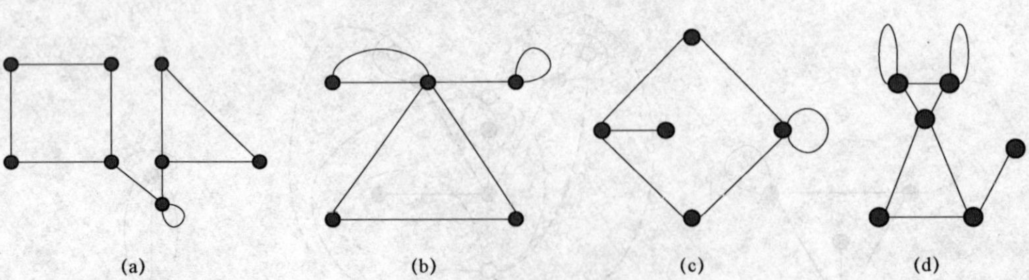

图 4－75　习题 4.102 用图

习题 4.103 已知平面图 G 的阶数 $n=8$，边数 $m=8$，面数 $f=4$，连通分支数 $k=3$，求 G

的对偶图的阶数、边数、面数。

习题 4.104 设 G^* 是具有 k（$k \geqslant 2$）个连通分支的平面图 G 的对偶图，已知 G 的边数 $m=10$，面数 $f=3$，求 G^* 的面数 f^*。

讨论题

习题 4.105 如果平面图 G 和它的对偶图是同构的，则称 G 是自偶图。证明：若 (n, m)－图 G 是自同构的，则 $m=2n-2$；并构造一个自偶图。

习题 4.106 求 8 阶自对偶平面图的边数和面数。

4.15 图的着色

知识点

定义 4.36 对简单图 G 的每个顶点赋予一种颜色，使得相邻的顶点颜色不同，称为图 G 的一种点着色（**vertex coloring**）。对简单图 G 进行点着色所需要的最少颜色数目，称为 G 的色数（**chromatic number**），记为 $\chi(G)$。

对于 n 阶简单图 G，明显有 $\chi(G) \leqslant n$。

定义 4.37 对简单图 G 的每条边赋予一种颜色，使得相邻的边颜色不同，称为图 G 的一种边着色（**edge coloring**）。

定义 4.38 对无桥平面图 G 的每个面赋予一种颜色，使得相邻的面颜色不同，称为图 G 的一种面着色（**face coloring**）。

“点着色”实际上是一种满足特定条件的、对点进行标号的标号图；而“边着色”则是一种满足特定条件的、对边进行标号的标号图。

例 4.31 (1) $\chi(G)=1$ 当且仅当 G 是离散图。

(2) $\chi(K_n)=n$。

例 4.32 图 4－76(a)的色数是 2，图 4－76(b)的色数是 4，图 4－76(c)的色数是 3。

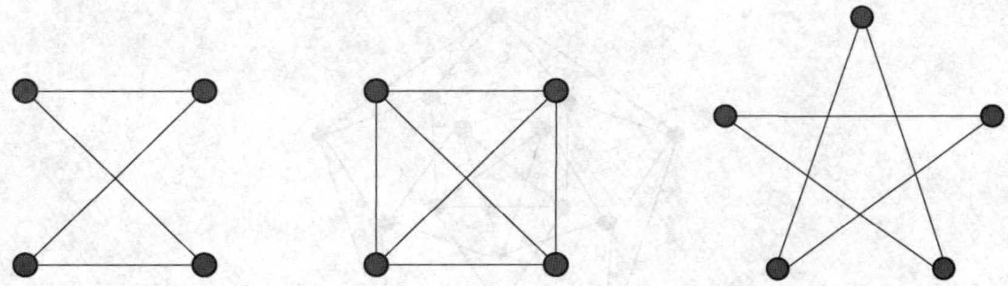

(a) (b) (c)

图 4－76 例 4.32 用图

例 4.33 彼得松图中含有长度为 5 的圈，因此至少要用 3 种颜色才能够正常着色。另外，彼得松图可以用 3 种颜色进行点着色（如图 4－77 所示）。因此，彼得松图的色数是 3。

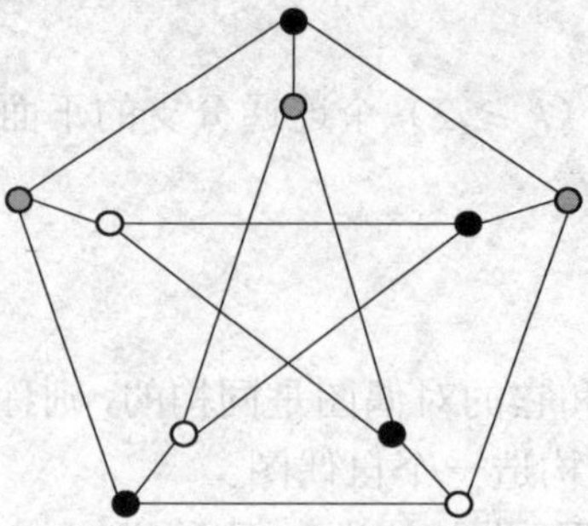

图 4-77　例 4.33 用图

例 4.34　学校期末要举行各个科目的考试，要求学同一门课程的学生考试时间尽可能相同，问至少要举行多少场考试？

这个问题也可以转化为顶点着色：用顶点表示学校的考试课目，顶点 u 和 v 邻接当且仅当有学生既要参加 u 课程的考试，又要参加 v 课程的考试。那么，所得图的每一种顶点着色方案都给出了考试的一种安排方式，而最少的考试场次正好对应着图的色数 $x(G)$。

利用对偶图的概念，可以把平面图 G 的面着色问题转化为研究对偶图 G^* 的点着色问题，而通过下面的线图概念，也可以将图的边着色问题转化为点着色问题。

定义 4.39　假设 G 是简单图，构造图 $L(G)$，G 中的边和 $L(G)$ 中的顶点一一对应，如果 G 中的边 e_1 和 e_2 相邻，则在 $L(G)$ 中与 e_1 和 e_2 相对应的两个顶点间连一条边，称 $L(G)$ 是 G 的线图（**line graph**）。

例 4.35　在图 4-78 中，(b)是(a)的线图，(d)是(c)的线图，(e)是彼得松图的线图。

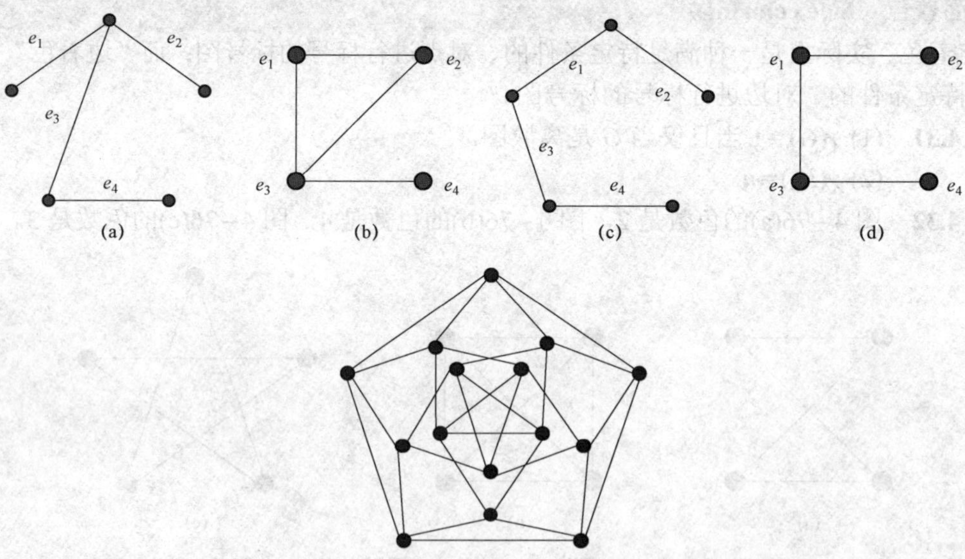

图 4-78　例 4.35 用图

课前自测题

习题 4.107　计算图 4-79 中各图的色数。

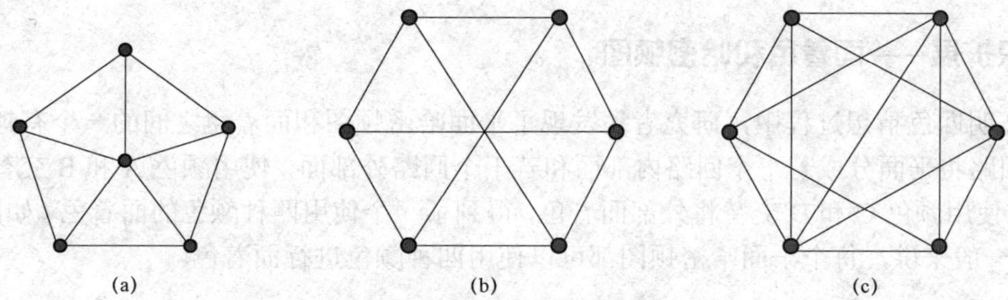

图 4－79　习题 4.107 用图

课堂练习题

习题 4.108　证明：若 G 是欧拉图，则线图 $L(G)$也是欧拉图，反过来不成立。

习题 4.109　证明：简单图 G 是二部图当且仅当 G 可以用两种颜色进行点着色。

习题 4.110　有六种化学药品，其中药品 a 和 b 不能存放在同一个仓库中，否则将发生化学反应，类似地，a 和 d、b 和 e、b 和 f、c 和 d、c 和 e、c 和 f、d 和 e 也不能存放在同一个仓库中，请问至少需要多少个仓库存放这六种药品？

习题 4.111　软件学院期末要安排七门课程的考试，课程编号分别为 1 到 7。下列每一对课程有学生同时选修：1 和 2，1 和 3，1 和 4，1 和 7，2 和 3，2 和 4，2 和 5，2 和 7，3 和 4，3 和 6，3 和 7，4 和 5，4 和 6，5 和 6，5 和 7，6 和 7。这七门课的考试至少要安排在几个不同的时间段？给出一个安排方案。

知识扩展——四色定理

每个平面图都可以只使用四种颜色进行面着色，这就是著名的"四色定理"——"一张各国地域连通，并且相邻国家有一段公共边界的平面地图上，可以用四种颜色为地图着色，使得相邻国家着有不同的颜色"，它在图论发展史上起到过巨大的推动作用。

1852 年，弗朗西斯・古思里（Francis Guthrie）在绘制英格兰分郡地图时，发现许多地图都只需用四种颜色着色，就能保证有相邻边界的分区颜色不同。他将这个发现告诉了他的弟弟弗雷德里克・古思里。弗雷德里克将他哥哥的发现作为一个猜想向老师德・摩根提出。德・摩根对此很感兴趣，当天就和爱尔兰数学家哈密顿通信，将这个问题向他提出。而哈密顿则与之相反，对它丝毫不感兴趣，他在三天后的回信中告诉德・摩根，他不会尝试解决这个问题。

1879 年，肯普（Alfred Kempe）宣布证明了四色定理。但是在 1890 年，希伍德（Heawood）指出了肯普的证明存在漏洞，而且他使用肯普的方法证明了"五色定理"。

直到 1976 年四色猜想才最终由数学家阿佩尔（Kenneth Appel）和哈肯（Wolfgang Haken）在科赫（J. Koch）的帮助下证明。他们的证明方法是将地图上的无限种可能情况归纳为 1 936 种状态，再由电脑逐个检查这些状态是否可以用四种颜色进行面着色，过程共用了 1 000 多个小时。四色定理是第一个主要由电脑证明的理论，但这一证明并不被所有的数学家接受，因为采用的方法不能由人工直接验证。

知识扩展——面着色和哈密顿图

在证明四色猜想过程中，研究者还发现了平面哈密顿图和面着色之间的一个有趣联系：哈密顿回路将平面分成若干个回路内部面和若干个回路外部面，使用颜色 A 和 B 交替将内部面着色，使用颜色 C 和 D 交替将外部面着色，得到了一个使用四种颜色的面着色（如图 4–80 所示）。一般来讲，每个平面哈密顿图都可以使用四种颜色进行面着色。

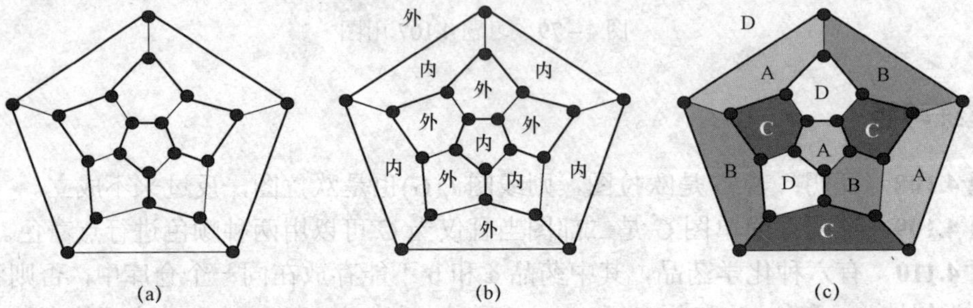

图 4–80　平面哈密顿图的面着色

4.16　韦尔奇–鲍威尔算法

知识点

决定一个图的色数是一个难题（准确地讲，它是一个 NP 完全问题），目前尚不存在有效的方法，因此在对图进行点着色时常采用近似算法——尽管不能得到最优结果，但是算法的执行却是快捷有效的。

下面介绍韦尔奇–鲍威尔（Welch–Powell）点着色算法。

韦尔奇–鲍威尔算法 Welch–Powell (G)

输入：图 G

输出：图 G 的一个点着色方案

(1) 将图中顶点按度数不增的方式排成一个序列；

(2) 使用一种新颜色对序列中的第一个顶点进行着色，并且按照序列次序，对与已着色顶点不邻接的每一顶点着同样的颜色，直至序列末尾，然后从序列中去掉已着色的顶点得到一个新的序列；

(3) 对新序列重复步骤（2）直至得到空序列。

例 4.36　使用韦尔奇–鲍威尔算法对图 4–81(a)进行顶点着色。

解：将图中各顶点按度数不增的次序排列，得到顶点序列：a, b, c, d, h, g, f, e。

对顶点 a 着以第一种颜色，依次考察序列中其他顶点：b, d, h, f, e 与 a 相邻，因此它们不能着第一种颜色；c 与 a 不相邻，所以顶点 c 也着第一种颜色；g 与已染色的顶点 c 相邻，因此不能着第一种颜色；至此第一轮染色过程结束，如图 4–81(b)所示，得到新的顶点序列：b, d, h, g, f, e。

重复上述过程，对顶点 b, f, e 着第二种颜色；对顶点 d, g 着第三种颜色；对顶点 h 着第四种颜色，至此结束，得到图 4-81(c)。

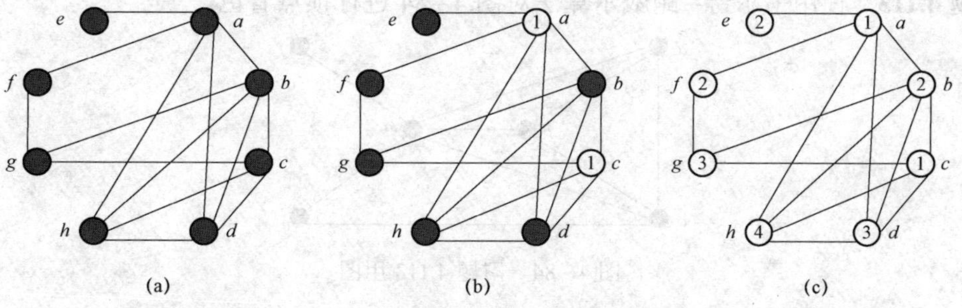

图 4-81　例 4.36 用图

要说明的是，韦尔奇-鲍威尔算法并不总能得到最少颜色数目的染色方案。例如，在图 4-82(a)中，每个顶点的度数都是 3，如果按照 a, b, c, d, e, f, g, h 的顺序排列顶点，那么使用韦尔奇-鲍威尔算法将得到如图 4-82(b)所示的结果，共使用了四种颜色；而如果按照 a, c, e, g, b, d, f, h 的顺序排列顶点，那么使用韦尔奇-鲍威尔算法将得到如图 4-82(c)所示的结果，共使用了两种颜色，即达到了该图的色数。

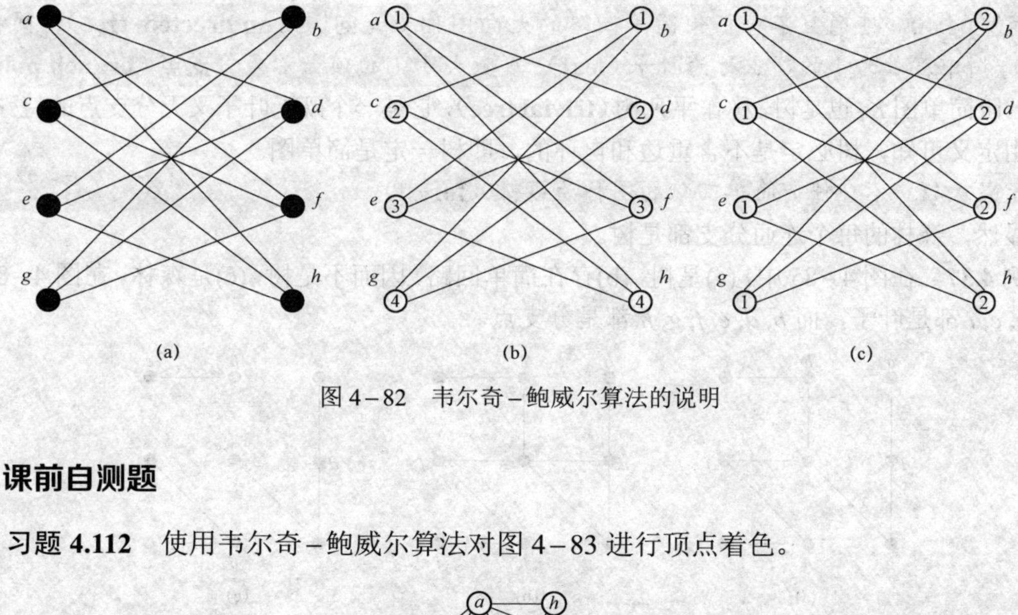

图 4-82　韦尔奇-鲍威尔算法的说明

课前自测题

习题 4.112　使用韦尔奇-鲍威尔算法对图 4-83 进行顶点着色。

图 4-83　习题 4.112 用图

课堂练习题

习题 4.113 使用韦尔奇–鲍威尔算法对图 4–84 进行顶点着色。

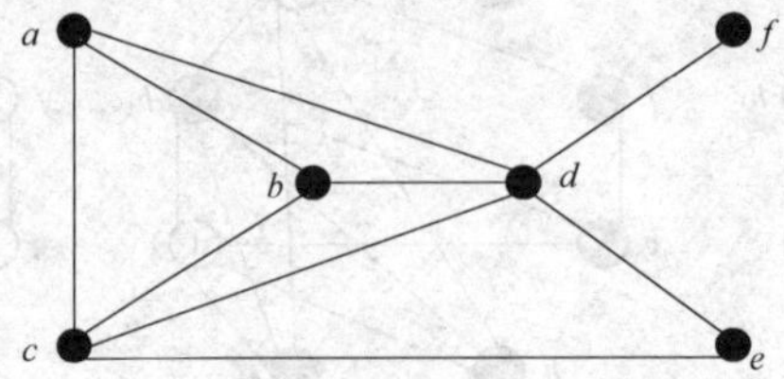

图 4–84 习题 4.113 用图

4.17 无向树的定义

知识点

树是一类特殊的图，具有简单的形式和很好的性质，可以从多个角度去刻画它。另外，在不特殊说明的情况下，本节所提及的图都是无向图。

定义 4.40 连通且不含任何简单回路的无向图称为**无向树**（**undirected tree**），简称**树**（**tree**）。树中度数为 1 的顶点称为**叶子**（**leaf**），度数大于 1 的顶点称为**分支点**（**branch point**）。

一阶简单图 K_1 也是树，称作**平凡树**（**trivial tree**），它是一个既无叶子又无分支点的特殊树。

由定义可知，树必定是不含重边和自环的，即树一定是简单图。

定义 4.41 不含任何简单回路的图称为**森林**（**forest**）。

显然，森林的每个连通分支都是树。

例 4.37 在图 4–85 中，(a)是树，(b)存在简单回路，因而不是树，(c)是森林。在图 4–85(a)中，a, c, i 都是叶子，而 b, d, e, f, g, h 都是分支点。

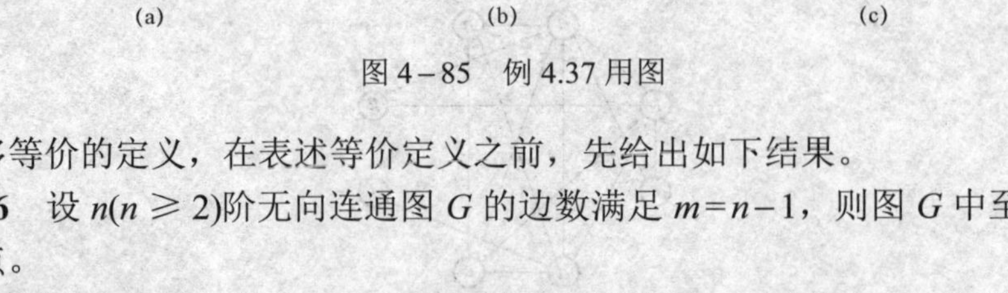

图 4–85 例 4.37 用图

树有许多等价的定义，在表述等价定义之前，先给出如下结果。

定理 4.16 设 $n(n \geqslant 2)$阶无向连通图 G 的边数满足 $m=n-1$，则图 G 中至少存在两个度数为 1 的顶点。

证明： 因为图 G 是连通的，从而各顶点的度数均大于 0。设图 G 有 t 个顶点度数为 1，其余顶点度数都至少是 2，则 $2m=\sum_{i=1}^{n}\deg(v_i) \geqslant t+2(n-t)$，由 $m=n-1$，可得 $2(n-1)=2m \geqslant$

$t+2n-2t$，即 $t \geqslant 2$。

在此基础上，我们给出并证明无向树的如下等价定义。

定理 4.17　设 T 是 (n, m)－无向图，则下述命题相互等价。

(a) T 是树，即 T 连通且不存在简单回路。

(b) T 的每一对相异顶点之间存在唯一的简单道路。

(c) T 不存在简单回路，但在任何两个不相邻的顶点之间加一条新边后得到的图中存在简单回路，也称作“极大无圈”。

(d) T 连通且 $m=n-1$。

(e) T 连通，但是删去任何一边后便不再连通，即 T 中每一条边都是桥，也称作“极小连通”。

(f) T 不存在简单回路且 $m=n-1$。

证明：采用循环论证的方式，只证明其中一部分，余者留作习题。

(a)⇒(b)：对阶数 n 进行归纳。

(1) 当 $n=1$ 时，T 不存在相异顶点，(b)成立。

(2) 设当 $n=k$ 时(b)成立。当 $n=k+1$ 时，已知 T 连通且不含简单回路，由定理 4.4，T 中存在度数为 1 的顶点，不妨记之为 v，并设 uv 为悬挂边，如图 4－86 所示。

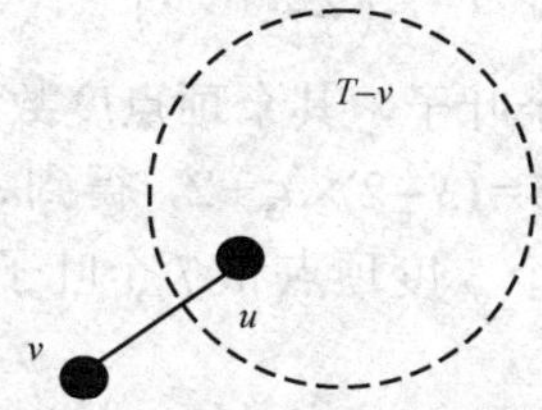

图 4－86　定理 4.17 用图 1

对于 $T-v$ 中任意两个相异顶点 w_1, w_2，w_1 到 w_2 的任一条简单道路必然不经过 uv，由归纳假设，w_1 和 w_2 之间存在唯一的简单道路。

对于 $T-v$ 中任一顶点 w，由于每条到 v 的道路必然经过 u，而且由归纳假设，唯一存在 w 到 u 的简单道路，因此 w 和 v 之间存在唯一的简单道路。

(d)⇒(e)：对阶数 n 进行归纳。

(1) 当 $n=1$ 时，T 只存在孤立顶点，(e)成立。

(2) 设当 $n=k$ 时(e)成立。当 $n=k+1$ 时，由定理 4.16，T 中存在度数为 1 的顶点，不妨记之为 v，并设 uv 为悬挂边（如图 4－86 所示），则 uv 为桥，而且由归纳假设 $T-v$ 中每一条边都是桥，于是 T 中每一条边都是桥。 □

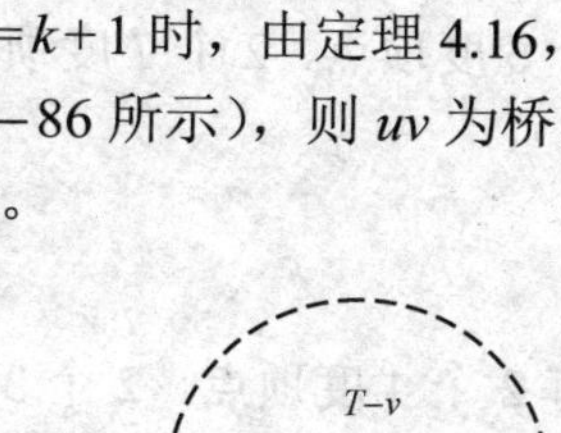

图 4－87　定理 4.17 用图 2

注：由定理 4.17 有，设 T 是无向图，则当满足下述三个条件中的至少两个时，T 是树。

(a) T 连通。

(b) T 不存在简单回路。

(c) $m=n-1$。

由定理 4.16 及定理 4.17 即得如下推论。

推论 1 任何非平凡树至少有 2 个叶子顶点。

推论 2 对于任何无向(n, m)-图，若图中不存在简单回路，则 $m \leqslant n-1$。

证明：若无向(n, m)-图 G 中 $m>n-1$，则删去任意 $m-(n-1)$条边得到图 G'。图 G'中仍然不存在任何简单回路，由定理 4.17(f)，图 G'是树。再将删去的边重新添加到图 G'中，由定理 4.17(c)，G 中存在回路，产生矛盾。 □

定理 4.18 无向树都是平面图。

证明：对阶数 n 进行归纳即易得。 □

定理 4.19 假设无向树 T 中有 a_i 个度数为 i 的顶点，则 T 的叶子数为 $\sum\limits_{i=3}(i-2)a_i+2$。

证明：假设无向树 T 中有 a_i 个度数为 i 的顶点和 m 条边，则由握手定理有 $\sum\limits_{i=1} ia_i = 2m$，由定理 4.17 有 $\sum\limits_{i=1} a_i = m+1$，于是 $\sum\limits_{i=1} ia_i = 2\left(\sum\limits_{i=1} a_i - 1\right)$，整理得到 $a_1 = \sum\limits_{i=3}(i-2)a_i+2$。 □

例 4.38 已知无向树 T 中有 5 个叶子，其余顶点度数都是 3，计算 T 有多少个顶点。

解：将定理 4.19 代入题目，得 $5=(3-2)\times a_3+2$，得到 $a_3=3$，故 T 共有 8(3+5=8)个顶点。

例 4.39 已知无向树 T 中有 3 个 3 度顶点和 7 个叶子，其余顶点都是 4 度顶点，计算 T 有多少条边。

解：将定理 4.19 代入题目，得 $7=(3-2)\times3+(4-2)\times a_4+2$，解得 $a_4=1$。于是 T 的顶点数是 11，故边数为 $11-1=10$。

课前自测题

习题 4.114 若 G 是 7 阶无圈图，则 G 至多有（ ）条边。

A. 9　　B. 8　　C. 7　　D. 6

习题 4.115 已知无向树 T 中有 2 个 2 度顶点和 1 个 3 度顶点，其余顶点都是叶子，则 T 有________个顶点。

习题 4.116 无向树 T 中有 1 个 6 度顶点、2 个 7 度顶点、34 个叶子，其余顶点度数都是 8，则 T 有________条边。

课堂练习题

习题 4.117 已知无向树 T 中有 2 个 4 度顶点，2 个 3 度顶点，1 个 2 度顶点，其余顶点都是叶子，计算 T 的顶点数、边数和叶子数。

习题 4.118 分别画出所有不同构的 5 阶无向树。

习题 4.119 已知无向树 T 中有 2 个 4 度顶点和 3 个 3 度顶点，其余顶点都是叶子，计算 T 有多少个顶点并画出两棵不同构的满足上述要求的树。

习题 4.120 当 n 满足什么条件时，完全图 K_n 是无向树？

习题 4.121　证明：无向树都是二部图。

习题 4.122　证明定理 4.17 的剩余部分。（由(b)可得(c)，由(c)可得(d)，由(e)可得(f)，由(f)可得(a)。）

讨论题

习题 4.123　假设(m, n)-图 G 是一个有 k（$k \geqslant 2$）个连通分支的森林，试建立 m 与 n 值之间的关系，并计算要添加多少条边才能使得所得之图为无向树。

4.18　支撑树

知识点

有些连通图，本身不是树，但它的某些子图是树；一个图可能有许多子图是树，其中重要的一类是支撑树。

定义 4.42　*若连通图 G 的支撑子图 T 是一棵树，则称 T 为 G 的*生成树（**spanning tree**）*或*支撑树*，记为 T_G。*

例 4.40　在图 4－88 中，(b)、(c)、(d)都是(a)的支撑树；(e)不是(a)的支撑子图，因此不是(a)的支撑树；(f)虽然是(a)的支撑子图，但不是树，因此也不是(a)的支撑树。这个例子也表明图的支撑树可能不唯一。

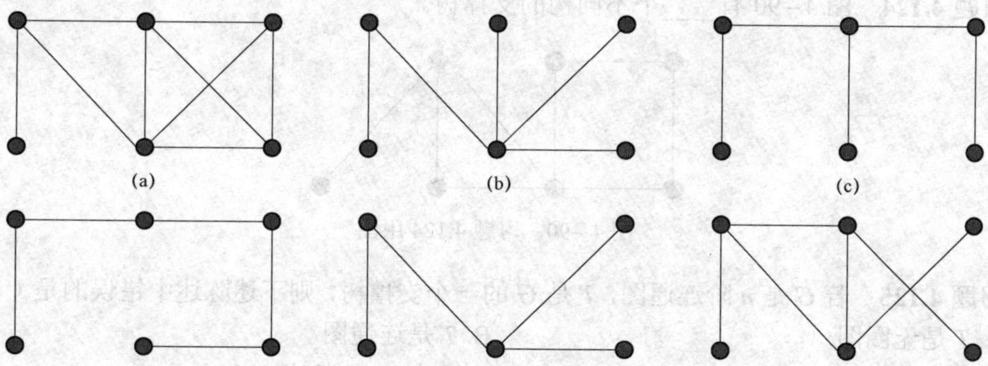

图 4－88　例 4.40 用图

定理 4.20　无向图 G 具有支撑树，当且仅当 G 是连通图。

证明：（必要性）因为树是连通的，所以如果无向图 G 具有支撑树作为支撑子图，则 G 必定也是连通的。

（充分性）如果 G 中无回路，G 本身就是支撑树。如果 G 中存在回路 C，则去掉 C 中任何一条边，得到图 G_1。桥不属于任何一个回路，所以图 G_1 仍是连通的。

若 G_1 中还有回路，则重复上述去边步骤，最终可以得到一个不含回路且连通的 G 的支撑子图 T，T 即为 G 的支撑树。　□

推论　设 G 为一个 n 阶无向连通图，则其边数 $m \geqslant n-1$。

证明：若 G 是 n 阶连通图，它必定含有支撑树，即至少包含 $n-1$ 条边。 □

定理 4.20 的证明实际上给出了求连通图 G 的支撑树的一种算法，要点是逐次删除图中回路上的任一条边，直至图中不存在回路为止。

例 4.41 图 4-89(b)至图 4-89(f)给出了构造图 4-89(a)的一棵支撑树的过程。

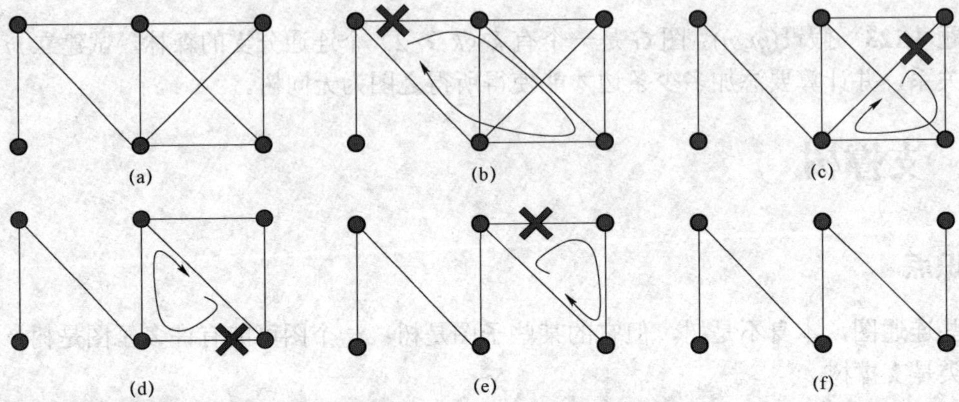

图 4-89 例 4.41 用图

注意：由于边的选择不唯一，所以形成的支撑树也可能不唯一。

课前自测题

习题 4.124 图 4-90 有____个不同构的支撑树。

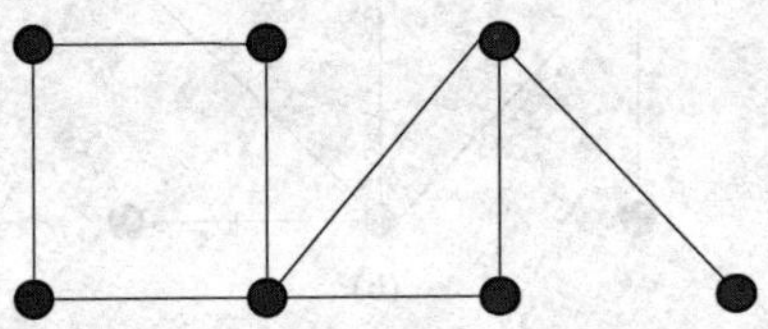

图 4-90 习题 4.124 用图

习题 4.125 若 G 是 n 阶连通图，T 是 G 的一个支撑树，则下述陈述中错误的是（　　）。

A. T 是无圈图　　B. T 是连通图

C. T 是唯一的　　D. T 有 $n-1$ 条边

课堂练习题

习题 4.126 画出 K_5 的所有不同构的支撑树。

习题 4.127 画出 K_6 的所有不同构的支撑树。

习题 4.128 图 4-91 中有多少个不同构的支撑树？

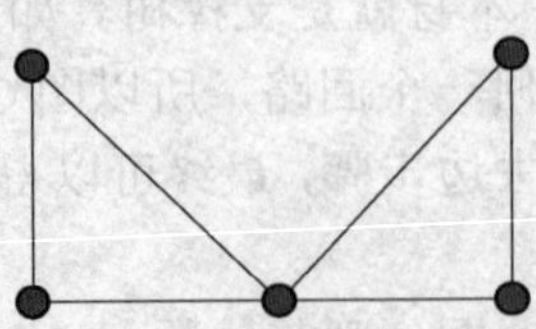

图 4-91 习题 4.128 用图

习题 4.129　设 G 是连通图，e 是 G 的边，证明：e 是桥当且仅当 e 在 G 的每个支撑树中出现。

4.19　最小支撑树

知识点

例 4.42　一个地区有 6 个村庄，希望在村庄之间修路将各村庄连接起来，但受限于客观条件，道路只能依图 4-92 中的无向边铺设，且修各条路的成本不同。

(a) 请问最少要修几条道路？

(b) 如何设计才能使修路总成本最低？

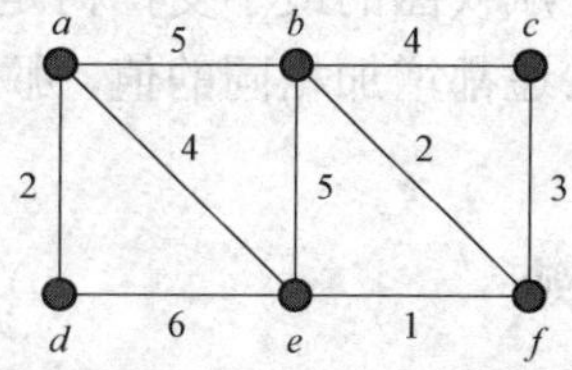

图 4-92　例 4.42 用图 1

先来解答问题(a)，问题(b)将在接下来的 3 节中回答。

记图 4-92 为 G，满足题目要求的修路方法即求 G 的一个子图 T 满足：包含 G 的所有顶点，连通，不存在回路（否则边数不是最少）。因此 T 就是 G 的一棵支撑树，边数至少为 5，即最少要修 5 条道路。图 4-93(a)、(b)都是 G 的支撑树，但是二者总成本不同。

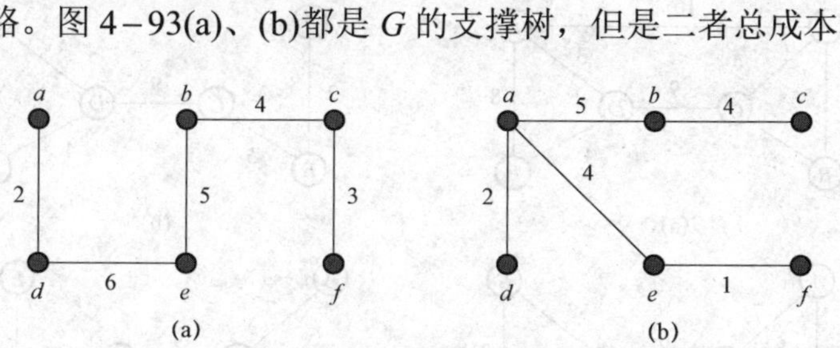

图 4-93　例 4.42 用图 2

因此针对赋权图，还需要引入“最小支撑树”的概念。

定义 4.43　设(G, W)是无向连通赋权图，T 是 G 的一棵支撑树，T 的各边权值之和称为 T 的权（**weight**），记为 $w(T)$；G 的所有支撑树中权最小的称为 G 的**最小支撑树**或**最小生成树**（**minimal spanning tree, MST**）。

由定义可知，在考虑图的最小支撑树时，不必考虑重边（因为至多选择其中权值最小的一条边）和自环，因此之后的讨论中都假定图是简单图。

课前自测题

习题 4.130　图 4-94 有________个不同的最小支撑树。

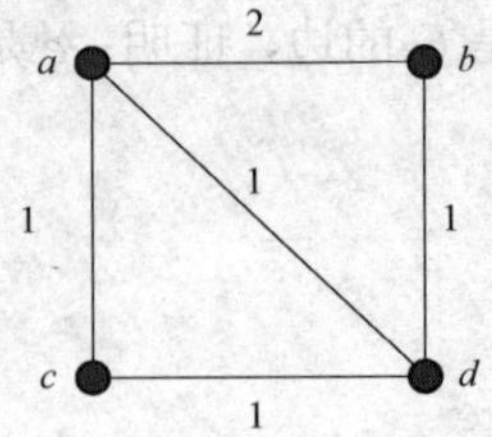

图 4－94　习题 4.130 用图

习题 4.131　若 G 是 7 阶连通图，则 G 至少有（　　）条边。

A. 6　　B. 7　　C. 28　　D. 21

讨论题

习题 4.132　在什么情况下一个赋权图的最小支撑树是唯一的？反之成立吗？

习题 4.133　如果赋权图中每条边都增加相同的值，那么该图的最小支撑树是否会发生改变？

知识扩展——最小瓶颈支撑树

定义 4.44　*设(G, W)是无向连通赋权图，G 的所有支撑树中权值最大的边的权值最小的支撑树称为 G 的最小瓶颈支撑树*（**minimal bottleneck spanning tree, MBST**）。

例 4.43　在图 4－95 中，(b)、(c)、(d)都是(a)的最小瓶颈支撑树，这表明最小瓶颈支撑树可能不唯一；然而只有(b)是(a)的最小支撑树，这表明最小瓶颈支撑树可能不是最小支撑树。

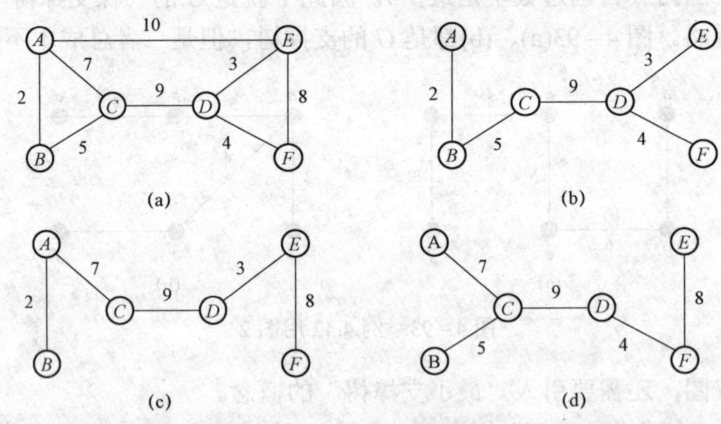

图 4－95　最小瓶颈支撑树

关于最小瓶颈支撑树和最小支撑树之间的关系，有如下定理。

定理 4.21　无向连通赋权图的最小支撑树一定是最小瓶颈支撑树，但最小瓶颈支撑树不一定是最小支撑树。

证明： 假设最小支撑树 T 不是最小瓶颈支撑树，设 T 的最大权值边为 e，则最小瓶颈支撑树 T_b 的所有边的权值都小于 $w(e)$。删除 T 中的 e，形成两棵树 T_1 和 T_2。由于 T_b 连通，因此存在 T_b 的边 e'，连接 T_1 中某顶点和 T_2 中某顶点。于是用 e' 连接 T_1 和 T_2 后将得到新的支撑树，但其总权值小于 T，与 T 是最小支撑树矛盾。

"最小瓶颈支撑树不一定是最小支撑树"：考虑图 4-96 所示的一个无向连通赋权图，图中仅存在一座桥而且权值最大，则图中每个支撑树（无论是否为最小支撑树）都是最小瓶颈支撑树。 □

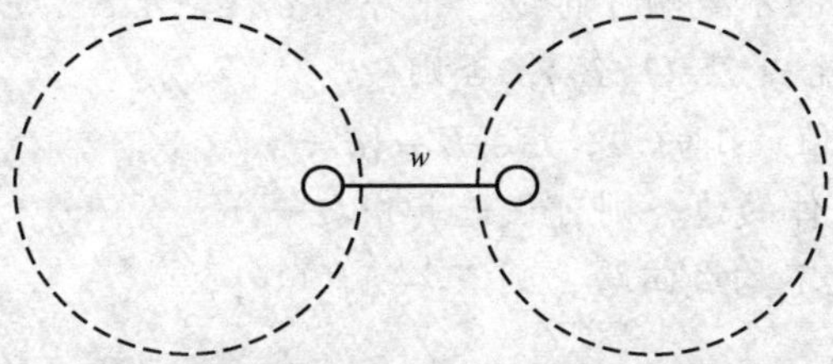

图 4-96　每个支撑树都是最小瓶颈支撑树

知识扩展——斯坦纳树问题

定义 4.45　设$(G=(V, E), W)$是无向连通赋权图，$R\subseteq V$，在 G 的所有包含 R 中所有顶点的子图中，总权值最小的树称为 G 的**斯坦纳树**（**Steiner tree**）。

当 $R=V$ 时，斯坦纳树问题即是最小支撑树问题。

如果将例 4.42 的要求修改为"部分村庄希望修路连接，其他村庄对于是否修路连接并不在意"，则问题就变为求解图中的斯坦纳树。

例 4.44　当 $R=\{a, b, c\}$时，图 4-97(a)的斯坦纳树是最小支撑树（如图 4-97(b)所示）；而图 4-97(c)的斯坦纳树则不是最小支撑树（如图 4-97(d)所示）。

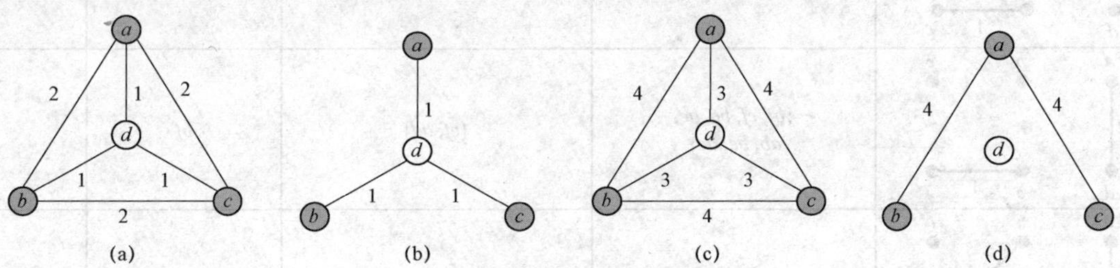

图 4-97　最小瓶颈支撑树

虽然斯坦纳树问题与最小支撑树问题具有相似之处，但是斯坦纳树问题难得多（属于 NPC 问题，事实上，它是卡普（Richard Manning Karp）证明的第一批 21 个 NPC 问题之一）。

4.20　克鲁斯卡尔算法

知识点

克鲁斯卡尔算法由克鲁斯卡尔（Joseph Bernard Kruskal，1928—2010）在 1956 年发表。

算法的思想是：每一步都选择权值最小而且不与已选的边构成回路的边，直到边数等于顶点数减 1 为止。

算法的具体步骤是：

克鲁斯卡尔算法 Kruskal (G)

输入：赋权简单连通图 $G=(V, E)$

输出：G 的最小支撑树 $T=(V, E_T)$

1. 将图 G 的边按权值的不减顺序排成一个序列 $e_1, e_2, \cdots, e_m$，$E' \leftarrow E$，$E_T \leftarrow \varnothing$；

2. 若 $|E_T|=|V|-1$，则输出 $T=(V, E_T)$，否则

2.1 假设 e 是 E' 中权值最小的边，$E' \leftarrow E' - \{e\}$；

（如果存在多条满足条件的边，则可任选其中之一）

2.2 如果 e 与 E_T 中边不构成回路，则 $E_T \leftarrow E_T \cup \{e\}$；

2.3 返回步骤 2。

用克鲁斯卡尔算法求图 4－92 中赋权图的最小支撑树，先将图 4－92 中的边按权值的不减顺序排序，即 *ef, ad, bf, cf, bc, ae, ab, be, de*，而后的过程见表 4－1。

表 4－1 克鲁斯卡尔算法示例

图	E'	E_T	E'中权值最小的边	备注
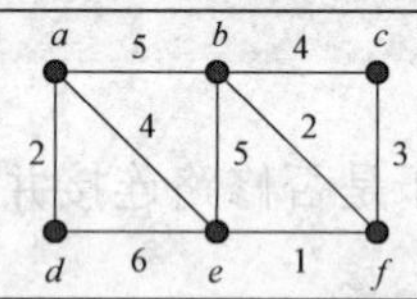	$\{ef, ad, bf, cf, bc, ae, ab, be, de\}$	$\varnothing$	ef	
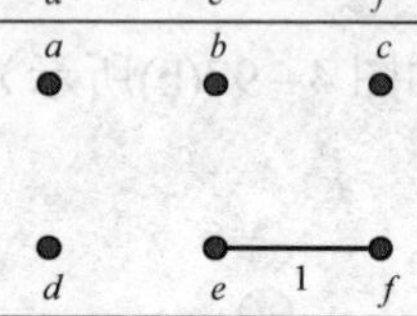	$\{ad, bf, cf, bc, ae, ab, be, de\}$	$\{ef\}$	ad	
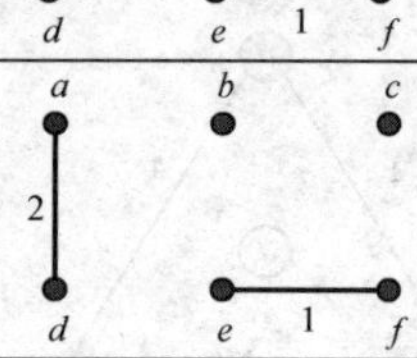	$\{bf, cf, bc, ae, ab, be, de\}$	$\{ef, ad\}$	bf	
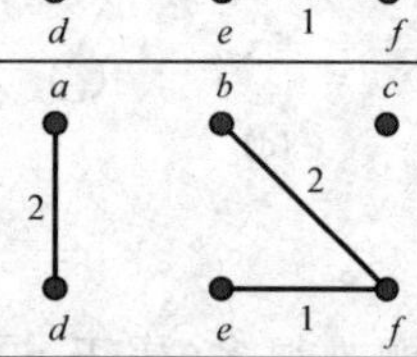	$\{cf, bc, ae, ab, be, de\}$	$\{ef, ad, bf\}$	cf	
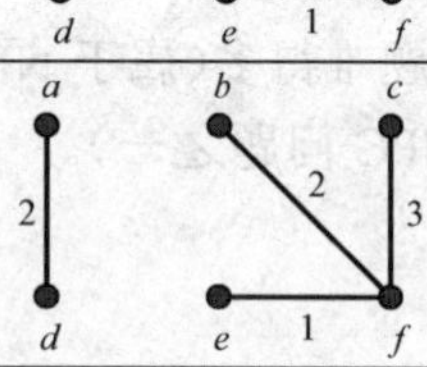	$\{bc, ae, ab, be, de\}$	$\{ef, ad, bf, cf\}$	bc	bc 与 bf, cf 构成回路
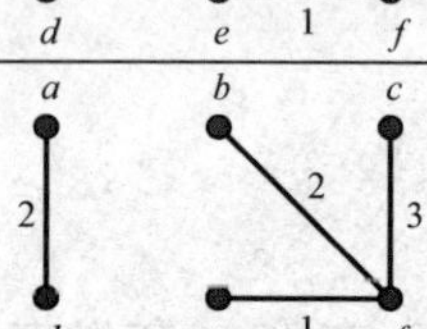	$\{ae, ab, be, de\}$	$\{ef, ad, bf, cf\}$	ae	
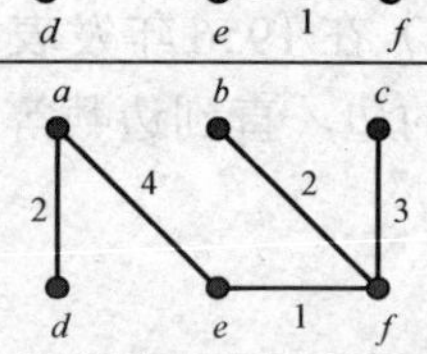	$\{ab, be, de\}$	$\{ef, ad, bf, cf, ae\}$		

课前自测题

习题 4.134　用克鲁斯卡尔算法求图 4－98 所示赋权图的最小支撑树。

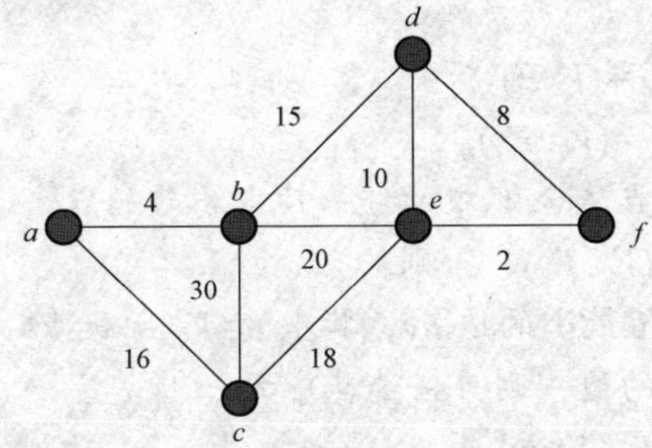

图 4－98　习题 4.134 用图

课堂练习题

习题 4.135　用克鲁斯卡尔算法求图 4－99 所示赋权图的最小支撑树。

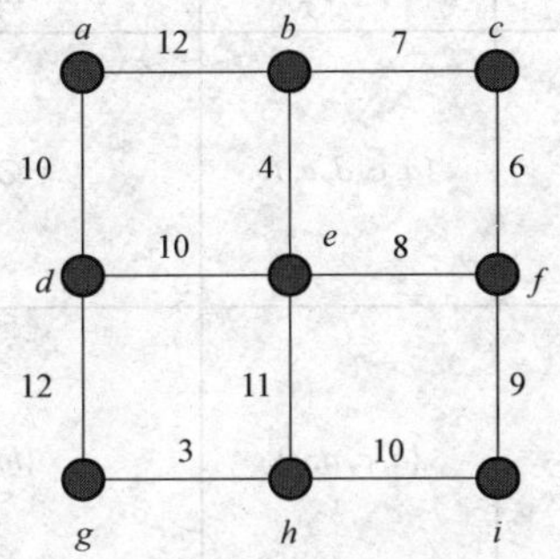

图 4－99　习题 4.135 用图

讨论题

习题 4.136　如何修改克鲁斯卡尔算法，可以求出赋权图中的最大支撑树？

习题 4.137　如何修改克鲁斯卡尔算法，可以求出赋权图中包含指定边的最大支撑树？

习题 4.138　不修改克鲁斯卡尔算法，是否可以求出不连通赋权图中的最大支撑森林？如果需要修改，应该如何修改？

4.21　普里姆算法

知识点

普里姆算法于 1930 年由捷克数学家亚尔尼克（Vojtěch Jarník，1897—1970）发现；1957 年由美国计算机科学家普里姆（Robert Clay Prim，1921—　）独立发现；1959 年，迪杰斯特拉（Edsger Wybe Dijkstra，1930—2002）再次发现了该算法。因此，普里姆算法又被称为 DJP 算法。

算法的思想是：维护两个集合 V_T 和 E_T，E_T 中为所有已经确定属于最小支撑树的边，V_T 保存 E_T 中所有边的端点，每一步都将距离 V_T “最近”但是不属于 V_T 的顶点移入 V_T。

算法的具体步骤如下。

普里姆算法 Prim (G)

输入：赋权简单连通图 $G=(V, E)$

输出：G 的最小支撑树 $T=(V_T, E_T)$

1. $V_T \leftarrow \{v\}$，其中 v 为顶点集合 V 中的任一顶点（起始点），$E_T \leftarrow \varnothing$；

2. 若 $V_T=V$，则输出 $T=(V_T, E_T)$，否则：

2.1 在集合 E 中选取权值最小的边 uv，其中 $u \in V_T$ 且 $v \in V-V_T$；

（如果存在多条满足条件的边，则可任选其中之一）

2.2 $V_T \leftarrow V_T \cup \{v\}$，$E_T \leftarrow E_T \cup \{uv\}$；

2.3 返回步骤 2。

例 4.45 用普里姆算法求图 4-92 中赋权图的最小支撑树的过程见表 4-2。

表 4-2 普里姆算法示例

图	V_T	$V-V_T$	E_T	可选择的边	选择的边
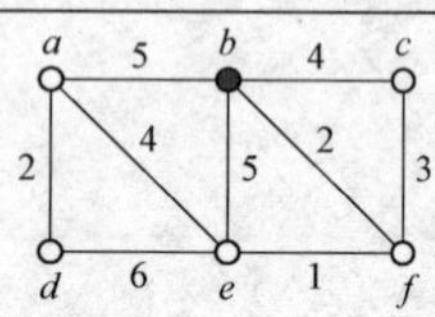	$\{b\}$	$\{a, c, d, e, f\}$	$\varnothing$	$w(ab)=5$ $w(be)=5$ $w(bf)=2$ $w(bc)=4$	bf
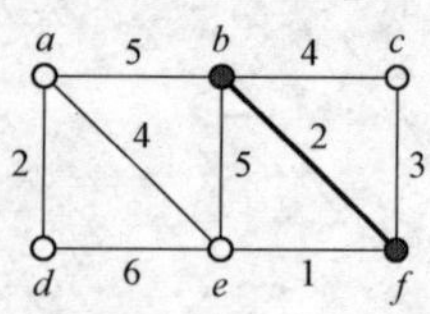	$\{b, f\}$	$\{a, c, d, e\}$	$\{bf\}$	$w(ab)=5$ $w(be)=5$ $w(bc)=4$ $w(cf)=3$ $w(ef)=1$	ef
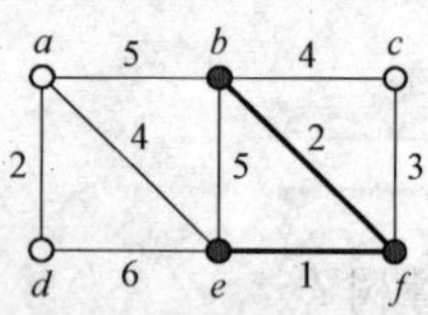	$\{b, e, f\}$	$\{a, c, d\}$	$\{bf, ef\}$	$w(ab)=5$ $w(ae)=4$ $w(de)=6$ $w(bc)=4$ $w(cf)=3$	cf
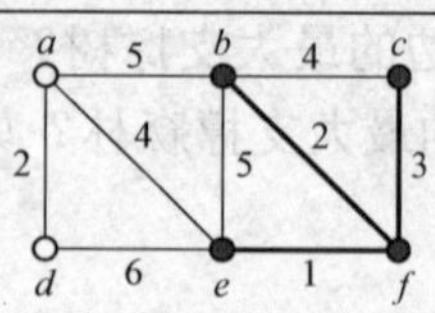	$\{b, c, e, f\}$	$\{a, d\}$	$\{bf, ef, cf\}$	$w(ab)=5$ $w(ae)=4$ $w(de)=6$	ae
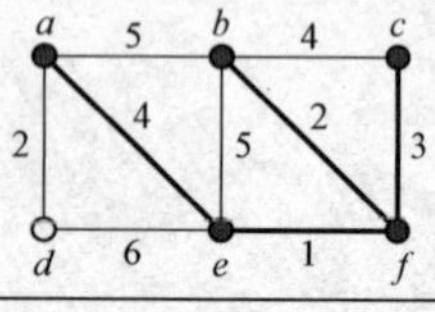	$\{a, b, c, e, f\}$	$\{d\}$	$\{bf, ef, cf, ae\}$	$w(ad)=2$ $w(de)=6$	ad
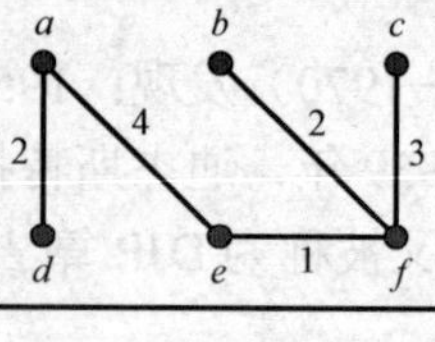	$\{a, b, c, d, e, f\}$	$\varnothing$	$\{bf, ef, cf, ae, ad\}$		

课前自测题

习题 4.139　用普里姆算法求图 4－100 所示赋权图的最小支撑树（从顶点 a 开始）。

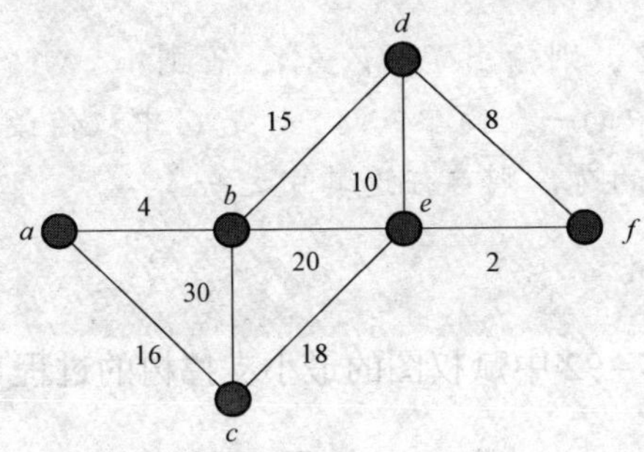

图 4－100　习题 4.139 用图

课堂练习题

习题 4.140　用普里姆算法求图 4－101 所示赋权图的最小支撑树（从顶点 a 开始）。

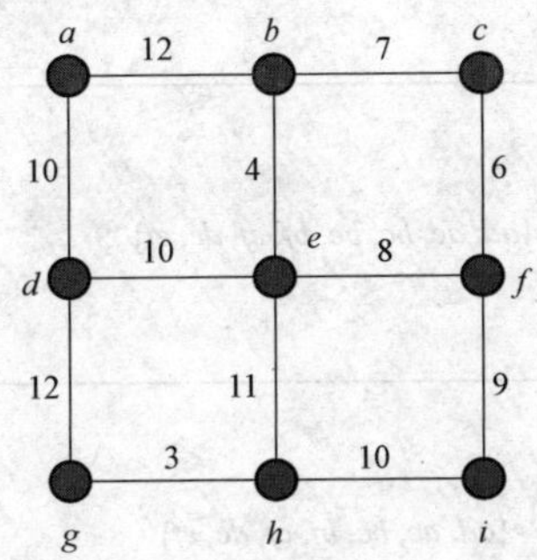

图 4－101　习题 4.140 用图

讨论题

习题 4.141　如何修改普里姆算法可以求出赋权图中的最大支撑树？

习题 4.142　如何修改普里姆算法可以求出赋权图中包含指定边的最大支撑树？

习题 4.143　若不修改普里姆算法，是否可以求出不连通赋权图中的最小支撑森林？如果需要修改，应该如何修改？

4.22　破圈法

知识点

破圈法的思想是：每一步都删除权值最大而且不必要的边（出现在回路中的边删除后不破坏连通性），直到边数等于顶点数减 1 为止。该算法的具体步骤如下。

破圈法 Reverse－delete (G)

输入：赋权简单连通图 $G=(V, E)$

输出：G 的最小支撑树 $T=(V, E_T)$

1. $E_T \leftarrow E$；

2. 若图(V, E_T)不存在回路，则输出 $T=(V, E_T)$，否则：

2.1 假设 C 是图(V, E_T)中的一条简单回路，e 是 C 中权值最大的边；
（如果存在多条满足条件的边，则可任选其中之一）

2.2 $E_T \leftarrow E_T - \{e\}$；

2.3 返回步骤 2。

例 4.46 用破圈法求图 4－92 中赋权图的最小支撑树的过程见表 4－3。

表 4－3 破圈法示例

图	E_T	回路 C	选择的边
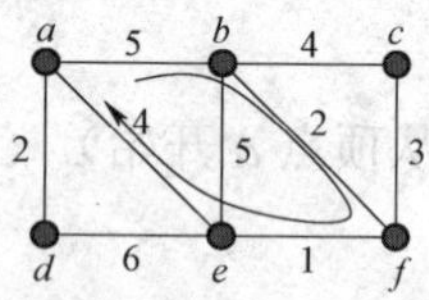	$\{ab, ad, ae, bc, be, bf, cf, de, ef\}$	ab, bf, ef, ae	ab
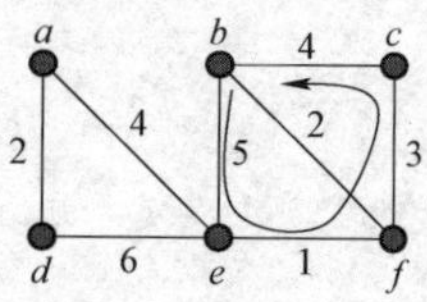	$\{ad, ae, bc, be, bf, cf, de, ef\}$	bc, be, ef, cf	be
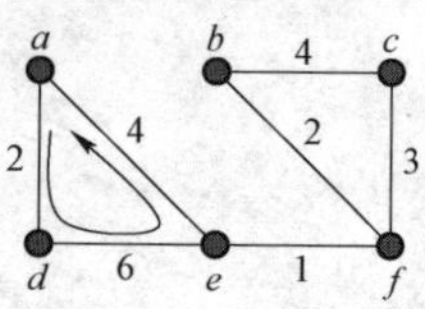	$\{ad, ae, bc, bf, cf, de, ef\}$	ad, de, ae	de
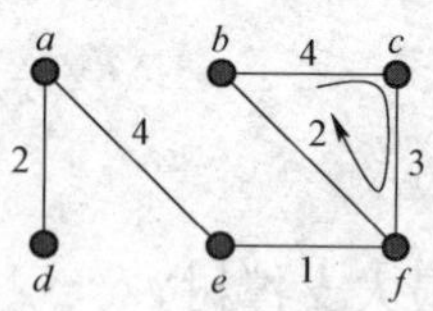	$\{ad, ae, bc, bf, cf, ef\}$	bf, cf, bc	bc
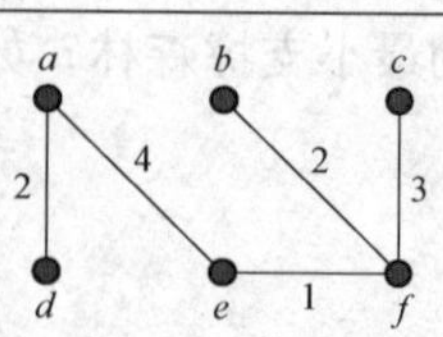	$\{ad, ae, bf, cf, ef\}$		

此外，可以证明，破圈法与如下算法是等价的。

破圈法Ⅱ Reverse－delete－Ⅱ (G)

输入：赋权简单连通图 $G=(V, E)$

输出：G 的最小支撑树 $T=(V, E_T)$

1. 将图 G 的边按权值的不增顺序排成一个序列 $e_1, e_2, \cdots, e_m$，$E' \leftarrow E$，$E_T \leftarrow E$；

2. 若 $|E_T|=|V|-1$，则输出 $T=(V, E_T)$，否则：

2.1 假设 e 是 E' 中权值最大的边，$E' \leftarrow E'-\{e\}$；

（如果存在多条满足条件的边，则可任选其中之一）

2.2 如果 e 不是 (V, E_T) 中的桥，则 $E_T \leftarrow E_T-\{e\}$；

2.3 返回步骤 2。

它的流程和克鲁斯卡尔算法很类似。

课前自测题

习题 4.144 用破圈法求图 4－102 所示赋权图的最小支撑树。

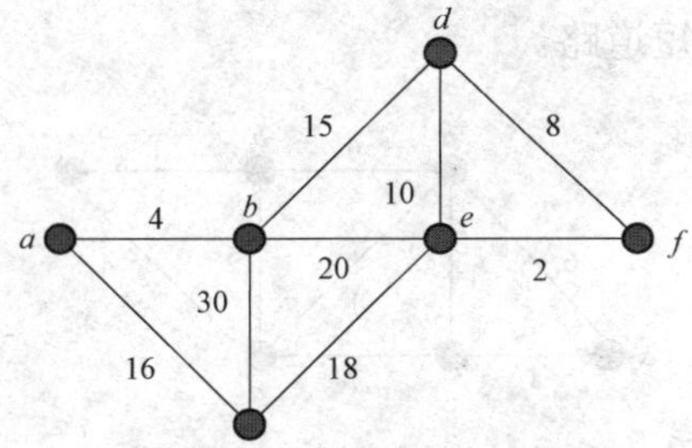

图 4－102 习题 4.144 用图

课堂练习题

习题 4.145 用破圈法求图 4－103 所示赋权图的最小支撑树。

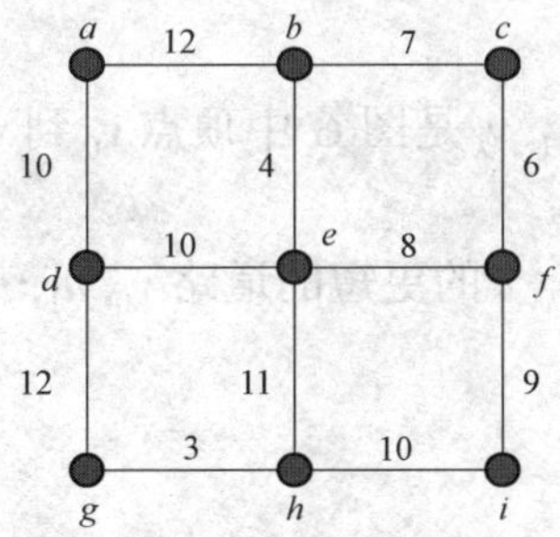

图 4－103 习题 4.145 用图

讨论题

习题 4.146 如何修改破圈法可以求出赋权图中的最大支撑树？

习题 4.147 如何修改破圈法可以求出赋权图中包含指定边的最大支撑树？

习题 4.148 若不修改破圈法，是否可以求出不连通赋权图中的最小支撑森林？如果需要修改，应该如何修改？

4.23 最短道路

知识点

在本节中，假定赋权图中各边的权值都是正实数。

定义 4.46 假设(G, W)为赋权图，则图中一条道路的**长度（length）**是指该道路中各条边权重之和。

在实际应用中，经常要求计算给定的两个顶点之间长度最短的道路。

例 4.47 若干村庄之间有道路相连（如图 4－104 所示），道路旁边的数字表明了本段路程所需时间，希望知道从村庄 s 到其他村庄的最短时间及路线。实际上，此问题就转化为计算顶点 s 到其他各个顶点的最短道路。

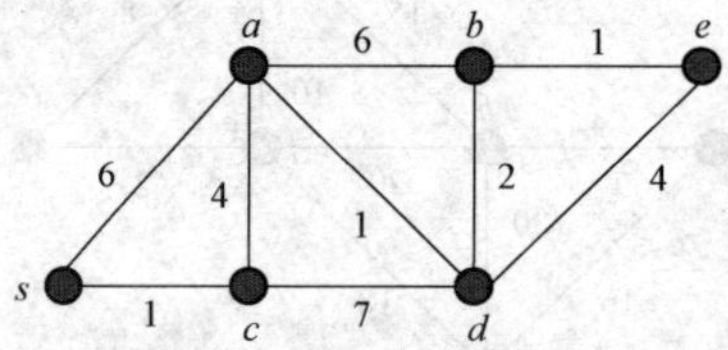

图 4－104 例 4.47 用图

显然最短道路一定不包含回路，因此最短道路一定是初级道路。而且由定义可知，在考虑图的最短道路时，不必考虑重边（因为至多选择其中权值最小的一条边）和自环，因此之后的讨论中都假定图是简单图。

也可以这样理解最短道路问题：时刻 0 时洪水从图中顶点 s 开始沿边蔓延，边的权表示洪峰通过这段河路的时间，问题为求洪水到达各个顶点的时刻。

最短道路具有如下性质。

定理 4.22 设 π: $v_0, v_1,\cdots, v_{k-1}, v_k$ 是图 G 中顶点 v_0 到 v_k 的最短道路，则 $v_0, v_1,\cdots, v_{k-1}$ 是 v_0 到 v_{k-1} 的最短道路。

证明：若存在另一条从 v_0 到 v_{k-1} 的更短的道路 $v_0, u_1,\cdots, v_{k-1}$，则 π': $v_0, u_1,\cdots, v_{k-1}, v_k$ 是 v_0 到 v_k 的更短的道路，产生矛盾。 □

课前自测题

习题 4.149 求图 4－105 所示赋权图中从顶点 s 到其他各个顶点的最短道路。

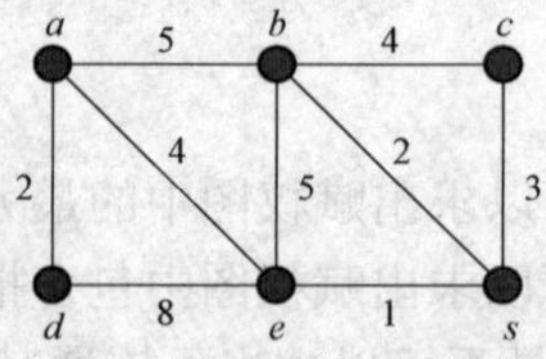

图 4－105 习题 4.149 用图

讨论题

习题 4.150　假设(G, W)为赋权图，那么 G 中从顶点 a 到顶点 b 的最短道路是否一定是唯一的？

4.24　迪杰斯特拉算法

知识点

基于定理 4.22，迪杰斯特拉（Edsger Wybe Dijkstra，1930—2002）于 1959 年给出了求唯一源点到其他各顶点的最短道路（之一）的算法，下面先介绍该算法的思想。

记 $d(v)$表示从图 G 中给定顶点 s 到 v 的最短路径的长度。对于任一顶点 u（$u \neq s$）而言，假设与 u 相邻的顶点为 $v_1, v_2, \cdots, v_k$，则必然有 $d(u) = \min\limits_{1 \leqslant i \leqslant k} \{d(v_i) + w(uv_i)\}$。所以每次 $d(v_i)$（估计）值的变化都可能会影响到 $d(u)$的（估计）值。

采用“洪水”模型解释的话，就是：从时刻 0 开始，伴随着时间向前推移，总可以找到一个新的顶点 v，洪水到达它的时间不长于到达其他顶点的时间；洪水到达 v 后，不断更新与 v 相邻的顶点 u 的洪水最晚到达时间。

例 4.48　在图 4－104 中：(1) 时刻 0 时，洪水从 s 开始，此时顶点 a 的洪水最晚到达时刻更新为 $0+6=6$，而顶点 c 的更新为 $0+1=1$，b, d, e 与 s 不相邻，因此它们的洪水最晚到达时刻不更新，仍为∞（如图 4－106(a)所示）；

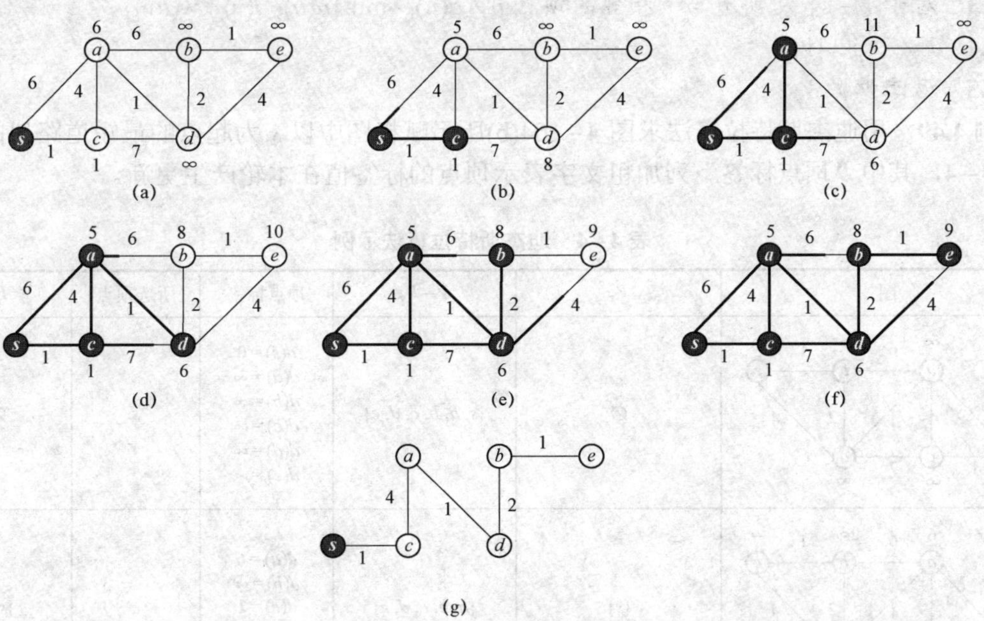

图 4－106　例 4.48 用图

(2) 时刻 1 时（之前局势不发生变化），洪水由 s 到达 c，此时顶点 a 的洪水最晚到达时

刻更新为 $\min\{6, 1+4\}=5$，顶点 d 的更新为 $1+7=8$（如图 4－106(b)所示）；

(3) 时刻 5 时，洪水由 c 到达 a，此时已不必再考查顶点 c，即使它与 a 相邻，顶点 b 的洪水最晚到达时刻更新为 $5+6=11$，顶点 d 的更新为 $\min\{8, 5+1\}=6$（如图 4－106(c)所示）；

(4) 时刻 6 时，洪水由 a 到达 d，顶点 b 的洪水最晚到达时刻更新为 $\min\{11, 6+2\}=8$，顶点 e 的更新为 $6+4=10$（如图 4－106(d)所示）；

(5) 时刻 8 时，洪水由 d 到达 b，顶点 e 的更新为 $\min\{10, 8+1\}=9$（如图 4－106(e)所示）；

(6) 时刻 9 时，洪水由 b 到达 e（图 4－106(f)），至此问题得到解决（如图 4－106(g)所示）。

具体来说，迪杰斯特拉算法维护两个集合 V_T 和 E_T，V_T 为所有已确定 $d(v)$ 值的顶点的集合，每一步都将距离 V_T “最近”（注意这里的“最近”与普里姆算法不同）但是不属于 V_T 的顶点移入 V_T 中，并更新与该点相邻的顶点的标签值，将该点距 V_T “最近”的边加入 E_T 中。

算法的具体步骤如下。

迪杰斯特拉算法 Dijkstra (G)

输入：赋权简单连通图 $G=(V, E)$，起点 s

输出：G 的最短道路树 $T=(V_T, E_T)$

1. $V_T \leftarrow \varnothing$，$E_T \leftarrow \varnothing$，$d(s) \leftarrow 0$；

2. 对于所有 $v \in V-\{s\}$，$d(v) \leftarrow \infty$；

3. 若 $V_T=V$，则输出 $T=(V_T, E_T)$，否则：

3.1 在集合 $V-V_T$ 中选取 $d(v)$ 值最小的顶点 v；

（如果存在有多个满足条件的顶点，则可任选其中之一）

3.2 若 $u \in V_T$ 满足 v 与 u 相邻且 $w(uv)=d(v)-d(u)$，则 $E_T \leftarrow E_T \cup \{uv\}$；

（如果存在多个满足条件的顶点 u，则任选其中之一）

3.3 对于 $V-V_T$ 中所有与 v 相邻的顶点 u，$d(u) \leftarrow \min\{d(u), d(v)+w(uv)\}$；

3.4 $V_T \leftarrow V_T \cup \{v\}$；

3.5 返回步骤 3。

例 4.49 用迪杰斯特拉算法求图 4－104(b)所示赋权图中以 s 为起点的最短道路树的过程见表 4－4，其中“顶点标签”列加粗文字表示顶点的标签值在本轮产生更新。

表 4－4 迪杰斯特拉算法示例

图	V_T	$V-V_T$	顶点标签	所选顶点	E_T
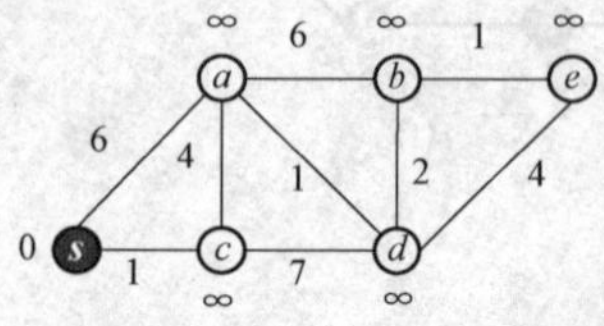	$\varnothing$	$\{s, a, b, c, d, e\}$	$d(s)=0$ $d(a)=\infty$ $d(b)=\infty$ $d(c)=\infty$ $d(d)=\infty$ $d(e)=\infty$	s	$\varnothing$
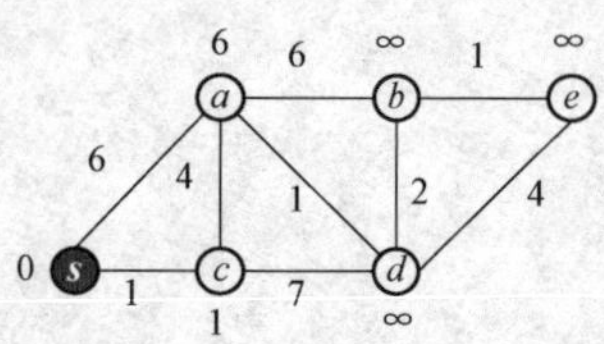	$\{s\}$	$\{a, b, c, d, e\}$	$\mathbf{d(a)=6}$ $d(b)=\infty$ $\mathbf{d(c)=1}$ $d(d)=\infty$ $d(e)=\infty$	c	$\{sc\}$

续表

图	V_T	$V-V_T$	顶点标签	所选顶点	E_T
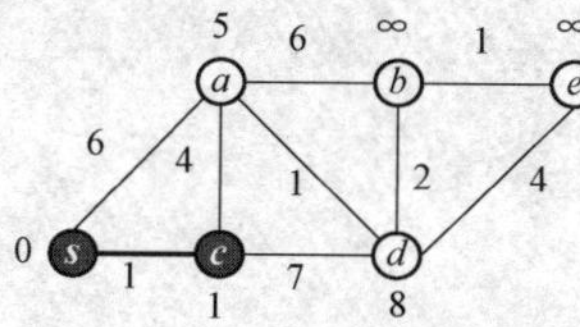	$\{s, c\}$	$\{a, b, d, e\}$	$\mathbf{d(a)=5}$ $d(b)=\infty$ $\mathbf{d(d)=8}$ $d(e)=\infty$	a	$\{sc, ac\}$
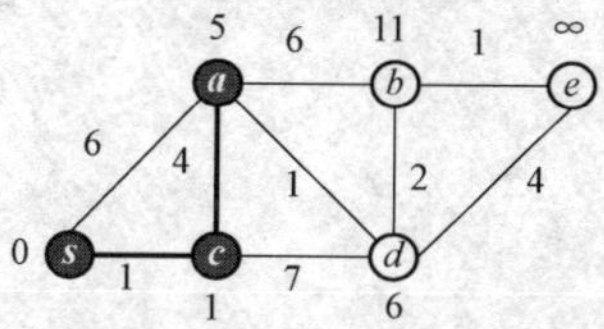	$\{s, a, c\}$	$\{b, d, e\}$	$\mathbf{d(b)=11}$ $\mathbf{d(d)=6}$ $d(e)=\infty$	d	$\{sa, ac, cd\}$
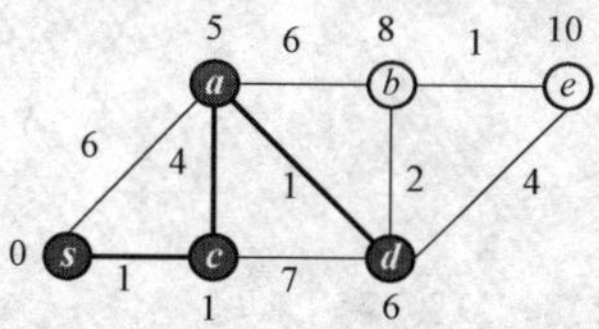	$\{s, a, c, d\}$	$\{b, e\}$	$\mathbf{d(b)=8}$ $\mathbf{d(e)=10}$	d	$\{sa, sc, bc, bd\}$
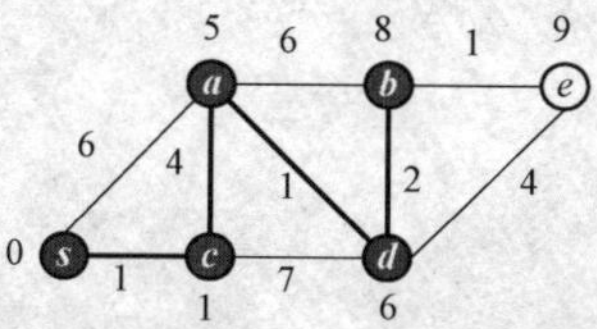	$\{s, a, b, c, d\}$	$\{e\}$	$\mathbf{d(e)=9}$	e	$\{sa, sc, bc, bd, be\}$
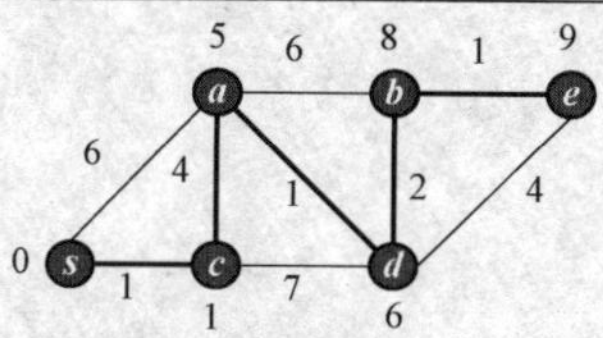	$\{s, a, b, c, d, e\}$	$\varnothing$			

由迪杰斯特拉算法可以得到下面的结果（证明略）。

定理 4.23　假设图 G 是一个赋权图，v 是 G 的一个顶点，则存在 G 的一棵支撑树 T，使得在 T 中 v 到任意顶点 u 的道路，就是 G 中 v 到 u 的最短道路（之一），称 T 为 G 的**最短道路树**。

最后给出迪杰斯特拉算法的几点注意：

(a) 该算法只适合于边权值都是正数的情况；

(b) 该算法解决的是已知起始点求最短路径的问题，而已知终点求最短路径的问题与之完全相同；

(c) 该算法也适用于有向图的情况，所得结果构成一棵有根树（参见定义 4.48）；

(d) 迪杰斯特拉算法与普里姆算法非常相近，只需要把该算法的步骤 3.2 和步骤 3.3 改为：

3.2　若 $u \in V_T$ 满足 v 与 u 相邻且 $w(uv)=d(u)$，则 $E_T \leftarrow E_T \bigcup \{uv\}$；

3.3　对于 $V-V_T$ 中所有与 v 相邻的顶点 u，$d(u) \leftarrow \min\{d(u), w(uv)\}$；

即是求最小支撑树的普里姆算法。事实上，迪杰斯特拉本人也曾经独立发现普里姆算法。

课前自测题

习题 4.151 求图 4-107 中以 a 为起点的最短道路树。

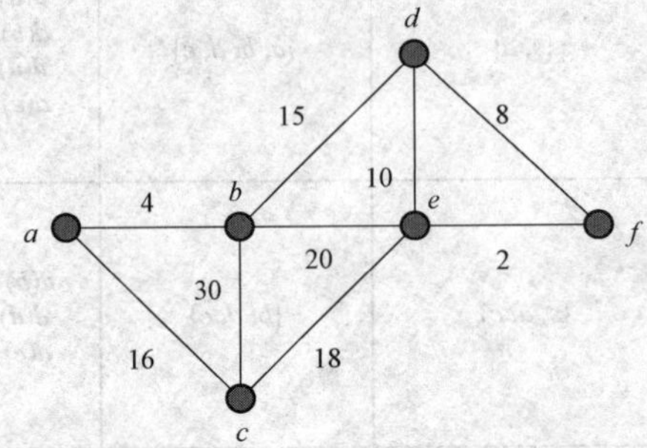

图 4-107 习题 4.151 用图

课堂练习题

习题 4.152 求图 4-108 中以 a 为起点的最短道路树。

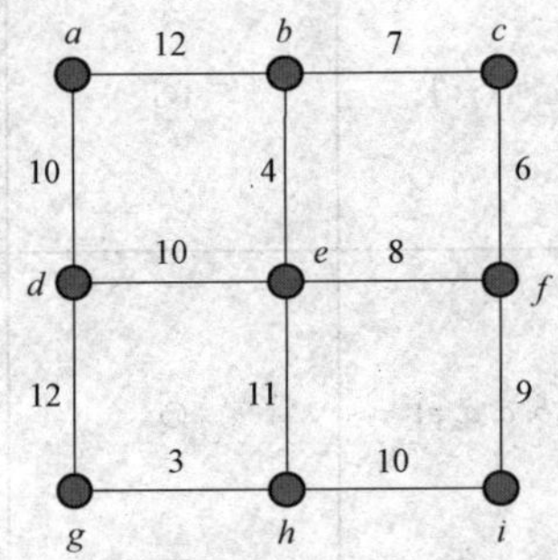

图 4-108 习题 4.152 用图

讨论题

习题 4.153 如果赋权图中每条边都增加相同的值，那么该图的最短道路树是否会发生改变？

习题 4.154 给出一个例子说明如果图中存在负数权值的边，则迪杰斯特拉算法将可能给出不正确的结果。

习题 4.155 某工厂使用一台设备，每年年初都要决定是继续使用还是购买新的（购买新设备时将旧设备按残值卖出）。预计该设备第 1 年的价格为 11 万元，以后每年涨 1 万元。设备使用的第 1 年，第 2 年，第 3 年，第 4 年，第 5 年的维修费分别为 5 万元，6 万元，8 万元，11 万元，18 万元。设备使用 1 年后的残值为 4 万元，之后每使用 1 年残值减少 1 万元。试制定购买维修该设备的 5 年计划，使总支出最小。

习题 4.156 一个本子添加 5 元可以换取唱片一张，一张唱片添加 15 元可以换取口琴一个，一个口琴添加 20 元可以换取画框一个，一个本子添加 2 元可以换取海报一张，一张海报添加 35 元可以换取钢笔一支，一支钢笔添加 10 元可以换取画框一个，一张唱片添加 20 元可以换取钢笔一支，一张海报添加 30 元可以换取口琴一个。如果你有一个本子，希望以最少的钱换取一个画框，你会如何做？

4.25　有根树的定义和基本概念

知识点

定义 4.47　如果一个有向图在不考虑边的方向时是一棵树，那么该有向图称为**有向树**（**directed tree**）。

定义 4.48　假设 T 是一棵有向树，若 T 恰有一个入度为 0 的顶点 v，其余顶点的入度皆为 1，则称 T 为**有根树**（**rooted tree**），v 称作 T 的**根**（**root**）。有根树中出度为 0 的顶点称为**叶子**，出度大于 0 的顶点称为**分支点**。

例 4.50　图 4－109 (a)、(b)、(c)均为有向树。其中，图 4－109(a)是有根树，a 为根，e, g, h, i 为叶子，a, b, c, d, f 为分支点；而图 4－109(b)、(c)都不是有根树。

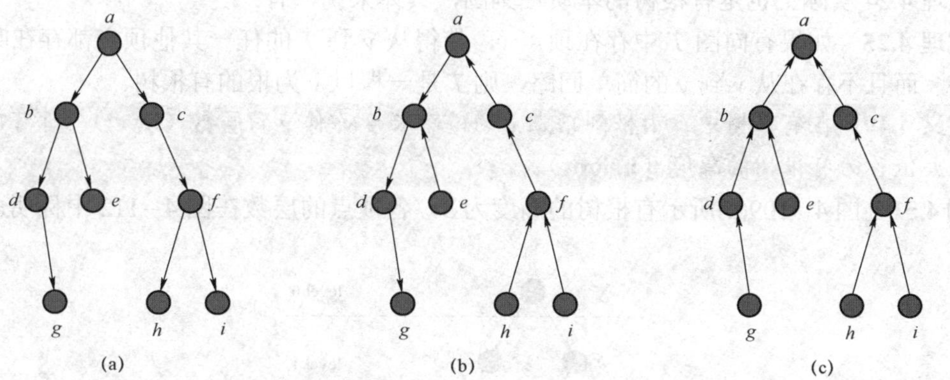

图 4－109　例 4.50 用图

有根树在实际问题中有着重要的应用。例如一个单位的组织结构图就可以用有根树表示（如图 4－110 所示），以顶点表示各级职务，边表示直属领导关系。

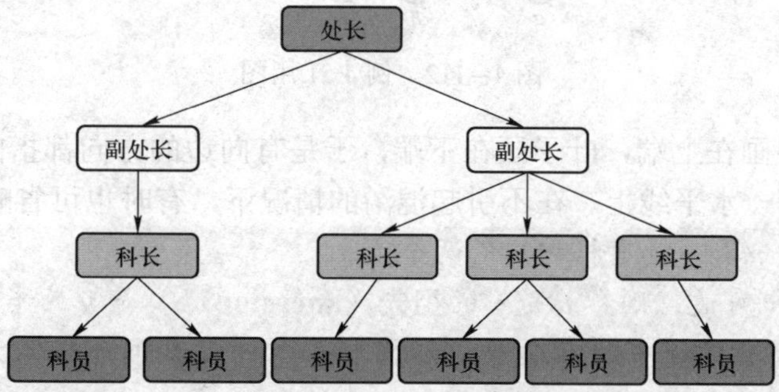

图 4－110　组织结构图

再如，瑞士著名的伯努利家族也可表示为一棵有根树（如图 4－111 所示）。这个家族中产生了很多艺术家和科学家，特别是18世纪一些著名数学家：约翰·伯努利、雅各布·伯努利、丹尼尔·伯努利、尼古拉一世·伯努利、尼古拉二世·伯努利。

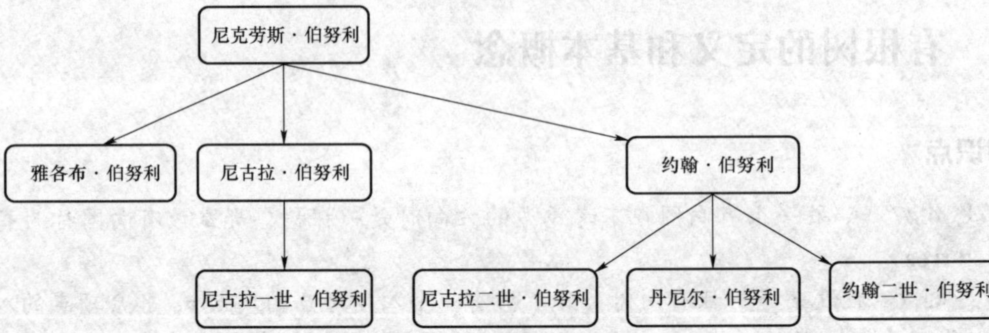

图4－111　伯努利家族树

有根树具有如下性质。

定理4.24　在有根树T中，从根到任一其他顶点都存在唯一的简单道路。

定理4.24实际上也是有根树的本质性刻画，具体来说，有：

定理4.25　如果有向图T中存在顶点v，使得从v到T的任一其他顶点都存在唯一的简单道路，而且不存在从v到v的简单回路，则T是一棵以v为根的有根树。

定义4.49　在有根树中，由根到顶点v的道路长度称作v的**层数**（**level**）。所有顶点的层数的最大值称为有根树的**高度**（**height**）。

例4.51　图4－109(a)所示有根树的高度为3，各顶点的层数在图4－112中标明。

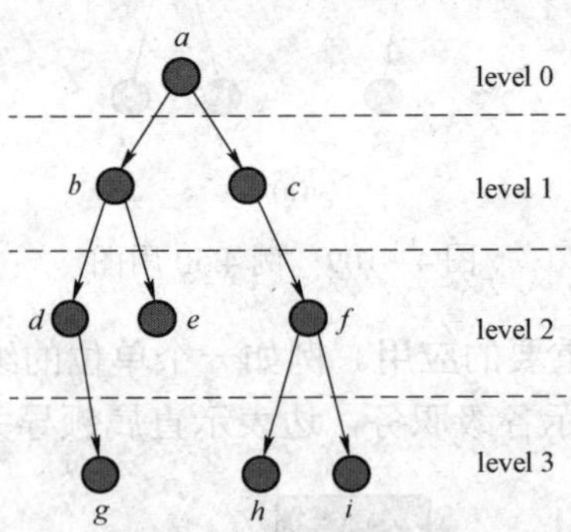

图4－112　例4.51用图

习惯上，将树根画在上端，叶子画在下端，于是有向边的方向都指向下方或斜下方，同一层的顶点都画在同一水平线上。在不引起混淆的情况下，有时也可省略全部箭头。

定义4.50　假设u和v是有根树中的两个顶点：

(a) 如果从u到v可达，则称u是v的**祖先**（**ancestor**），v是u的**子孙**（**descendant**）；

(b) 如果(u, v)是有根树中的有向边，则称u是v的**父亲顶点**或**双亲顶点**，v是u的**孩子顶点**；

(c) 如果u和v的父亲顶点相同，则称u和v是**兄弟顶点**。

例 4.52 在图 4－113 中，c 是 h 的祖先，g 是 a 的子孙，b 是 e 的父亲顶点，i 是 f 的孩子顶点，h 和 i 是兄弟顶点，d 和 e 也是兄弟顶点，但是 e 和 f 不是兄弟顶点。

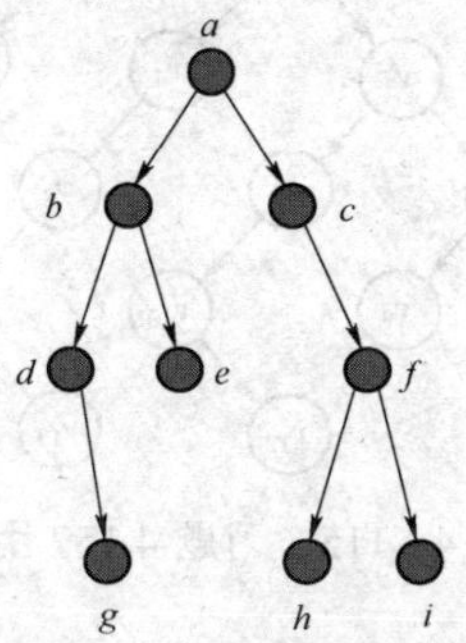

图 4－113 例 4.52 用图

定义 4.51 *假设 v 是有根树 T 中一个顶点，v 及其所有子孙所导出的子图 T' 称为 T 的*以 v 为根的子树（**subtree**）。

例 4.53 图 4－114(b)和 4－114(c)都是图 4－114(a)的子树。

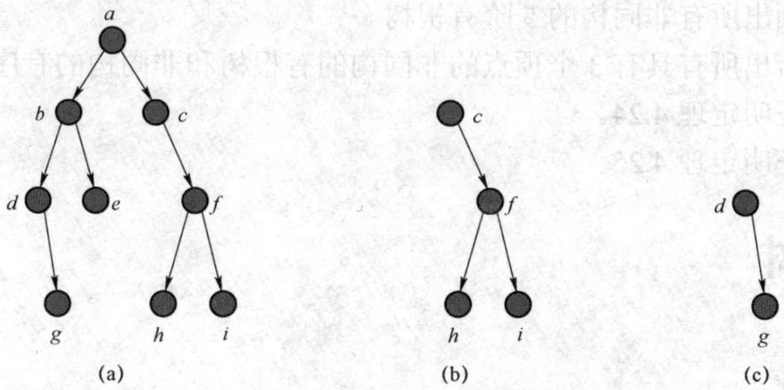

图 4－114 例 4.53 用图

一般来说，有根树中各顶点出现的次序不重要，但是在实际应用中，常要考虑同一层中各顶点的次序，例如在真正的家族关系中，兄弟之间是有年龄大小次序的，于是引入了有序树的概念。

定义 4.52 *如果在有根树 T 中规定了各个分支点的孩子顶点之间的次序，则称 T 为*有序树（**ordered tree**）。

一般来讲，有序树中同一层各顶点的次序为从左至右，即一个分支点最左边的孩子顶点为第一个孩子，紧邻它右边的是第二个孩子，以此类推，最右边的孩子顶点为最后一个孩子。

≫ 课前自测题

习题 4.157 考虑图 4－115 所表示的有根树。

(a) 列出所有第 3 层的顶点。

(b) 列出所有的叶子顶点。

(c) 列出 v_3 的兄弟顶点。

(d) 列出 v_3 的所有子孙顶点。

(e) 计算树的高度。

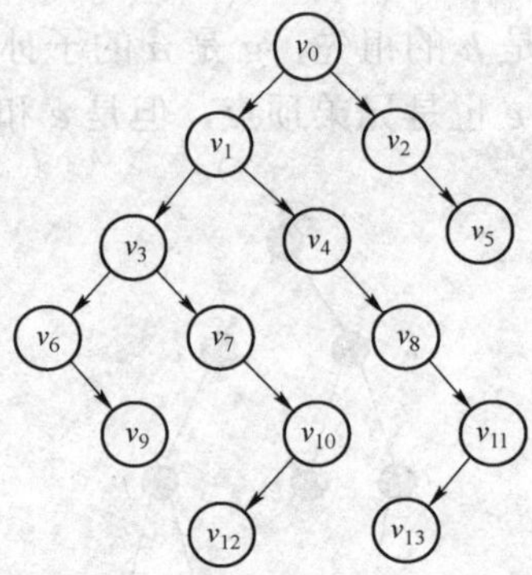

图 4－115　习题 4.157 用图

习题 4.158　所有非同构的 2 阶有根树共有________棵。

习题 4.159　所有非同构的 3 阶有根树共有________棵。

习题 4.160　所有非同构的 4 阶有根树共有________棵。

课堂练习题

习题 4.161　画出所有非同构的 5 阶有根树。

习题 4.162　给出所有具有 3 个顶点的非同构的有根树和非同构的有序树。

习题 4.163　证明定理 4.24。

习题 4.164　证明定理 4.25。

4.26　*m* 叉树

知识点

定义 4.53　在有根树 T 中，若每个分支点的出度最多为 m，则称 T 为 $\boldsymbol{m}$ **元树**或 $\boldsymbol{m}$ **叉树**（***m*－ary tree**）；如果每个分支点的出度都等于 m，则称 T 为**完全** $\boldsymbol{m}$ **叉树**（**complete *m*－ary tree**）；进一步，若 T 的全部叶子顶点的层数都相同，则称 T 为**正则** $\boldsymbol{m}$ **叉树**（**regular *m*－ary tree**）。

例 4.54　图 4－116(a)是 3 叉树，图 4－116(b)是完全 3 叉树，图 4－116(c)是正则 3 叉树。

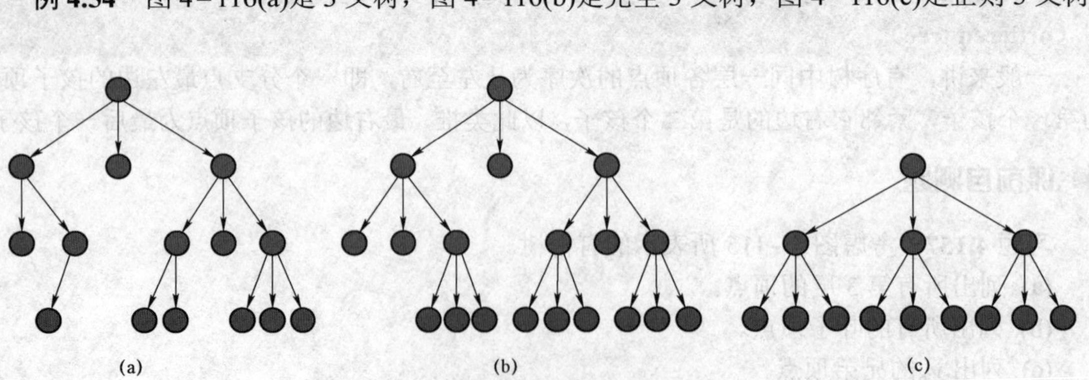

图 4－116　例 4.54 用图

定义 4.54　若 m 叉树 T 是有序的，则称 T 为 **m 叉有序树**。

定义 4.55　对于二叉有序树而言，一个分支点 v 的第一个孩子顶点也称作**左孩子**，第二个孩子顶点也称作**右孩子**，以 v 的左孩子为根的子树称作 v 的**左子树**，以 v 的右孩子为根的子树称作 v 的**右子树**。

定义 4.56　如果 m 叉有序树 T 的每个顶点的孩子顶点都被规定了位置，则称 T 是 **m 叉位置树**（**m-ary positional tree**）。

在二叉位置树中，一个分支点可能只有左孩子而没有右孩子，也可能只有右孩子而没有左孩子。

例 4.55　图 4-117(a)、(b)作为有根树是相同的，但作为二叉位置树是不同的。

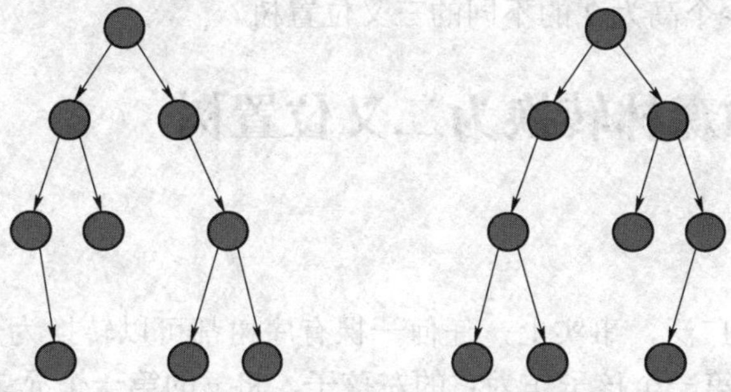

(a)　(b)

图 4-117　例 4.55 用图

定理 4.26　若 T 是完全 m 叉树，其叶子数为 t，分支点数为 i，则$(m-1)i=t-1$。

证明：由握手定理，所有顶点的出度之和等于入度之和。所有顶点的出度之和为 $m\times i$，除了根，每个顶点的入度为 1，因此所有顶点的入度之和为 $t+i-1$。整理即得结论。　□

例 4.56　假设有一台计算机，它有一条加法指令，可计算 3 个数的和。如果要计算 35 个数之和，则至少要执行多少次加法指令？

解：将问题表示为有根树，运算数视作它的叶子，执行指令后得到的结果视作它的分支点，则问题就是求总的分支点的数目。由定义 4.53 可得分支点数为$(35-1)/(3-1)=17$，即至少需要执行 17 次加法指令才能满足要求。

课前自测题

习题 4.165　令 T 是一棵完全 4 叉树且有 16 片叶子，则 T 一共有________个顶点。

习题 4.166　令 T 是一棵完全 4 叉树且有 17 个顶点，则 T 有________片叶子。

习题 4.167　教室只有一个电源接口，但要同时使用 34 盏台灯，那么至少需要使用________个 4 孔的接线板插座。

习题 4.168　如果共有 n 名选手参加一场比赛，赛制是淘汰制，每局不超过 m 个选手参加，决出一名晋级，请问要决出冠军，至少要安排________场比赛。

课堂练习题

习题 4.169 假设 T 是完全 m 叉树，其叶子数为 l，分支点数为 t，证明：T 的边数为 mt。

习题 4.170 假设 T 是完全二叉树，其叶子数为 l，证明：T 的边数为 $2(l-1)$。

习题 4.171 证明：一棵完全二叉树的顶点数为奇数。

讨论题

习题 4.172 假设 T 是完全 m 叉树，其叶子数为 l，高度为 h，证明：$m+(m-1)(h-1)\leqslant l\leqslant m^h$。

习题 4.173 证明：高度为 h 的 m（$m\geqslant 2$）叉树至多有 $(m^{h+1}-1)/(m-1)$ 个顶点。

习题 4.174 有多少个高为 2 的不同的二叉位置树？

习题 4.175 有多少个高为 2 的不同的三叉位置树？

4.27 有序树和森林转换为二叉位置树

知识点

二叉树的应用最为广泛，事实上，任何一棵有序树都可以转换为一棵二叉位置树，其方法是：将每个顶点 v 的第一个孩子作为它的左孩子，将 v 的第一个兄弟作为它的右孩子。

例 4.57 图 4－118(b)是图 4－118(a)的二叉位置树表示。

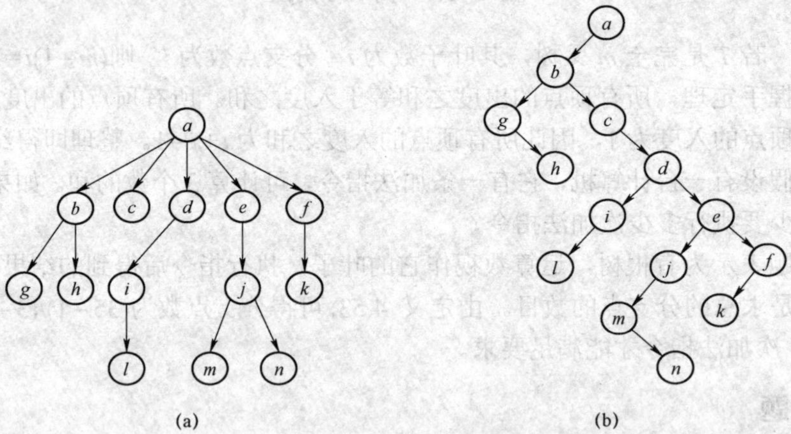

图 4－118 例 4.57 用图

有序树组成的森林也可以转换成二叉位置树，步骤是：

(1) 先将森林中的每一棵树都表示成二叉位置树；

(2) 除第一棵二叉位置树外，依次将剩下的每棵二叉位置树作为左边二叉位置树的根的右子树。

例 4.58 图 4－119(a)是森林，(b)、(c)、(d)分别是其三个连通分支的二叉位置树表示，(e)是该森林的二叉位置树表示。

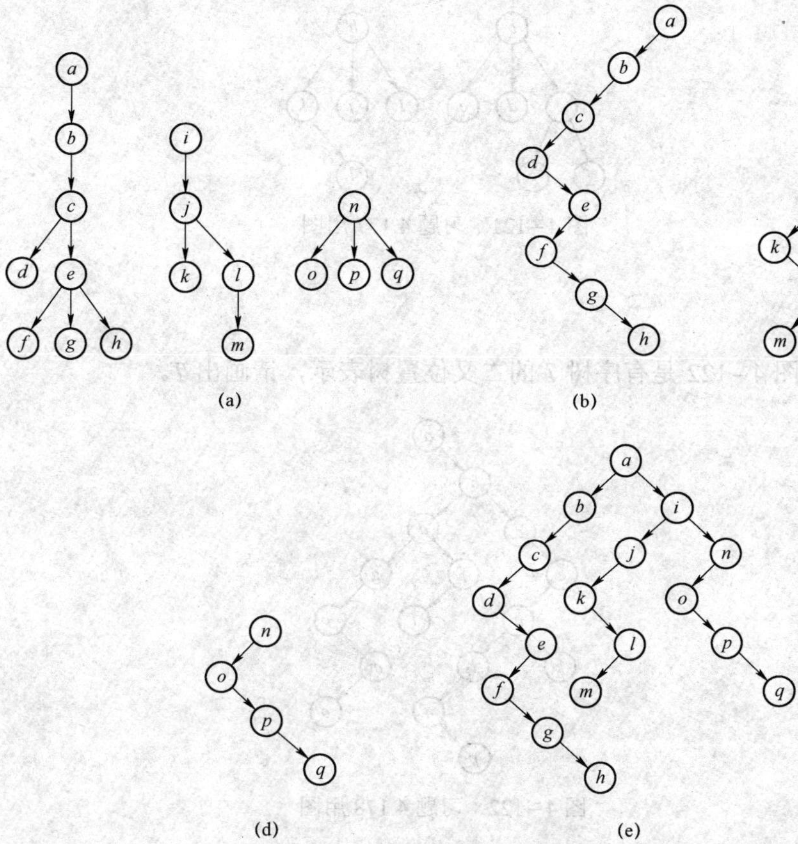

图 4－119　例 4.58 用图

课前自测题

习题 4.176　将图 4－120 所示的有序树表示为二叉位置树。

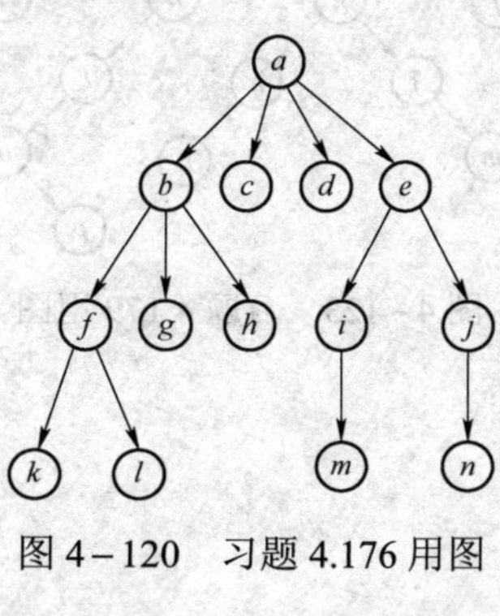

图 4－120　习题 4.176 用图

习题 4.177　将图 4－121 所示的森林表示为二叉位置树。

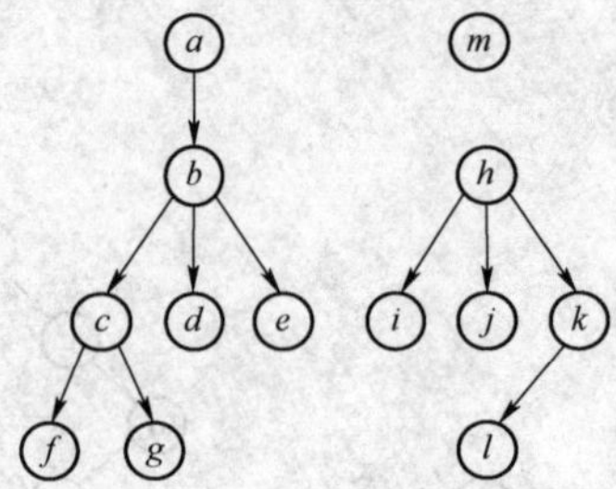

图 4－121　习题 4.177 用图

课堂练习题

习题 4.178　图 4－122 是有序树 T 的二叉位置树表示，请画出 T。

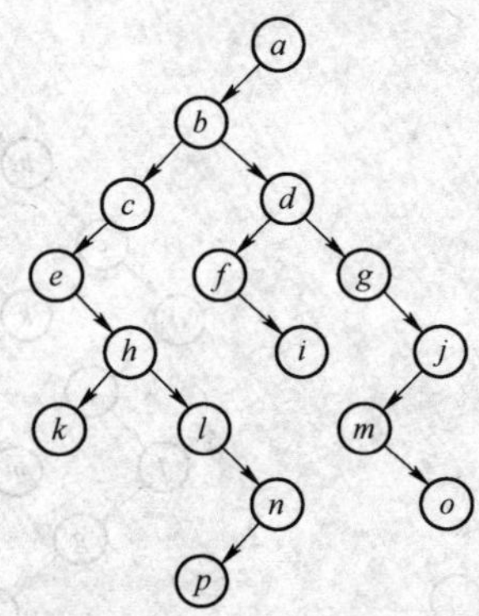

图 4－122　习题 4.178 用图

习题 4.179　图 4－123 是有序树组成的森林的二叉位置树表示，请画出该森林。

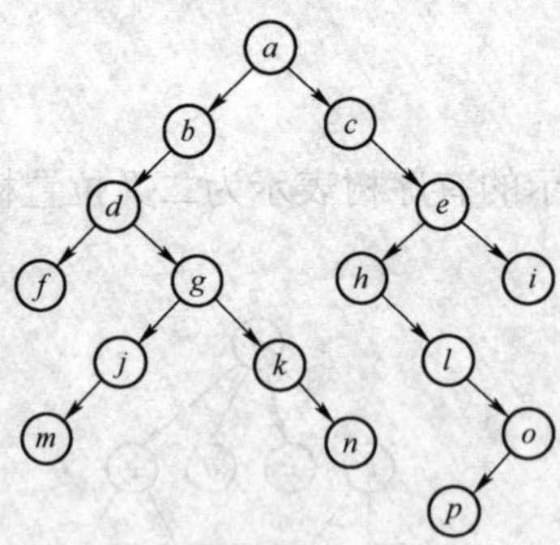

图 4－123　习题 4.179 用图

4.28　二叉树的遍历

知识点

定义 4.57　对一棵树的每个顶点系统地访问一次且仅一次的方式称作树的遍历

（traversal）或周游。

二叉树遍历主要有如下 3 种方式。

（1）**前序（preorder）遍历**：先访问根，然后前序遍历根的左子树，最后前序遍历根的右子树。

前序遍历算法 preorder (node)

输入：二叉树的根 node。

1. **visit** (node)
2. **If** node.left ≠ NULL **then preorder** (node.left)
3. **If** node.right ≠ NULL **then preorder** (node.right)

（2）**中序（inorder）遍历**：先中序遍历根的左子树，然后访问根，最后中序遍历根的右子树。

中序遍历算法 inorder (node)

输入：二叉树的根 node。

1. **If** node.left ≠ NULL **then inorder** (node.left)
2. **visit** (node)
3. **If** node.right ≠ NULL **then inorder** (node.right)

（3）**后序（postorder）遍历**：先后序遍历根的左子树，然后后序遍历根的右子树，最后访问根。

后序遍历算法 postorder (node)

输入：二叉树的根 node。

1. **If** node.left ≠ NULL **then postorder** (node.left)
2. **If** node.right ≠ NULL **then postorder** (node.right)
3. **visit** (node)

例 4.59 对于图 4－124 所示的二元树，

前序遍历的次序为：$a, b, d, g, e, c, f, h, i$；

中序遍历的次序为：$d, g, b, e, a, c, h, f, i$；

后序遍历的次序为：$g, d, e, b, h, i, f, c, a$。

在计算机科学中，二叉有序树被广泛地用于组织数据和描述算法，例如可以用对顶点标号的二叉有序树来表示运算表达式和求值。

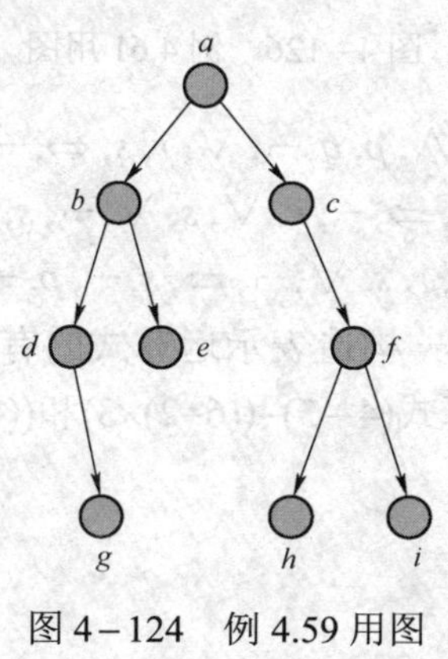

图 4－124 例 4.59 用图

例 4.60　算术表达式(4+5)−((6÷2)×3)可以用如图 4−125 所示的标号有序树 T 表示。

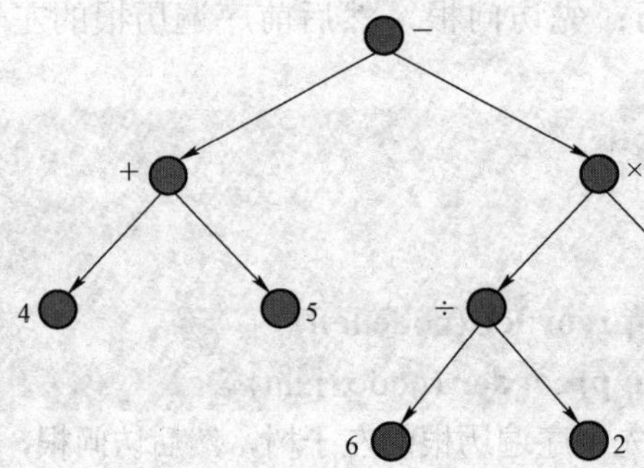

图 4−125　例 4.60 用图

其中分支点表示运算符，叶子表示运算数，层数的高低表示运算执行的先后顺序。

(1) 前序遍历 T 的结果为：−, +, 4, 5, ×, ÷, 6, 2, 3，因为运算符在运算数之前，故称此种表示法为**前缀表示（prefix notation）**。

(2) 后序遍历 T 的结果为：4, 5, +, 6, 2, ÷, 3, ×, −，因为运算符在运算数之后，故称此种表示法为**后缀表示（postfix notation）**。

(3) 中序遍历 T 的结果为：4, +, 5, −, 6, ÷, 2, ×, 3，因为运算符在运算数之间，故称此种表示法为**中缀表示（infix notation）**。

例 4.61　命题公式$((p\wedge q)\Rightarrow(\neg(r\vee s)))\vee((\neg s)\Leftrightarrow(\neg p))$可以表示为图 4−126 所示的标号二叉有序树。

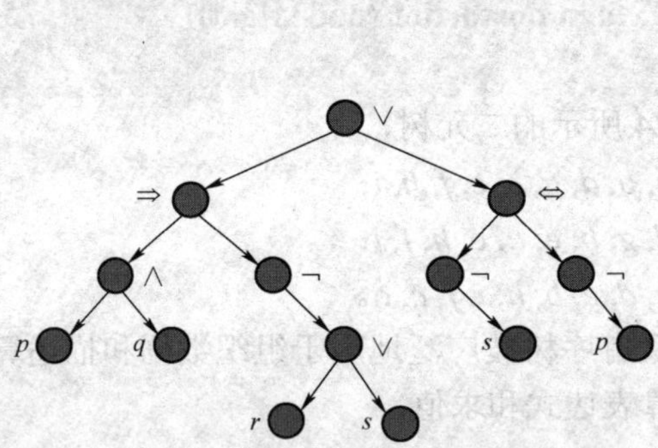

图 4−126　例 4.61 用图

其前序遍历的结果为：$\vee, \Rightarrow, \wedge, p, q, \neg, \vee, r, s, \Leftrightarrow, \neg, s, \neg, p$。

其中序遍历的结果为：$p, \wedge, q, \Rightarrow, \neg, r, \vee, s, \vee, \neg, s, \Leftrightarrow, \neg, p$。

其后序遍历的结果为：$p, q, \wedge, r, s, \vee, \neg, \Rightarrow, s, \neg, p, \neg, \Leftrightarrow, \vee$。

由前缀表示或后缀表示可以唯一构造表示运算式的有序树，但是由中缀表示则不行。例如，图 4−127(a)、(b)分别表示运算式(4+5)−((6÷2)×3)和((4+5)−6)÷(2×3)，但是这两棵标号有序树的中序遍历结果是相同的。

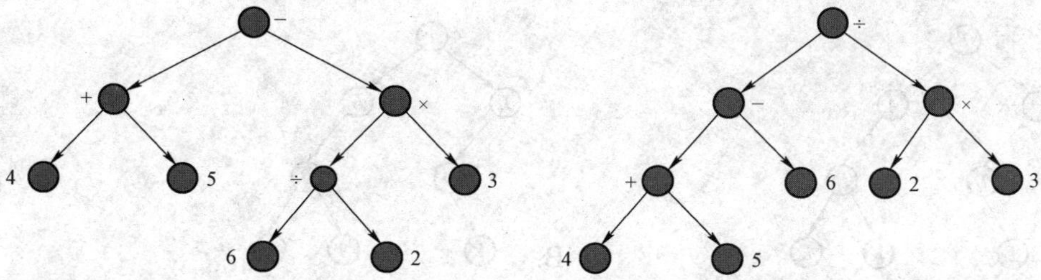

(a)　　　　(b)

图 4－127　中缀表示代表的运算式不唯一

课前自测题

习题 4.180　关于图 4－128，正确的是（　　）。

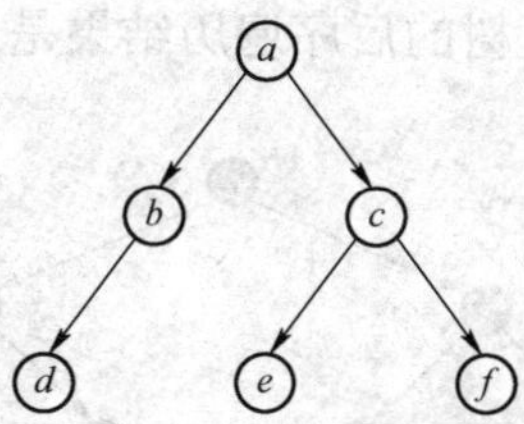

图 4－128　习题 4.180 用图

A. 前序遍历的结果是：*a, b, d, c, e, f*　　B. 中序遍历的结果是：*d, b, a, c, e, f*

C. 后序遍历的结果是：*d, b, a, e, f, c*　　D. 前序遍历的结果是：*a, b, d, e, f, c*

习题 4.181　（　　）的前序遍历结果是“*SMARTBAT*”。

A. 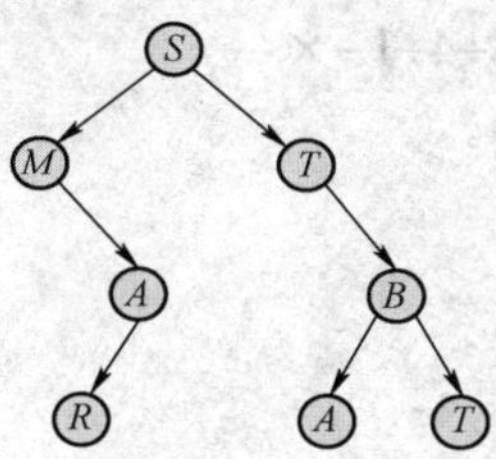

B. 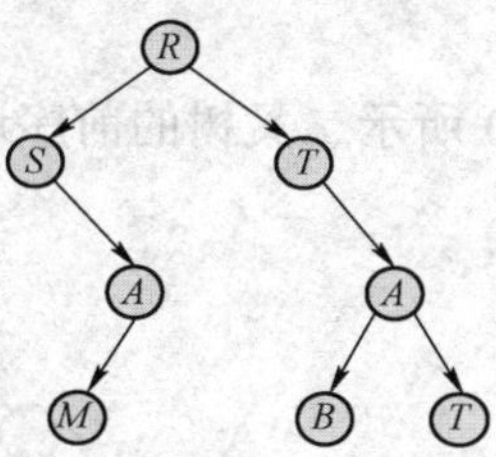

C. 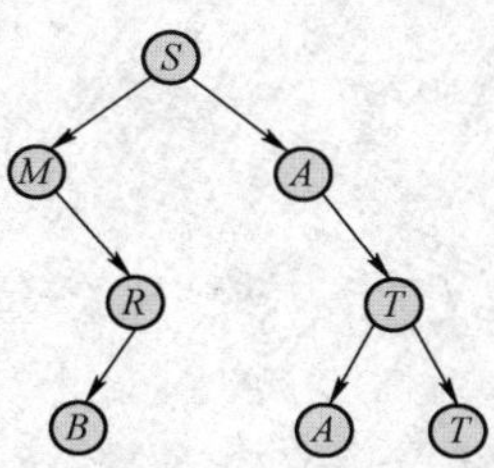

D. 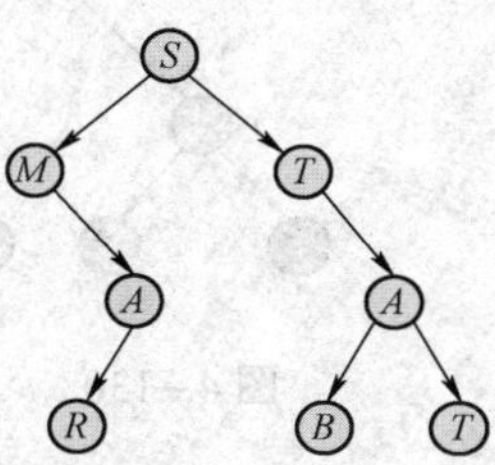

习题 4.182　（　　）的后序遍历结果是“*ILOVEBAT*”。

A. 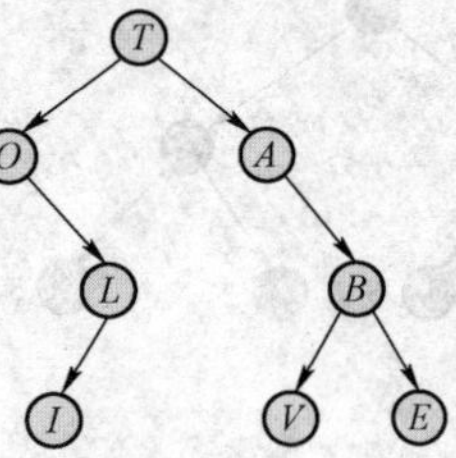

B. 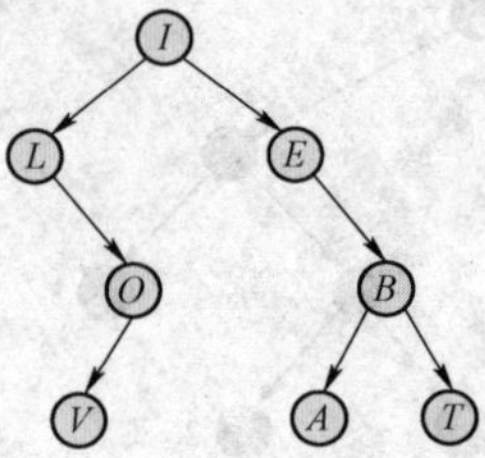

C. 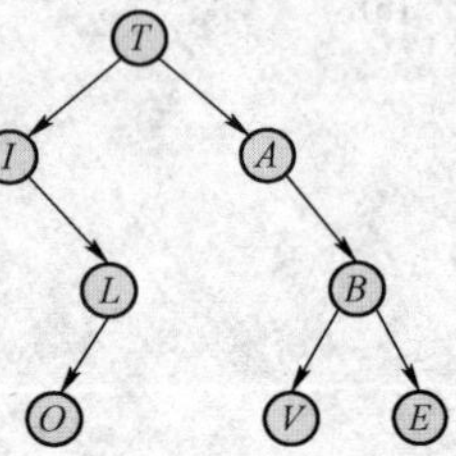

D. 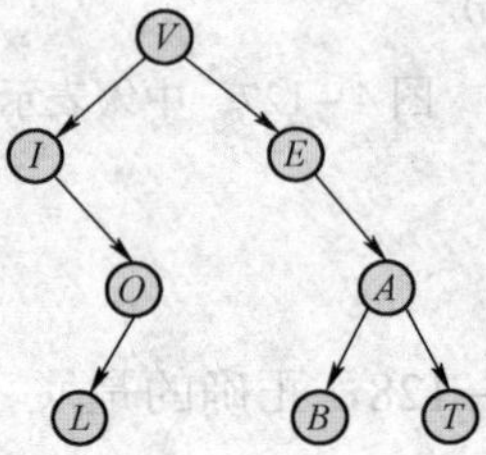

习题 4.183 图 4－129 所示二叉树的后序遍历结果是（　　）。

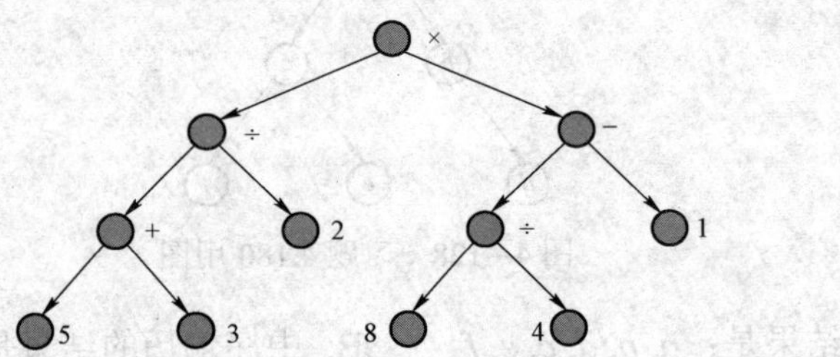

图 4－129 习题 4.183 用图

A. 5＋3÷2×8÷4－1　　B. ×÷＋532－÷841

C. 53＋2÷84÷1－×　　D. 53＋28÷4÷1－×

习题 4.184 图 4－130 所示二叉树的前序遍历结果是（　　）。

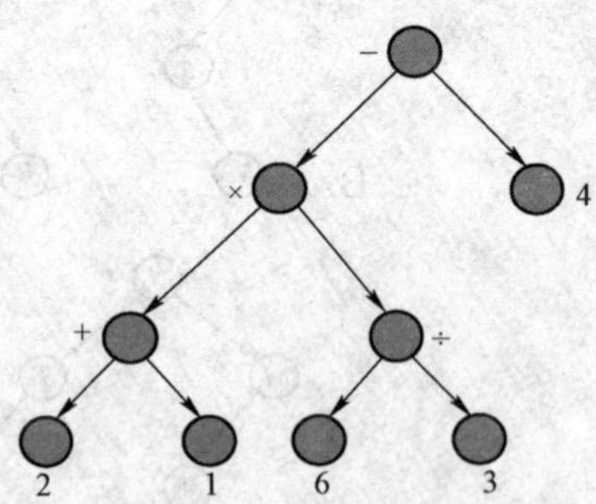

图 4－130 习题 4.184 用图

A. 21＋63÷×4－　　B. －×＋21÷634

C. 21＋÷63×4－　　D. 2＋1×6÷3－4

习题 4.185 前序遍历结果为－＋45×÷223 的计算表达式对应的二叉树是（　　）。

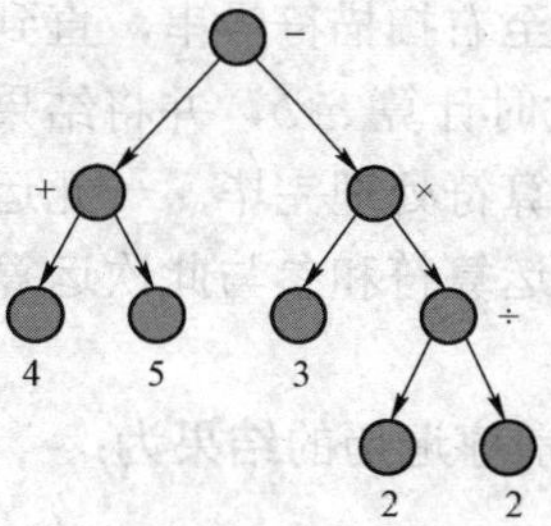

A.

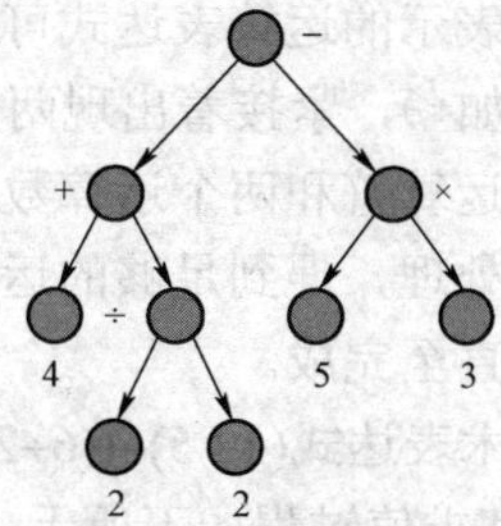

B.

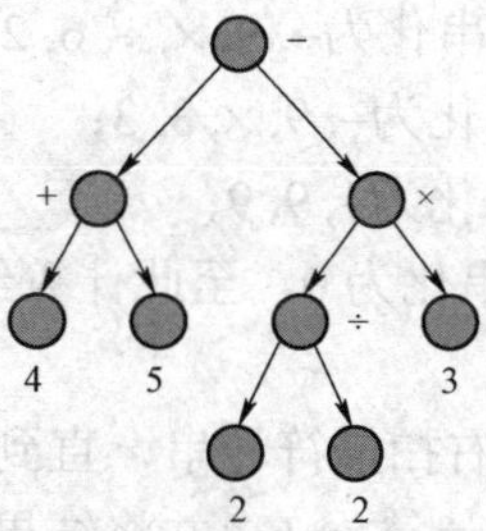

C.

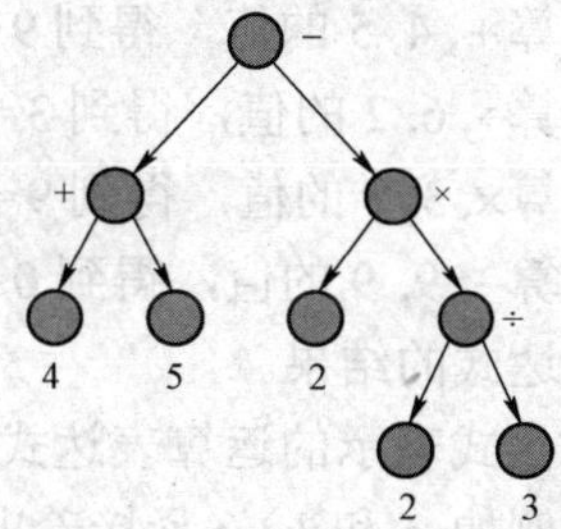

D.

课堂练习题

习题 4.186　给出一棵二叉位置树，使得其前序遍历结果是 $b, a, t, i, s, t, h, e, b, e, s, t$。

习题 4.187　给出一棵二叉位置树，使得其中序遍历结果是 $b, a, t, i, s, t, h, e, b, e, s, t$。

习题 4.188　给出一棵二叉位置树，使得其后序遍历结果是 $b, a, t, i, s, t, h, e, b, e, s, t$。

习题 4.189　给出公式$((p\wedge(\neg(q\vee r)))\Rightarrow((p\vee q)\wedge(r\wedge s)))$的二叉位置树表示，并计算其前序遍历、中序遍历、后序遍历的结果。

习题 4.190　写出表达式$((a+(b\times c))\times d-e)\div(f+g)+(h\times i)\times j$ 的前缀、中缀、后缀表示。

习题 4.191　已知一个运算表达式的前缀表示为$-, +, \times, 4, 2, 1, \times, \div, 6, 3, 2$，请给出该运算表达式的二叉位置树表示。

习题 4.192　已知一个运算表达式的后缀表示为 $2, 1, +, 6, 3, \div, \times, 4, -$，请给出该运算表达式的二叉位置树表示。

习题 4.193　请给出中缀表示为 $4, \div, 1, \times, 2, -, 3, +, 5$ 的两棵不同的二叉位置树表示。

讨论题

习题 4.194　如何由二叉树的前序遍历结果和中序遍历结果推出后序遍历结果？

习题 4.195　如何由二叉树的后序遍历结果和中序遍历结果推出前序遍历结果？

习题 4.196　由二叉树的前序遍历结果和后序遍历结果可以得到什么？

4.29　波兰式与逆波兰式

知识点

运算表达式的前缀表示也称作**波兰式**（**Polish notation**）（使用这个名称是为了纪念波兰

逻辑学家武卡谢维奇（Lukasiewicz））；后缀表示也称作**逆波兰式（reverse Polish notation）**。

用波兰式表示的运算表达式可以按照如下规则求值：从左至右扫描符号串，直到出现一个运算符（例如∗），紧接着出现两个运算数（例如 a 和 b），此时计算 $a*b$，并将结果作为运算数替换这个运算符和两个运算数，重复此步骤，直至所有运算符处理完毕。一元运算和多元运算也类似处理，遇到足够的运算数即产生运算结果并替代运算符和参与此次运算的所有运算数，迭代直至完成。

例如，算术表达式(4+5)–((6÷2)×3)用标号有序树 T 表示后前序遍历的结果为：–, +, 4, 5, ×, ÷, 6, 2, 3。其求值过程如下所示：

（1）计算+, 4, 5 的值，得到 9=4+5，用 9 取代+, 4, 5，符号串化为–, 9, ×, ÷, 6, 2, 3；

（2）计算÷, 6, 2 的值，得到 3=6÷2，用 3 取代÷, 6, 2，符号串化为–, 9, ×, 3, 3；

（3）计算×, 3, 3 的值，得到 9=3×3，用 9 取代×, 3, 3，符号串化为–, 9, 9；

（4）计算–, 9, 9 的值，得到 0=9–9，用 0 取代–, 9, 9，符号串化为 0，至此计算结束，0 就是运算表达式的结果。

用逆波兰式表示的运算表达式也可用类似方法求值：从左至右扫描符号串，直到出现两个运算数（例如 a 和 b），紧接着出现一个运算符（例如∗），此时计算 $a*b$，并将结果作为运算数替换这个运算符和两个运算数，重复此步骤，直至所有运算符处理完毕。

例如算术表达式(4+5)–((6÷2)×3)用标号有序树 T 表示后后序遍历 T 的结果为：4, 5, +, 6, 2, ÷, 3, ×, –。其求值过程如下所示：

（1）计算 4, 5, +的值得到 9，用 9 取代 4, 5, +，符号串化为 9, 6, 2, ÷, 3, ×, –；

（2）计算 6, 2, ÷的值得到 3，用 3 取代 6, 2, ÷，符号串化为 9, 3, 3, ×, –；

（3）计算 3, 3, ×的值得到 9，用 9 取代 3, 3, ×，符号串化为 9, 9, –；

（4）计算 9, 9, –的值得到 0，用 0 取代 9, 9, –，符号串化为 0，至此计算结束，0 就是运算表达式的结果。

波兰式和逆波兰式在程序语言、编译理论和科学计算器设计中都有很重要的作用。

课前自测题

习题 4.197 如果某个运算式的波兰式是+−÷814×2−53，那么它的逆波兰式是________。

习题 4.198 如果某个运算式的逆波兰式是93÷2−685−×+，那么它的波兰式是________。

习题 4.199 如果某个运算式的波兰式是×÷+312+−641，那么它的运算结果是________。

课堂练习题

习题 4.200 写出运算表达式((9÷3)−2)+(4×(7−5))的波兰式，并由此计算运算表达式的值。

习题 4.201 写出运算表达式((9÷3)−2)+(4×(7−5))的逆波兰式，并由此计算运算表达式的值。

习题 4.202 对于给定运算表达式{[(a+b)×c]×(d+e)}−[f−(g×h)]，给出此运算表达式的波兰式及逆波兰式。

4.30 前缀码

知识点

在传输数据和消息时，需要对数据或消息进行编码，二进制编码法是最常用的方式。一般要求消息编码后的总长度尽可能短以提高传输效率和减小差错可能。

例 4.62 信息“successes”共有 9 个字符，由 4 种不同的字符组成，其中“c”出现 2 次，“e”出现 2 次，“u”出现 1 次，“s”出现 4 次，下面采用二进制方式对这 4 种字符进行编码。

编码方案一：用二进制编码 00, 01, 10 和 11 分别表示“c”，“e”，“u”和“s”，则信息“successes”编码为“111000000111110111”，总长度为 18。此时每个符号编码后的长度相同，因此称作**定长编码**方式。

编码方案二：用二进制编码 111, 10, 110 和 0 分别表示“c”，“e”，“u”和“s”，则信息“successes”编码为“0 110 111 111 10 0 0 10 0”，总长度为 17。此时各符号编码后的长度存在差异，因此称作**变长编码**方式。

编码方案三：用二进制编码 1, 0, 01 和 10 分别表示“c”，“e”，“u”和“s”，则信息“successes”编码为“10 01 1 1 0 10 10 0 10”，总长度为 14。虽然编码后的长度变得更短，但随之而来产生了问题：接收端如何对收到的符号串进行译码。例如当接收端收到符号串“010”时，无法确定消息的内容应该是“es”，“ece”还是“ue”。

因此，在编码时必须考虑接收端不产生译码的二义性，这就需要引入前缀码的概念。

定义 4.58 设$\alpha_1\alpha_2\cdots\alpha_{n-1}\alpha_n$为长度为 n 的符号串，称$\alpha_1, \alpha_1\alpha_2,\cdots, \alpha_1\alpha_2\cdots\alpha_{n-1}$分别为该符号串的长度为 $1, 2,\cdots, n-1$ 的前缀（**prefix**）。

定义 4.59 设 $A=\{\beta_1, \beta_2,\cdots, \beta_m\}$为一个符号串集合，若对于任意的$\beta_i, \beta_j\in A, i\neq j, \beta_i, \beta_j$互不为前缀，则称 A 为**前缀码**（**prefix code**）或无前缀码（**prefix-free code**）。若β_i都是由 0, 1 组成的符号串，则称 A 为**二元前缀码**。

例 4.63 例 4.62 中，编码方案一{00, 01, 10, 11}和编码方案二{111, 10, 110, 0}都是前缀码，而编码方案三{1, 0, 01, 10}则不是前缀码，因为 0 是 01 的前缀，1 也是 10 的前缀。

显然，采用前缀码可以唯一确定接收的符号串内容。

课前自测题

习题 4.203 判断以下集合是否是前缀码？

(a) {0, 10, 110, 1111}

(b) {1, 01, 0011, 000}

(c) $\{a, b, c, ac, bca\}$

(d) $\{b, c, aa, ac, aba, abb, abc\}$

4.31 最优二元前缀码

知识点

一个编码方案也可以使用标号的二叉位置树来表示：对于树中的分支点，将与它左孩子（如果存在）关联的边标记为 0，与右孩子（如果存在）关联的边标记为 1；对每个顶点而言，其编码就是由根到该顶点的道路中各边标号依次构成的序列。

例 4.64 例 4.62 中三种编码方式对应的二叉位置树如图 4－131 (a)、(b)、(c)所示。

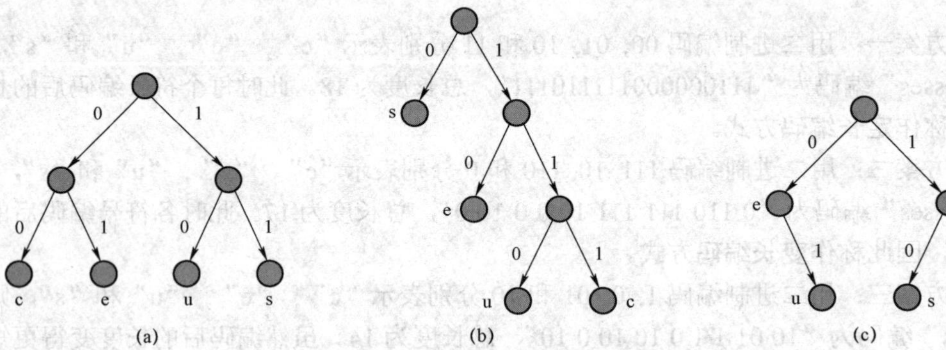

图 4－131 例 4.64 用图

注意到，在图 4－131(a)、(b)中，表示符号的顶点都是叶子顶点。

一般来讲，任何一个二元前缀码编码方案的标号二叉位置树表示中表示符号的顶点都一定是叶子。而且，给定任一个标号二叉位置树编码后，各叶子的码构成的集合（或其子集）是一个前缀码。

这时的译码方法是：从根开始，按符号串中的符号顺序沿相应标号边前进，即每次读入一个符号，根据是 0 还是 1 选择“走向”左孩子还是右孩子，当“走到”叶子顶点时，就译码作当前叶子顶点的标号表示的符号，之后“走回”根，再继续按符号串中的符号顺序沿相应标号边前进，进行下一个符号的译码，直至译码完成。

而在图 4－131(c)中，表示符号“e”的顶点是分支点，因此当接收端收到符号串“010”后，从二叉位置树的根开始按符号串中的符号顺序沿相应标号边前进，却无法断定是在表示符号“e”的顶点中断继而译码成“e”还是应该继续前进。

因此，好的编码方案都应该是前缀码。

假设一个二元前缀码编码方案中包括 t 种符号，每种符号在消息中出现的次数为 w_i，其编码长度为 l_i，则消息的总长度为 $\sum_{i=1}^{t} w_i l_i$。编码的目标是希望 $\sum_{i=1}^{t} w_i l_i$ 的值尽可能小，达到这个最小值的二元前缀码称作**最优二元前缀码**。

对应到二叉位置树 T 上，则有：

定义 4.60 设二叉树 T 有 t 个叶子 $v_1, v_2, \cdots, v_t$，分别赋予它们一个权值（非负实数）$w_1, w_2, \cdots,$

w_t，称 $W(T)=\sum_{i=1}^{t} w_i l(v_i)$ 为 T 的权，其中 $l(v_i)$是 v_i 的层数。

定义 4.61　在所有有 t 个叶子，带权 $w_1,w_2,\cdots,w_t$ 的二叉树中，权最小的二叉树称为最优二叉树（optimal binary tree）。

课前自测题

习题 4.204　图 4－132 中二叉树的“权”为________。

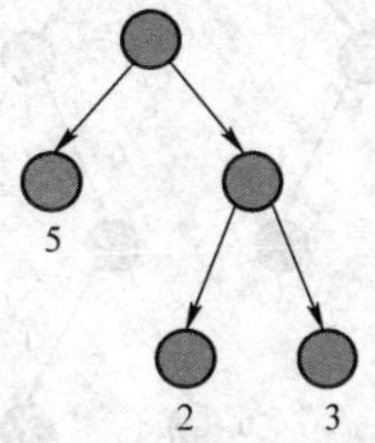

图 4－132　习题 4.204 用图

习题 4.205　根据图 4－133 所示的二叉位置树，可以将“1110100”解码为（　　）。

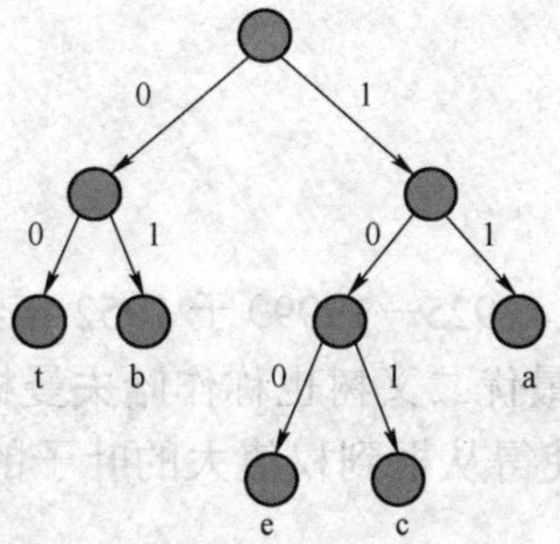

图 4－133　习题 4.205 用图

A. act　　B. cat　　C. bat　　D. eat

习题 4.206　根据图 4－134 所示的二叉位置树，可以将“bat”编码为（　　）。

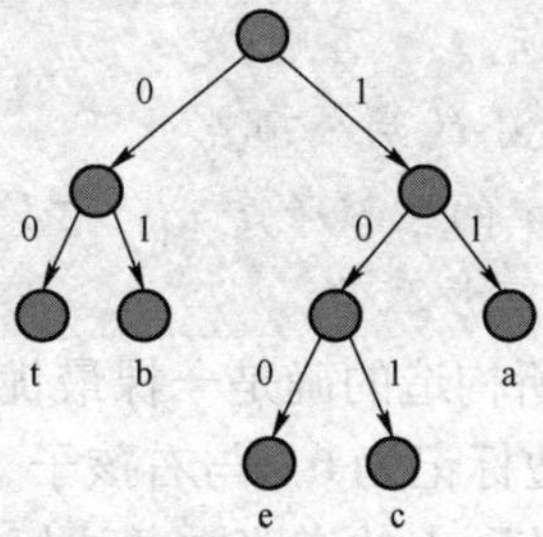

图 4－134　习题 4.206 用图

A. 101010　　B. 011100　　C. 001001　　D. 000101

课堂练习题

习题 4.207 请画出二元前缀码{000, 001, 01, 11, 10}对应的二叉位置树。

习题 4.208 根据图 4－135 的二叉位置树，写出各字母的编码，并对字符串“unsuccess”进行编码。

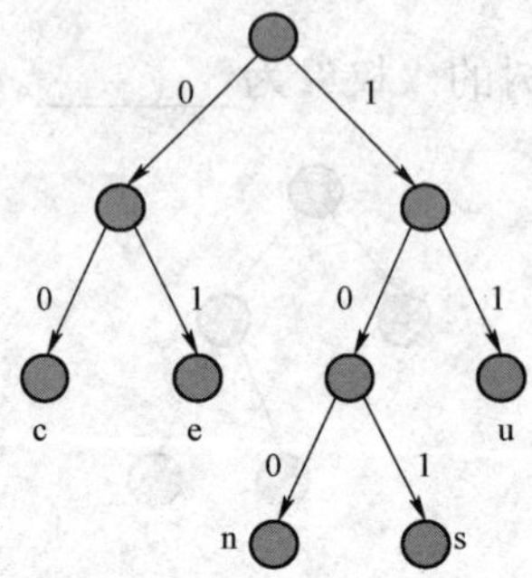

图 4－135 习题 4.208 用图

4.32 哈夫曼编码

知识点

哈夫曼（David Albert Huffman，1925—1999）于 1952 年给出了最优二叉树的构造方法（构造最优二元前缀码的方法），因此最优二叉树也称作**哈夫曼树**，对应的最优二元前缀码也称作**哈夫曼码**。该算法的基本思想是使得从根到权值大的叶子的道路较短，反之从根到权值小的叶子的道路较长。

哈夫曼算法 Huffman ($w_1, w_2, \cdots, w_t$)

输入：一组非负权值 $w_1, w_2, \cdots, w_t$

输出：叶子顶点的权值为 $w_1, w_2, \cdots, w_t$ 的最优二叉树的根 v

1. 构造 t 个顶点 $v_1, v_2, \cdots, v_t$，权值分别为 $w_1, w_2, \cdots, w_t$，$S \leftarrow \{v_1, v_2, \cdots, v_t\}$。

2. 若$|S|=1$，则输出 S 中唯一的元素，否则：

2.1 假设 u_1 和 u_2 是 S 中权值最小的两个顶点；

2.2 构造一个新的顶点 w，令 w 的左孩子是 u_1，右孩子是 u_2，权值为 u_1 和 u_2 权值之和；

2.3 $S \leftarrow (S-\{u_1, u_2\}) \cup \{w\}$，返回步骤 2。

可以证明该算法的正确性，即所构造的确是一棵最优二叉树。之后对于树中的分支点，将与它左孩子（如果存在）关联的边标记为 0，与右孩子（如果存在）关联的边标记为 1；对每个顶点而言，其编码就是由根到该顶点的道路中各边标号依次构成的序列。

例 4.65 信息“successes”共有 8 个字符，由 4 种不同的字符组成，其中“c”出现 2 次，“e”出现 2 次，“u”出现 1 次，“s”出现 4 次，采用哈夫曼算法对其编码的过程见表 4－5（顶点圆圈内的数字表示该顶点的权）。

表 4－5　哈夫曼算法示例

	S（虚线框内顶点）
初始	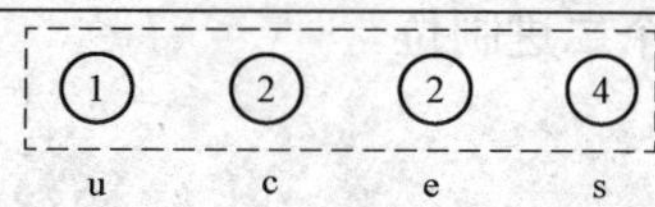
第 1 次循环	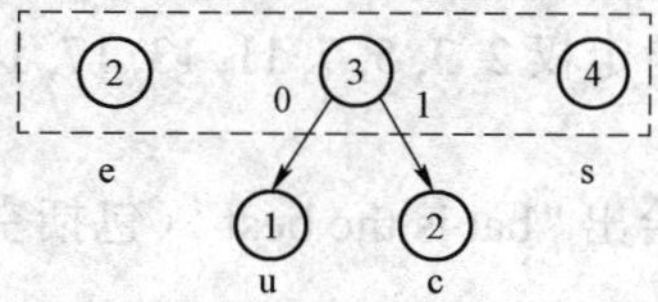
第 2 次循环	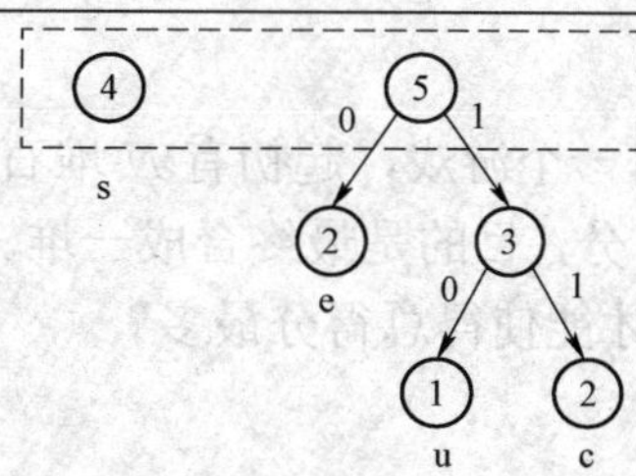
第 3 次循环	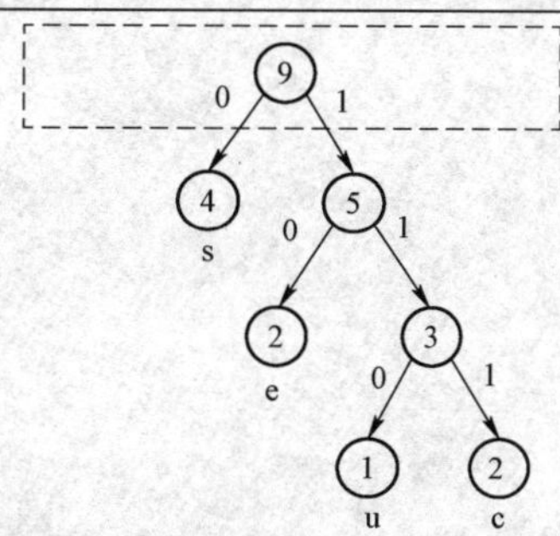

在步骤 2.1 中，两个权值最小的顶点的选择方法可能不唯一，因此由上述方法得到的最优二叉树不一定是唯一的（例如图 4－136 也是例 4.62 的一棵最优二叉树），编码方式也随之不同，但是构造出来的不同的树的权都是相同的。

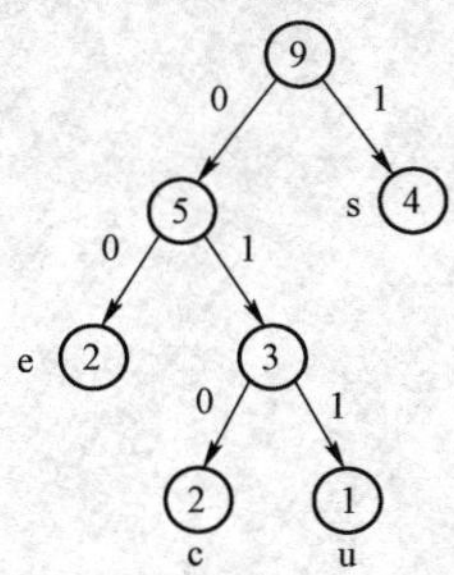

图 4－136　最优二叉树

课前自测题

习题 4.209　对“a fat cat eats at left”（包括空格）进行哈夫曼编码，共用________个二进制位。

习题 4.210 已知在数据中只出现 7 种字母 a, b, c, d, e, f, g，出现的频率分别是 35%，20%，15%，10%，10%，5%，5%，假设数据长度为 10 000 个字母，经过最优二元前缀码编码后的数据共用________个二进制位。

课堂练习题

习题 4.211 给定权 2, 3, 5, 7, 11, 13, 17, 19, 23，构造一个最优二叉树，并求树的权及由此产生的前缀码。

习题 4.212 给出“bat is the best”（包括空格）的哈夫曼编码方法，并计算编码后的码长。

讨论题

习题 4.213 有一个游戏，起初有 N 堆石子，每次将两个大小分别为 m 和 n 的石子合并为一堆，得到 $m+n$ 分，目的是最终合成一堆。如何安排合并的次序才能使得总得分最少？如何安排合并的次序才能使得总得分最多？

参 考 文 献

[1] KOLMAN B，BUSBY R C，ROSS S C. Discrete mathematical structures. 6th ed. 北京：高等教育出版社，2010.

[2] ROSEN K H. Discrete mathematics and its applications. 7th ed. 北京：机械工业出版社，2012.

[3] LOVASZ L，PELIKAN J，VESZTERGI K. Discrete mathematics. 北京：清华大学出版社，2006.

[4] DOSSEY J A，OTTO A D，CHARLES L E，et al. Discrete mathematics. 5th ed. 北京：机械工业出版社，2006.

[5] JOHNSONBAUGH R. Discrete mathematics. 7th ed. 北京：电子工业出版社，2009.

[6] 屈婉玲，耿素云，张立昂. 离散数学. 北京：高等教育出版社，2008.

[7] 左孝凌，李为鑑，刘永才. 离散数学. 上海：上海科学技术文献出版社，1982.

[8] 马振华. 离散数学导引. 北京：清华大学出版社，1993.

[9] 王树禾. 离散数学引论. 合肥：中国科学技术大学出版社，2001.

[10] 徐洁磐，朱怀宏，宋方敏. 离散数学及其在计算机中的应用. 5版. 北京：人民邮电出版社，2008.

[11] 耿素云，屈婉玲，王捍贫. 离散数学教程. 北京：北京大学出版社，2002.

[12] 王元元，张桂芸等. 离散数学. 2版. 北京：机械工业出版社，2010.

[13] 卢开澄，卢华明. 组合数学. 3版. 北京：清华大学出版社，2002.

[14] 潘承洞，潘承彪. 初等数论. 2版. 北京：北京大学出版社，2003.

[15] 刘铎. 离散数学及应用. 2版. 北京：清华大学出版社，2018.

[16] 石纯一，王家廞. 数理逻辑与集合论. 2版. 北京：清华大学出版社，2000.

[17] 戴一奇，胡冠章，陈卫. 图论与代数结构. 北京：清华大学出版社，1995.

[18] 卢开澄，卢华明. 图论及其应用. 2版. 北京：清华大学出版社，1995.

[19] 姜伯驹. 一笔画和邮递路线问题. 北京：科学出版社，2002.

[20] CHARTRAND G，ZHANG P. 图论导引.范益政，汪毅，龚世才，等译. 北京：人民邮电出版社，2007.

[21] DASGUPTA S，PAPADIMITRIOU C，VAZIRANI U. 算法概论. 钱枫，邹恒明，注释. 北京：机械工业出版社，2009.

[22] 尤枫，颜可庆. 离散数学. 2版. 北京：机械工业出版社，2008.

[23] 檀凤琴，何自强. 离散数学. 北京：机械工业出版社，2012.

[24] 蒋宗礼，姜守旭. 形式语言与自动机理论. 3版. 北京：清华大学出版社，2013.

[25] 陈有祺. 形式语言与自动机. 北京：机械工业出版社，2008.

[26] 吴鹤龄. 七巧板、九连环和华容道. 北京：科学出版社，2008.